세상을 바꾼 독약 한 방울 1

THE ELEMENTS OF MURDER: A History of Poison
by John Emsley

Copyright © 2005 by John Emsley
All rights reserved.

The Elements of Murder: A History of Poison was originally published in English in 2005.

Korean Translation Copyright © 2010 by ScienceBooks Co., Ltd.
Korean translation edition is published by arrangement with Oxford University Press through EYA.

이 책의 한국어판 저작권은 EYA를 통해 Oxford University Press와 독점 계약한 (주)사이언스북스에 있습니다.
저작권법에 의해 한국 내에서 보호를 받는 저작물이므로 무단 전재와 무단 복제를 금합니다.

옮긴이의 말

사람이 죽는 방법은 헤아릴 수 없이 많다. 오죽하면 『800만 가지 죽는 방법』이라는 추리소설 제목이 있겠는가. 죽이는 방법도 헤아릴 수 없이 많다. 목 졸라 죽이는 교살, 총으로 죽이는 총살, 쏘아 죽이는 사살, 베어 죽이는 참살, 쳐서 죽이는 격살, 던져 죽이는 척살…… 그러나 그 모든 방법들 중에서 가장 널리 쓰였던 방법은 독물을 먹여 죽이는 독살이었다.

고대 그리스의 소크라테스는 독당근 추출물을 사약으로 받고 죽었다. 고대 로마에서는 식물에서 추출한 독물을 사용해 정적을 제거하는 일이 비일비재했다고 한다. 15세기 이탈리아의 세도가 체사레 보르자 집안도 독약을 정치적 무기로 활용했던 것으로 유명하다. 유럽이나 일본의 왕궁에는 음식에 독이 들었는지 먼저 맛보는 '시식시종'이 있었다. 멀리 갈 것도 없이, 조선 시대의 왕들은 세 명 중 한 명

꼴로 독살을 당했을 것이라는 주장(『조선 왕 독살사건』)이 있다.

독살은 왜 이렇게 인기 있었을까? 수많은 타살의 방법들 중에서 자연사를 가장할 수 있는 유일한 방법이었기 때문이다. 잘만 되면 살인 행위 자체를 숨길 수 있었을 뿐만 아니라, 설령 타살이 의심된다고 해도 일단 몸속으로 들어가 소화된 독물에서 가해자의 증거를 찾아내기는 여간 어려운 것이 아니니 범인에게는 가장 안전한 방법이었다. 게다가 피해자의 음식이나 음료에 슬쩍 손을 대기만 하면 그만이니 완력도 담력도 필요 없다. 그래서 독살을 가리켜 겁쟁이의 방법이라고 했고, 여성의 살인법이라고 했다.

독살의 전성기라면 두말할 것도 없이 19세기 말에서 20세기 초였다. 식물이나 광물에서 화합물을 분리해 내는 기술이 눈부시게 발전하면서 서양의 약국에는 갖가지 특허 의약품들이 진열되었는데, 모두 독약으로 쓰일 만한 물질들이었다. 코카인이나 비소가 아이에게도 버젓이 팔리던 시대였다. 당시에 얼마나 독살이 유행했는가 하는 것은 애거사 크리스티 같은 고전 추리소설가들의 책을 보면 잘 알 수 있다.

독물이 살인자들의 좋은 친구였다면, 그 반대편에는 누가 있었을까? 바로 화학자들이다. 화학자들이 독물을 검출하는 기법들을 개발하면서, 이른바 독물의 황금시대는 막을 내렸다. 그래서 오늘날은 독살이 한물간 기법으로 여겨진다. 요즘은 누구나 쉽게 독물을 구입할 수가 없기도 하거니와, 범죄소설이나 드라마가 법의학 지식을 널리 퍼뜨린 탓에 청산가리(사이안화칼륨) 같은 사이안화 화합물에서는 아몬드 냄새가 난다는 등의 초보적인 지식을 누구나 갖고 있는 세상이다.

화학자들이 수백 년 된 시료에서조차 미량의 독물을 감지해 내는 세상인 것이다.

그렇듯 떼려야 뗄 수 없는 독약과 화학자의 관계, 애증에 가까운 그 미묘한 관계를 잘 보여 주는 것이 이 책『세상을 바꾼 독약 한 방울』이다. 한 마디로 이 책을 묘사하라면 '독약과 화학'쯤일까? 주기율표를 놓고 가장 널리 독살에 사용되었던 다섯 원소를 골라 내 소개한 것부터가 그렇고, 각 원소가 인체나 환경에 어떤 형태로 들어 있으며 어떤 형태일 때 독약으로서의 반응성이 높은지 알려주는 것도 그렇다.

책의 1권은 모든 화학 원소들 중에서도 가장 악명 높은 두 가지를 소개한다. 중금속 중독이라고 하면 가장 먼저 머리에 떠오르는 수은, 그리고 독약이라고 하면 가장 먼저 머리에 떠오르는 비소다.

오늘날 우리가 수은의 위험을 널리 알게 된 것은 어패류에 축적된 수은이 원인이었던 미나마타 중독 사건 때문이었다. 하지만 이 책을 보면 수은이 훨씬 오래 전부터 많은 사람을 중독시켜 왔음을 알 수 있다. 연금술사들, 치과 의사들,『이상한 나라의 앨리스』에 등장하는 매드해터와 같은 모자 제조공들, 그리고 탐정들. 중구난방인 이 직업군들의 공통점이 바로 수은이었던 것.

다음으로 소개되는 비소는 독약 중의 독약이다. 비소는 거의 무색에 가깝고 살짝 단맛만 나기 때문에 음식에 넣어 먹이기에 최적이다. 그리고 소량으로는 사람이 죽지 않기 때문에, 장기간에 걸쳐 서서히 사람을 중독시켜 자연사를 가장하기에도 안성맞춤이었다. 비소 때문에 '살인의 황금 시대'가 왔을 정도니, 비소 검출법을 개발한 것은 과연 화학자들의 자랑이라 하겠다.

  2권에서는 안티모니, 납, 탈륨이 소개된다. 하나같이 요긴한 재료이지만 어두운 이면이 있었던 원소들의 이야기, 치명적인 매력이란 바로 이런 게 아닐까.

김명남

한국어판 서문

『세상을 바꾼 독약 한 방울』이 한국에서 출간된다는 소식에 무척 기뻤다. 이 책은 속성상 인간에게 해로운 몇몇 원소들, 즉 비소, 안티모니, 수은, 탈륨, 납을 소개한다. 이 원소들은 위험한 것임에도 불구하고 널리 사용되었고 흔히 부주의하게 사용되었으며 가끔은 독살로 사람을 죽이는 범죄에 일부러 오용되었다. 『세상을 바꾼 독약 한 방울』은 그런 측면들을 두루 살펴본다.

중심이 되는 장에서는 먼저 원소의 흥미로운 역사를 이야기한다. 원소가 의약적으로 어떻게 사용되었는지, 왜 오늘날 위험하다고 여겨지는지, 인간과 환경에 어떤 위협을 가하고 있는지 살펴본다. 이어지는 장에서는 원소가 범죄에 악용된 사례들을 소개하는데, 오래 전의 사건들이 많지만 지난 세기의 사건들도 간간이 섞여 있다.

유독 원소들을 동원한 살인은 지금은 드문 일이 되었다. 원소 구입

에 대한 법적 규제가 있기 때문이고, 악용되었을 경우에는 법의학 감식을 통해 그 존재를 확실하게 밝혀낼 수 있기 때문이다. 한국 독자들 가운데 이 원소들에 얽힌 흥미로운 일화를 아는 분이 있다면 내게 알려주시기를 바란다. 더없이 고마울 것이다.

존 엠슬리

감사의 말

이 책을 쓰는 데 도움을 준 아래의 친구들과 지인들에게 진심으로 감사의 인사를 드린다. 몇 사람은 내가 달리 얻지 못했을 정보를 알려 주었고, 몇 사람은 내 꼬임에 넘어가 몇몇 장의 내용이 과학적으로 정확한지 살펴봐 주었고, 몇 사람은 심지어 원고 전체를 읽어 주었다. 감사의 마음을 담아 소개하면 다음과 같다.

존 애시비(John Ashby) 박사, 체셔 주 중앙 독물학 연구소에서 일하며 스태퍼트셔 리크에 사는 박사는 비소 관련 장들을 점검해 주었고 추가의 비소 정보를 제공해 주었다.

앨런 베일리(Alan Bailey) 박사, 런던 과학 수사 연구소의 분석 센터에서 일하는 박사는 탈륨 관련 장들을 샅샅이 조사하고 용어 설명을 점검해 주었다.

토머스 비팅거(Thomas Bittinger), 레킷 벤키저 사의 마케팅 담당자인 그는 교황 클레멘스 2세의 독살을 다룬 논문을 번역해 주었다.

폴 보드(Paul Board), 란디드노의 푸그로 로버트슨 주식회사에서 일하는 그는 모차르트의 죽음과 살인자 주라 샤(Zoora Shah)에 관한 자료들, 그밖의 아이템들을 제공해 주었다. 또한 원고 전체를 읽어 주었다.

데이비드 딕슨(David Dickson), 과학 및 개발 네트워크 www.scidev.net의 관리자인 그는 방글라데시와 벵골 지역 식수의 비소 오염 원인을 밝힌 연구에 관해 알려 주었다.

내 아내 조안 엠슬리(Joan Emsley), 전체 원고를 읽고, 내가 일반 독자에게도 화학 학위가 있겠거니 생각한 듯 어렵게 쓴 부분을 쉽게 풀어 쓰도록 지적해 주었다.

레이먼드 홀란드(Raymond Holland), 화학 산업 협회의 브리스톨 앤드 사우스웨스트 지부 의장인 그는 수은 관련 장들을 검토해 주었고 목재 보존에 쓰이는 염화수은(II)의 데이터를 제공해 주었다.

스티브 험프리(Steve Hunphrey), 런던 과학 수사 연구소의 독물학 부서에서 일하는 그는 비소 관련 장들을 읽어 주었다.

미하엘 크라클러(Michael Krachler) 박사, 독일 하이델베르크 대학교의 박사는 최신의 안티모니 분석법들을 알려 주었고 안티모니 관련 장들을 확인해 주었다.

스티브 레이(Steve Ley) 교수와 로즈 레이(Rose Lay), 케임브리지 대학교 화학과의 이들은 전체 원고를 읽고 귀중한 발전적 제안들을 주었다.

실비아 리머릭(Sylvia Limerick) 대영 제국 백작 부인, 자신이 1988년에 이끈 위원회의 보고서인 「요람사 이론들을 점검하기 위한 전문가 집단: 유독 기체 가설」을 한 부 주었다. 또한 이 책의 안티모니 장들을 읽어 주었다.

C. 해리슨 타운센드(C. Harrison Townsend), 캐나다 밴쿠버의 그는 눈 속의 독 때문에 죽은 밀렵꾼들 이야기를 해 주었다.

윌리엄 쇼틱(William Shotyk) 교수, 하이델베르크 대학교의 교수는 안티모니 정보를 제공해 주었고, 관련 장들을 점검해 주었다.

마이클 유티지언(Michael Utidjian) 박사, 뉴저지 주 웨인에 사는 그는 비소와 수은에 관한 여러 흥미로운 정보를 제공해 주었다.

트레버 워츠(Trevor Watts) 박사, 킹스 칼리지 치대의 학부장인 박사는 치아용 아말감 내용을 확인해 주었다.

서문

나는 전작 『놀라운 인(燐)의 역사(The Shocking History of Phosphorus)』 (미국에서는 『열세 번째 원소(The Thirteenth Element)』라는 제목으로 출간되었다.)에서 그 위험한 원소가 지난 세월 동안 인류에게 어떤 해악을 끼쳤는지 이야기했다. 인이 환경에 미친 영향, 인의 쓰임새와 그릇된 용도, 일상에서의 남용 가능성 등을 각각의 장으로 다루었고, 살인마의 손에 사용될 가능성도 언급했다. 독자들은 이 마지막 내용에 가장 흥미를 느끼는 것 같았다. 그래서 나는 다른 음험한 원소들을 소재로 하는 책을 구상하게 되었고, 이 책이 그 결과다. 유독하고 위험한 원소들에 대한 이야기는 인의 이야기와 마찬가지로 저 먼 연금술의 시대로까지 거슬러 올라간다. 철학자의 돌을 만들어 무한한 부를 쌓으려 했던 연금술사들, 만능의 영약을 만들어 불로장생을 얻으려 했던 연금술사들은 이런 원소들을 재료로 삼아 수백 년 동안 연구에 몰두했다. 당연히 철학자의 돌이나 불로장생의 약은 모두 헛된 추구였고, 그런 실험을 한 과학자들 중에 중독되는 사람도 적지 않았다. 유명한 과학자들은 물론이고 영국의 한 왕마저도 유독 원소 때문에 죽음을 맞았으니, 그 이야기는 뒤에 하게 될 것이다.

주기율표에 나열된 화학 원소는 모두 116개다. (2006년 10월에 118번째 원소가 발견되어 현재는 117개며, 117번째 원소는 아직 발견되지 않았다. ─옮긴이) 그중 30개는 불안정하고 위험한 방사성 원소들로, 핵 시설이나 실험실 내에서만 존재하는 것들이다. 다행히 나머지 원소들은 대부분 무해하지만, 약한 독성을 지닌 원소도 있고 상당히 유독한 원소도 몇 가지 있다. 지구의 지각에는 약 80가지의 원소가 함유되어 있고, 인체에도 그런 원소들이 비록 적은 양이지만 분명히 감지될 만한 수준으로 들어 있다. 금, 백금, 우라늄, 심지어 비소, 수은, 납 등 이 책에서 소개할 독성 원소들도 인체에 어느 정도는 들어 있는 것이다. 이제 주기율표의 어두운 그늘로 여행을 떠나기 전에 인체의 화학 조성에 관해 먼저 알아두는 것도 좋겠다. 인체는 성장과 유지를 위해 25가지 원소들을 필요로 하는데, 이들을 필수 원소(essential elements)라 한다. 부록에 실린 필수 원소 표를 참고하기 바란다.

상식으로 짐작할 수 있다시피, 안티모니, 납, 수은, 탈륨 같은 독성 원소들은 필수 원소가 아니다. 다만 비소는 아직 확실한 결론이 내려지지 않았다. 필수 원소인 동시에 독성 원소인 것도 있다. 플루오린, 셀레늄, 크로뮴 등이다. 나트륨이나 칼륨 같은 필수 원소들도 때에 따라서는 치명적인 유해 원소로 작용할 수 있다. 마지막 장에서 이런 원소들의 이야기도 잠시 다룰 것이다.

독살은 현대에는 한물간 살인 방법일지도 모르겠다. 눈부시게 발전한 법의학 덕분에 요즘은 독살이 의심될 경우 어떤 독극물이든 정확하게 확인할 수 있기 때문이다. 어쨌든 이제 우리는 독성 원소들이 갖가지 음식, 음료, 약품의 탈을 쓰고 활약한 사건들을 만나 볼 것이다. 심지어 독약을 관장제로 투여한 사건도 있었다. 과거의 독살 사건들을 돌아보는 일에 무슨 재미가 있을까? 과거를 살았던 사람들은 생각지도 못했던 방법으로 우리가 새롭게 사건을 분석해 볼 수 있다는 점을 들 수 있다. 예전에는 독살이냐 아니냐를 증명하는 것부터가 어려웠거니와, 꾀바른 변호사라면 그런 증거 부족을 꼬투리 잡아서 범인이 분명한 피고를 유유히 풀려나게 만들 수도 있었다.

알아둘 점

과학책인 만큼 이 책에는 생소한 용어들이 적잖이 등장할 것이다. 나는 용어, 화폐 단위, 측정 단위를 아래 원칙에 따라 사용했다.

용어: 원소의 과거를 거슬러 올라가다 보면 종종 오늘날과 다른 이름으로 불린 시절이 있었다. 책 끝머리에 용어 해설을 두어 화합물들의 옛 이름과 의약품명, 정확한 화학명, 화학식을 실었다.

화폐 단위: 과거의 화폐 단위를 현재의 것으로 변환해 최대한 설명했지만, 완벽할 수는 없다는 점을 밝혀 둔다. 1,000년 넘게 널리 사용된 단위인 파운드만 보아도 알 수 있다. (1파운드는 20실링이었고 1실링은

12펜스였다. (영국은 1971년부터 실링을 사용하지 않는다. ─ 옮긴이)) 앵글로색슨 시대(1000년대)에는 1파운드가 상당히 큰 재산이었다. 엘리자베스 여왕 시대(1600년대)의 1파운드는 평균 주급의 몇 배에 해당하는 금액이었고, 빅토리아 여왕 시대(1900년대)에는 보통 사람이 가정을 꾸리기에 부족함이 없는 주급 정도였다. 요즘은 어떤가. 일요판 신문 한 부 값도 못 된다. 독자가 이 책을 읽을 무렵이면 파운드화는 유로화로 교체되어 역사의 뒤안길로 사라졌을 것이다. (2004년에 영국은 2007년까지 유로화를 도입하겠다고 천명했으나 계획이 무산되어 아직 파운드화를 사용하고 있다. ─ 옮긴이) 본문에 등장하는 금액에 대해서는 현재의 파운드나 미국 달러 단위로 얼마쯤 되는지 밝혔다. (이 책이 씌어진 2005년에 1파운드가 약 2,000원의 환율이었으므로, 그에 따라 필요한 부분을 원화로 환산해 표기했다. ─ 옮긴이) 정확하지 못한 부분이 있다면 내 실수다.

측정 단위: 희생자의 시체에 남은 독약은 극미량일 때가 많으므로 법의학 분석의 결과를 말할 때는 미시 단위들이 사용되게 마련이다. 1그램의 1,000분의 1에 해당하는 밀리그램(mg), 1그램의 100만 분의 1에 해당하는 마이크로그램(μg) 등이다. 1밀리그램은 영국식 도량형 단위인 1온스의 2만 8000분의 1이며 1마이크로그램은 1온스의 2800만 분의 1이다. 무게 단위로 파운드와 온스를 썼던 옛날에는 그레인이라는 단위도 있었는데, 최소 단위였던 이것은 요즘 단위로는 65밀리그램쯤 된다. 시료에 포함된 독물의 양을 말할 때 피피엠(ppm)이라는 단위도 많이 사용하는데, 1피피엠은 배경 물질 1킬로그램(또는 1리터)

에 문제의 물질이 1밀리그램 든 것을 말한다. 1피피비(ppb)는 1킬로그램(또는 1리터)에 1마이크로그램이 들어 있는 농도다.

이제 여러분은 한때 전인미답의 세상이었던 곳에 발을 들여놓을 것이다. 오늘날 우리는 앞선 세대들이 아무리 노력해도 풀 수 없었던 미스터리들을 해독할 수 있다. 일상 환경에서 독성 원소들을 몰아낸 과거 세대의 각종 조치와 노력에 감사할 수 있다. 세상은 옛날보다 한결 안전한 곳이 되었다. 그래도 여전히 과거의 사건들은 우리에게 교훈을 준다. 화학 원소들이 수많은 사람을 중독시켰던 시대, 누군가에게 거치적거리는 대상이 되는 바람에 천수를 못 누리고 독살되는 사람들이 있었던 시대의 이야기들에서 우리는 여전히 무언가를 배울 수 있다.

2권

옮긴이의 말···5
한국어판 서문···8
감사의 말···10

9 만병을 통치하는 안티모니···15
10 새로운 진혼곡···47
11 가명의 살인마···79
12 납의 제국···109
13 조지 왕의 광기···145
14 바티칸 독살 음모···175
15 탈륨 쥐약의 정체···199
16 수상한 찻잔···231
17 또 다른 죽음의 원소들···265

부록···302
용어 설명···303
참고 문헌···313
찾아보기···322

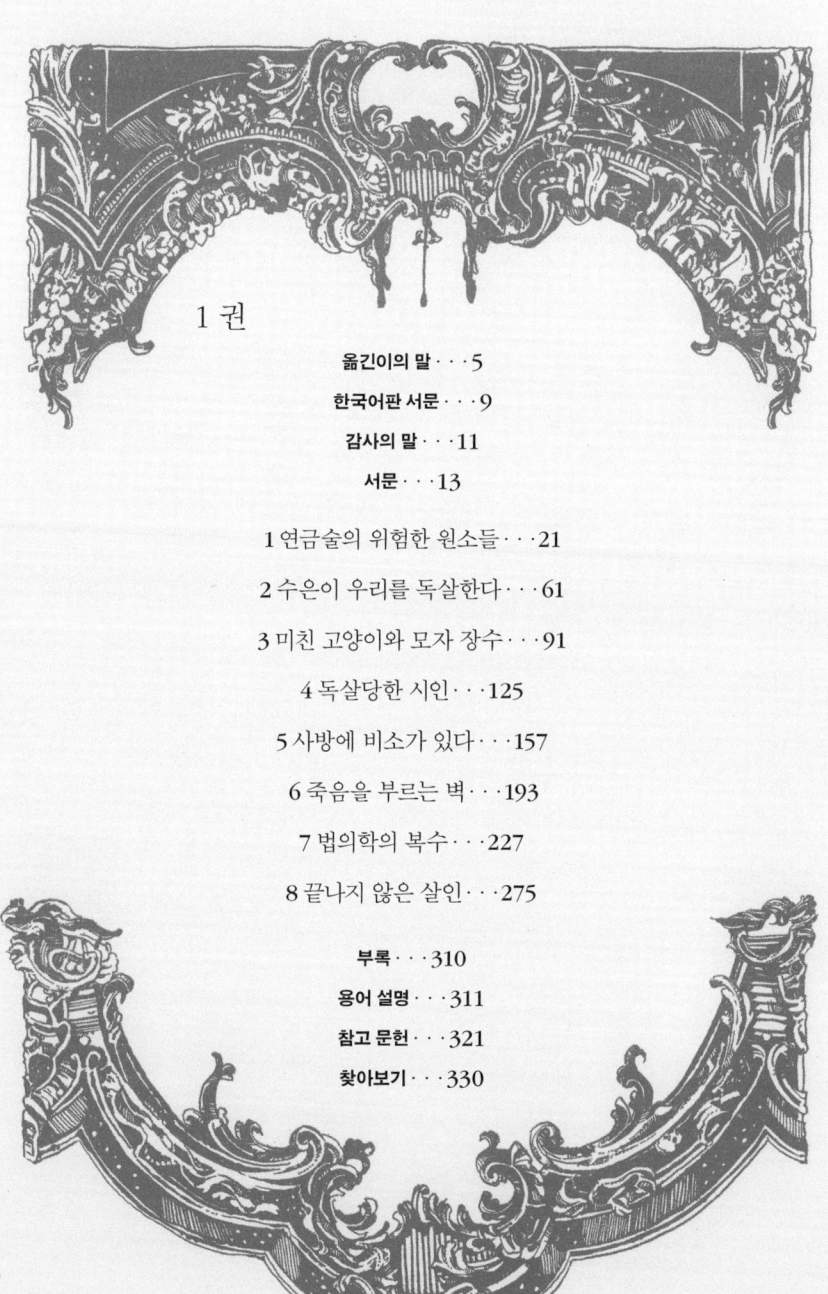

1권

옮긴이의 말···5
한국어판 서문···9
감사의 말···11
서문···13

1 연금술의 위험한 원소들···21
2 수은이 우리를 독살한다···61
3 미친 고양이와 모자 장수···91
4 독살당한 시인···125
5 사방에 비소가 있다···157
6 죽음을 부르는 벽···193
7 법의학의 복수···227
8 끝나지 않은 살인···275

부록···310
용어 설명···311
참고 문헌···321
찾아보기···330

1 연금술의 위험한 원소들

    1720년 영국. 런던 주식 시장은 남해(사우스시) 회사 주가 폭등에 따른 호황으로 주가가 걷잡을 수 없이 올라 있었다. 대중의 투자 수요에 편승하는 신생 회사들이 무수히 생겨났다. 1990년대 말의 닷컴 회사 거품 때와 비슷한 상황이었다. 근거 없는 과대 선전을 일삼는 회사들이 많았는데, '수은을 단련 가능한 고급 금속으로 변형'시키는 사업을 하겠다는 회사도 있었다. 1700년대 초 사람들은 수은을 금으로 변환시키는 일이 실제로 가능하다고 믿었던 것이다. 아이작 뉴턴(Issac Newton, 1642~1727년)처럼 저명한 과학자들도 예외가 아니었다. 뒤에서 다시 말하겠지만 뉴턴의 초기 연구는 대부분 연금술 실험이었다. 뉴턴이 특이한 사례였는가 하면 그렇지도 않다. 각 나라의 대공, 황제, 군주, 교황들 역시 연금술 후원에 열성이었다.

    연금술을 추구했던 그 회사는 1720년 7월에 영국 정부가 남해 회사 거품을 통제하고자 100여 개 회사에 금지령을 내렸을 때 함께 문을 닫았다. (주가 과열 현상은 그해 9월에 막을 내렸다.) 그야말로 광란의 시기였다. 증권 공모 안내서에 '막대한 이익을 보증하는 경영을 하겠지만 실체는 밝힐 수 없음.'이라는 사업 계획을 쓴 회사가 있었던 것만 봐도 알 만하다. 이 회사를 세운 사기꾼은 주식을 발행하는 대신 미래에 주식을 매입할 수 있는 권리를 1주당 2파운드에 팔았다. 파렴치한은 런던 콘힐에 사무실을 열고 5시간 만에 2,000파운드(요즘의 20억 원쯤 된다.)를 거둬들인 후 저녁 무렵 돈을 챙겨 유유히 사라졌다.

연금술사들 중에도 어수룩한 후원자를 발견하면 이런 식으로 속여먹는 자들이 있었다. 하지만 연금술사들이 죄다 사기꾼이었던 건 아니다. 진심으로 금을 만드는 일에 매진했던 이들이 있었고, 그들의 목표는 세 가지였다. 세 가지란 첫째, 비(卑)금속(공기 중에서 쉽게 산화하는 금속을 통틀어 이르는 말. — 옮긴이)을 금으로 바꾸어 주는 철학자의 돌을 만드는 것, 둘째, 만수무강을 장담하는 만능의 영약(엘릭시르)을 발견하는 것, 셋째, 세상의 모든 물질을 녹일 수 있는 보편 용해제(알카헤스트)를 발견하는 것이다. 결코 실현될 수 없는 목표들이었으니, 연금술사들의 작업이 과학적으로 대부분 무의미한 것도 놀랄 일이 아니다. 그렇지만 수세기에 걸친 그들의 연구를 통해 기초적인 실험 도구들이 발전했고 몇몇 중요한 화합물이 발견된 것도 사실이다.

연금술은 건강에 해로운 작업이었다. 독성이 강한 원소들, 특히 수은을 반드시 취급했기 때문이다. 연금술사들이 수은을 좋아했던 이유는 금을 비롯한 모든 금속이 수은, 황, 소금으로 이루어졌으며 그중에서도 수은이 가장 중요한 성분이라고 믿었기 때문이다. 이 장에서

는 그 위험천만한 금속이 연금술사들에게 미쳤던 영향에 대해 살펴보려 한다.

자, 그렇다면 연금술은 언제 시작되었을까? 연금술사들은 어떤 사람들이었을까? 연금술사들이 정말 중독되기도 했을까?

연금술사들

연금술은 중국, 인도, 중동, 유럽 등 금이 귀하게 여겨지고 금에 대한 수요가 있는 곳이라면 어디서든 번성했다. 서구 연금술의 기원은 고대 이집트였다. 우리가 아는 최초의 연금술사도 이집트에 살았다. 기원전 200년경 나일 강 삼각주에 살았던 데모크리토스(Democritus, B.C. 460~B.C. 370년)가 그 주인공이다. 그의 책 『자연물과 신비한 물건들에 관해(*Physica et Mystica*)』에는 유용한 염료와 안료 제조법들이 소개되어 있을 뿐만 아니라 연금법에 관한 내용도 실려 있다. 하지만 암호처럼 모호한 말로 적혀 있기 때문에 이해하기가 어려운데, 아마 **가짜** 금을 만드는 방법이기 때문에 그렇게 적은 듯하다.

뒤를 이은 이집트 연금술사로는 300년경의 인물인 조시모스(Zosimos)가 있다. 조시모스는 증류나 승화 같은 화학 과정들에 대해 설명하면서 그런 작업들을 처음 발명한 사람은 유대 여인 마리아라고 밝혔다. 마리아 역시 100년경에 이집트에 살았던 인물이다. 그녀는 수은과 황으로 여러 가지 실험을 했다. 그런데 정작 그녀의 가장 유명한 발명품은 흔히 중탕에 사용되는 이중 냄비 '뱅마리에'다. 조시모스 또한 금속을 금으로 바꾸는 방법에 대해 모호한 설

명을 남겼고, '팅크(tincture, 丁幾)'와 '분말'에 대해서도 언급했는데, 후대의 연금술사들은 이것이 각각 영약과 철학자의 돌을 가리키는 것이라고 보았다. 조시모스와 비슷한 시기에 살았던 아가소데몬(Agathodiamon)은 나트론(천연 탄산나트륨)과 섞이면 '불 같은 독극물'이 되는 광물이 있다는 기록을 남겼다. 물에 투명하게 녹는다는 그 독극물은 아마 삼산화비소였을 것이고 아가소데몬이 사용한 광물은 비소 광물인 계관석이나 웅황 중 하나였던 것 같다. 이렇게 추측할 수 있는 이유는 용액에 구리 조각을 담그자 구리가 아름다운 초록색으로 변했다고 그가 적었기 때문이다. 아비소산구리가 형성되는 과정이 바로 그렇다. 이 초록 안료는 그로부터 1,500년 뒤에 다시 등장해 실내 환경을 심각하게 오염시키고 많은 사람들을 죽음으로 몰고 간다. 이 이야기도 뒤에서 하겠다.

　연금술은 조시모스의 시대부터 이미 시들기 시작했다. 로마 제국의 쇠망과 맞물린 무렵이었다. 하지만 네스토리우스 교라는 비정통 기독교파 사람들이 400년경에 페르시아로 피난을 떠나면서 연금술 문헌들을 가져갔고, 이 정보가 아랍 인들에게 전해졌다. 그리고 아랍 인들의 손에서 연금술은 다시 융성했다. 연금술을 뜻하는 영어 단어 '알케미'도 아랍 어에서 온 것이다. 초기 이슬람 통치자들은 모든 분야의 학문을 장려했고, 700년경에 그들의 제국이 에스파냐까지 뻗자 서구 유럽 사람들도 새로운 연금술에 관심을 기울이게 되었다. 아랍 인 연금술사로는 2명의 위대한 인물이 있다. 유럽에 게베르라는 이름으로 알려진 아부 무사 자비르 이븐 하이얀(Abu Musa Jabir ibn Hayyan, 721~815년), 유럽에 라제스라고 알려진 아부 바크르 무하마드 이븐 자카리야 알 라지(Abu Bakr Muhammad ibn Zakariya Ar-Razi, 865~925년)다. 두 사람의 저작은 라틴 어로 번역되어 유럽 전역에서 널리 읽혔으며 후대 사람들에게 큰 영향을 미쳤다.

게베르가 썼다는 책은 2,000권이 넘는다. 그에 따르면 만물은 불, 흙, 물, 공기의 네 요소로 이루어졌고, 이들이 수은 및 황과 결합함으로써 모든 금속이 생겨났고, 금속 사이의 차이는 기본 성분들의 비율 차이에서 비롯한다. 게베르는 수은과 황이 결합하면 진사(황화수은)라는 붉은 화합물이 생긴다는 것을 알았는데, 만약 완벽한 결합 비율을 찾아낸다면 결과물이 금이 될 수도 있으리라고 믿었다.

라제스가 쓴 『비전의 서의 비밀(Secret of Secrets)』은 영향력이 대단했던 책으로, 수많은 화학 물질, 광물, 실험 기구 등을 나열해 소개했다. 유리 기구도 몇 종류 포함되어 있다. 라제스는 알코올을 증류해 소독약으로 사용한 최초의 인물이었고, 수은을 설사제로 권장하기도 했다. (이 책에 자주 등장하는 설사제는 설사를 멎게 하는 게 아니라 설사를 일으키는 약을 말한다. — 옮긴이) 라제스는 흔히 승홍이라 불리는 염화수은에 대해서도 잘 알았다. 승홍으로 만든 연고는 이른바 '가려움증', 그러니까 현대에는 드문 피부병인 옴을 치료하는 데 쓰였다. 옴은 옴진드기가 피부를 파고들어 생기는 병으로, 특히 생식기 부위에 극심한 가려움을 일으키고 성교 중에 전염될 수 있다. 수은은 강력한 독성으로 피부를 파고들기 때문에 옴 치료에 효과적이었다.

인도에서도 700년 무렵에 연금술사들이 활발히 활약했다. 그들의 전승 지식은 800년경에 쓰여진 『라사라트나카라(Rasaratnakara)』('보물의 바다'라는 뜻이다. — 옮긴이)라는 책에 갈무리되었다. 주로 수은의 속성 및 다른 화합물들과의 반응에 대해 다룬 책이었다. 책은 수은에 금을 만드는 능력이 있다고 주장했고 수은이 '넥타' 형태로 변형될 때 불로장생제가 얻어지리라고도 했다. 인도의 민간요법에서는 아직도 수은과 수은 화합물들이 재료로 쓰인다. 중국도 그렇다.

중세 초기에 유럽에서는 여러 뛰어난 연금술사들이 등장했다. 아비켄나(Avicenna, 이븐 시나, 985~1037년), 알베르투스 마그누스(Albertus Magnus, 1193~1280년), 로저 베이컨(Roger Bacon, 1220~1292년), 토머스 아퀴나스(Thomas Aquinas, 1225~1274년) 등이다. 몇몇은 신학 저술로 더 유명하다. 다른 누구보다도 이 시기에 가장 유명했던 연금술사는 스스로 게베르라 칭했던 한 에스파냐 사람이었다. 그가 전설적인 게베르의 이름을 자처한 것은 권위 있어 보이고 싶어서였고, 그래서인지 그의 글은 아주 널리 읽혔다. 그는 질산, 질산은, 붉은 산화수은 제조법을 처음으로 기록했다. 그가 직접 설계한 기구에 대한 상세한 설명과 사용법이 적혀 있다는 점이 그의 책들의 인기 비결이었고, 덕분에 그의 글은 연금술의 영역을 넘어서까지 영향을 끼쳤다.[1] 게베르 덕분에 연금술이 존경할 만한 작업으로 승격했다고 볼 수도 있다.

서서히 유럽 연금술사들도 스스로 화학 지식을 쌓기 시작했다. 그들의 발견 중 가장 주목할 만한 것은 아쿠아 레지나, 즉 왕수(王水)였다. 왕수는 질산과 염산을 혼합한 것으로서 금을 녹일 수 있는 용액이다. 사람들은 금이 녹는 것을 보고 금 또한 변형 가능한 물질임을

---

1 게베르의 책으로는 『완성 대요(Summa perfectionis magisterii)』, 『화로의 책(Liber fornacum)』, 『완벽의 탐구(De investigatione perfectionis)』, 『진리의 발명(De inventione veritatis)』 등이 있었다.

새삼 확신했다. 왕수에 로즈메리 기름을 타서 묽게 하면 금이 계속 용해된 채로 있었다. 사람들은 이 음료를 아우룸 포타빌레(액체 금)라 불렀고, 만능약인 양 여기저기 처방했다. 안타깝게도 대부분의 연금술사들이 비밀 문자 기록을 고집했던 탓에 우리가 그들의 원고를 제대로 이해하기는 거의 불가능하다. 그들이 하나의 물질을 여러 이름으로 불렀던 것도 문제다. 가령 수은은 문지기, 오월의 이슬, 어머니의 알, 초록 사자, 헤르메스의 새 등으로 불렸다.

니콜라스 플라멜(Nicholas Flamel, 1330~1418년)은 프랑스를 대표하는 연금술사였다. 사람들은 그가 철학자의 돌과 영약을 발견했다고 믿었다. 플라멜이 아주 장수한 데다 막대한 부를 쌓아서 교회에 기부하거나 병원을 짓곤 했기 때문이다. 1382년 1월에 플라멜이 수은을 은으로 바꾸었으며 3개월 뒤에는 다량의 수은을 금으로 바꾸었다는 기록이 있다. 그러나 실상 플라멜의 재산과 긴 수명은 쩨쩨하고 금욕적인 생활 습관에서 비롯한 것일 가능성이 높다. 그는 고리대금업을 통해 부자가 된 것 같기 때문이다. 하지만 그가 초년에 연금술사였다는 것, 그리고 말년에 이르러 자기 부의 근원이 연금술 덕인 양 위장했다는 것은 사실이다.

영국에도 유명 연금술사들이 있었다. 요크셔 브리들링턴 출신의 조지 리플리(George Ripley, 1400년대 초에 출생했다.) 같은 인물이다. 리플리는 이탈리아에서 20년 동안 공부한 끝에 교황 인노켄티우스 8세의 전속 신부가 되었다. 1477년에 영국으로 돌아온 뒤에 리플리는 『연금술의 화합물, 또는 철학자의 돌을 만들기 위한 열두 관문(*The Compound of Alchymy, or the Twelve Gates Leading to the Discovery of the*

Philosopher's Stone)』이라는 책을 냈는데, 열두 관문이란 증류나 승화 같은 화학 기법들을 가리켰다. 리플리 역시 무척 부유했기에 동시대 인들은 그가 연금법을 알아낸 게 틀림없다고 믿었다. 그러나 리플리는 임종 직전에 진실을 고백했다. 자신이 헛된 추구에 평생을 낭비했고, 자신의 글은 실제 실험이 아니라 추측에 의거해 씌어진 것이니, 자기 책을 모두 태워 버려야 마땅하리라는 고백이었다.

10대 초부터 철학자의 돌을 찾기 시작해 85세에 죽을 때까지 연구를 계속한 이탈리아 사람 트레비소의 베르나르도(Bernard of Treves, 1406~1491년)도 있다. 그는 부잣집에 태어난 덕분에 평생 연금술사로 살면서도 돈 걱정을 하지 않을 수 있었다. 그런데 그의 연구에 동참한 사람들은 대부분 사기꾼에 불과했던 것 같다. 베르나르도가 1464년에 빈에서 만난 장인 헨리도 그런 조력자였다. 베르나르도가 헨리와 함께 수행한 실험은 대실패였다. 장인 헨리는 베르나르도한테서 받은 금괴 42개를 수은과 올리브 기름과 함께 용기에 넣고 봉한 뒤 21일 동안 가열했다. 용기를 열어 보니 놀랍게도 금괴가 16개만 남아 있었다.

장인 헨리 같은 사기꾼 연금술사들은 어수룩한 물주를 속이는 가지각색의 책략을 알고 있었다. 바닥이 이중으로 된 도가니에 금을 숨겨 두거나, 도가니에 담을 숯 사이에 금박을 끼워 두거나, 아니면 간단하게 수은에 미리 금을 녹여 둔 뒤 증류를 통해 석출하는 방법 등이었다. 사람들은 변환이 가능하다는 것을 믿어 의심치 않았다. 헨리 4세 치하였던 1404년의 영국에서는 연금술 기법을 통한 금은 제조를 금지하는 법률까지 제정될 정도였다. '증산 금지법'이라 불린 이 법률은 1660년대까지 법전에 남아 있었다. 이것을 폐지시킨 사람은 과학자 로버트 보일(Robert Boyle, 1626~1691년)이었다. 보일은 이 법 때문에 영국의 부를 늘릴 수 있는 연구가 위축된다고 생각했다.

연금술은 1500년대와 1600년대 내내 융성했고 연금술사들은 유명 인사로 통했다. 게오르기우스 아그리콜라(Georgius Agricola, 1494~1555년), 파라셀수스(Paracelsus, 1493~1541년), 존 디(John Dee, 1527~1608년), 디의 동료이자 사기꾼이었던 에드워드 켈리(Edward Kelly, 1555~1595년), 미카엘 센디보기우스(Michael Sendivogius, 1566~1636년), 얀 밥티스타 판 헬몬트(Jan Baptista van Helmont, 1577~1644년), 조지프 프란시스코 보리(Joseph Francis Borri, 1616~1695년) 등이다. 이중 밀라노 출신인 보리는 가장 든든한 후원자였던 전(前) 스웨덴 여왕 크리스티나나 덴마크 왕 프레데리크 3세 등 여러 대공과 군주들의 후원 아래 평생 부질없이 철학자의 돌을 찾아 헤맸다. 말년에는 교황의 명에 따라 카스텔 산탄젤로(천사의 성)에 갇힌 채 20년을 보냈지만 말이다. 파라셀수스는 수은 같은 연금술 재료들을 **의학적으로** 활용함으로써 유명해진 인물로, 뒤에 자세히 소개할 일이 있을 것이다. 센디보기우스는 초석(질산칼륨)을 가열하는 과정에서 산소를 발견했던 것 같다.

거꾸로 연금술사를 대상으로 한 사기 행각도 흔했다. 연금술사들은 속이기에 어렵지 않은 사람들이었던 듯하다. 1666년 12월, 헤이그에 살던 스위스 출신 과학자 요한 헬베티우스(Johann Helvetius)에게 손님이 찾아왔다. 손님은 철학자의 돌을 발견했다고 하면서 헬베티우스에게 작은 돌조각을 팔았고 다음 날 아침에 다시 와서 제조법을 알려 주겠노라 약속했다. 헬베티우스의 아내는 그날 밤 당장 시험을 해 보자고 남편을 졸랐고, 헬베티우스는 정말 그 물질을 통해 납 1온스(28그램)를 금으로 변환시키는 데 성공했다. 동네 대장장이도 그것이 진짜 금이라고 감정했다. 소문은 순식간에 퍼졌고 헬베티우스는 유명해졌다. 하지만 슬프게도 그 정체 모를 손님은 철학자의 돌 제조법을 알려 주겠다는 약속을 저버리고 다시는 나타나지 않았다.

사기꾼 연금술사들의 활약은 근대까지 계속되었다. 연금술이 화학에 밀려난 뒤에도 변성이 가능하다고 계속 주장하는 사람들이 있었다. 오스트리아 황제 프란츠 요제프(Franz Joseph)는 1867년에 3명의 자칭 연금술사들에게 오늘날의 1만 달러쯤 되는 돈을 사기당했다. 1929년에는 프란츠 타우젠트(Franz Tausend)라는 독일 배관공이 가짜 연금술로 사람들을 속였다. 타우젠트는 많은 금융업자들을 초청해 연금술 시연회를 열었다. 조폐국을 무대로 해 판사, 지방 검사, 경찰관 등이 포함된 관객 앞에서 타우젠트는 납 1그램으로 금 1그램을 만들었다. 시연에 앞서 증인들이 모든 기구를 철저하게 점검했으므로, 그의 변성은 진짜인 것 같았다. 하지만 사실 타우젠트는 담배에 금을 숨겨 들여갔다.

1600년대에는 연금술로부터 화학이라는 학문이 자라나기 시작했다. 우리가 진정한 과학자로 간주하는 인물들 가운데 그 당시에는 은밀하게 연금술을 추구했던 사람들이 있다. 로버트 보일, 존 메이오(John Mayow, 1641~1679년), 아이작 뉴턴 등이다. 하지만 1700년대 말이 되면 연금술은 더 이상 존경할 만한 일로 대접받지 못한다. 최소한 과학계에서는 그랬다. 위대한 스웨덴 작가 아우구스트 스트린드베리(August Strindberg, 1849~1912년)를 비롯해 몇몇 연금술사들이 19세기

말까지도 활동했지만 말이다. 스트린드베리는 연금술에 상당한 노력을 쏟았다. 1894년에 그는 자신이 드디어 성공했다고 확신했고, 자신이 만든 '금' 시료를 베를린 대학교로 보내는 한편 비주류 학술지 《리퍼키미(L'Hyperchimie, 초화학)》에 제조법을 발표했다. 물론 앞선 선배들마냥 스트린드베리의 생각도 착각이었다. 그가 만든 물질은 깊은 금색을 띤 철 화합물인 것으로 뒤늦게 밝혀졌다.

사실 연금술사들의 화학은 수준이 낮았다. 수은을 황이나 손에 들어온 다른 재료들과 함께 가열하는 일이 거의 전부였다. 수은은 철을 제외한 모든 금속을 녹일 수 있다고 알려져 있었기 때문에, 연금술사들은 수은에 다른 금속을 녹인 합금, 즉 아말감을 만든 뒤 황과 함께 가열했다. 그러면 다양한 색조를 띤 물질이 만들어졌는데 특히 산화비소를 넣으면 색이 더욱 다채로웠다. 그것은 하나의 물질이 다양한 깊이의 색을 보이는 것에 불과했지만 연금술사들은 각각이 다 다른 물질이라고 믿었다. 요즘도 인터넷을 통해 연금술 재료를 사거나 이른바 금 제조법을 배울 수 있다. 오스트레일리아 아들레이드에 위치한 파라셀수스 칼리지 오스트레일리아에서는 그런 주제의 연구를 계속하고 있다. 웹사이트 http://levity.com/alchemy/parcoll.html에 가 보면 중세 연금술사들의 저술을 번역한 자료도 볼 수 있다.

수은 증기는 인체에 몹시 해롭다. 그런데도 많은 연금술사들이 장수했다는 사실이 좀 놀라운데, 그들이 무슨 이유에선지 이 유독 원소의 영향을 적게 받았거나, 또는 실제로 실험을 하는 것보다 머리를 굴리는 데 더 많은 시간을 썼기 때문일 것이다. 두 번째 해석이 더 그럴싸하다. 하지만 몇몇 연금술사들은 수은 증기 때문에 정말 심각한 해를 입었다. 1600년대 말에 영국에서 연금술을 수행했던 사람들을 보면 알 수 있다.

최초의 화학자

오늘날 사람들은 로버트 보일을 화학의 아버지로 칭송한다. 라늘라 자작 부인의 동생이었던 보일은 런던의 호화로운 세인트제임스 지구에 있는 자작 부인의 집, 라늘라 하우스에서 살았다. 보일은 복잡한 인물이었다. 평생 독신이었고, 독실한 기독교 신자였고, 아낌없이 기부하는 큰손이었고, 학자였고, 세계적인 과학자였고, 그리고 연금술사였다. 기체의 부피와 압력의 관계를 설명하는 보일의 법칙을 발견한 획기적 연구로 유명하지만, 그는 철학자의 돌을 찾는 데에도 상당한 시간을 투자했다. 연금법을 알려 주고 연금술사들의 비밀 결사에 입회시켜 주겠노라 약속한 조르주 피에르 데 클로제(George Pierre des Clozets)라는 프랑스 인에게 사기를 당한 적도 있었다. 보일은 속은 대가로 상당히 많은 돈을 잃었다.

보일이 인생 대부분의 기간에 연금술을 연구했다는 것은, 보일을 최초의 진정한 화학자로 포장하고 싶었던 후대 과학자들에게는 참으로 당황스러운 사실이었다. 오늘날 보일의 책 『회의적 화학자(The Sceptical Chymist)』는 화학을 연금술로부터 분리시킨 기념비적 저서로 여겨지지만, 사실 그 책을 꼭 연금술에 대한 공격으로만 볼 수는 없다. 게다가 보일의 사망 당시 발견된 논문들 중에는 '금속의 변성과 개량에 관한 대화'라는 미완성 원고가 있었다. 여기서 보일은 어느 프랑스 연금술사가 성공했다는 비금속의 금으로의 변환 과정을 상세히 묘사했는데, 여러 유명인사들이 직접 그 성공을 목격했다고 적혀 있다. 보일은 철학자의 돌이 금속을 변성시키는 것을 넘어 '무엇과도 비길 수 없이 탁월한' 영약을 만들어 주리라 생각했기 때문에, 연금술은 의미 있는 일이라고 믿었다.

보일은 1676년 2월 21일자 왕립 학회《철학 회보(Philosophical Transactions)》에 「수은과 금의 가열에 관해」라는 논문을 발표했다. 그는 금과 반응을 일으켜 열을 발생시키는 특별한 '수은'이 존재한다고 주장했다. 당시 왕립 학회 회장이었던 브룬커 경은 보일의 새로운 '수은'을 금가루와 섞어 손바닥에 올렸더니 열기를 느낄 수 있었다며 보일의 주장을 거들고 나섰다.

나아가 보일은 『화학 원리의 생산(Producibleness of Chemical Principles)』이라는 책에서 순식간에 금을 녹이는 어떤 '수은'을 발견했다고 주장했다. 그렇지만 그 정체를 공개하면 "인간사를 문란하게 하고, 폭군들에게 좋은 일을 시켜 주는 셈이 되고, 대중에게 혼란을 일으키고, 세상을 엉망으로 만들" 소지가 있기 때문에 밝히지 않겠노라 했다. 그 '수은'이 무엇인지 우리는 짐작만 할 수 있을 뿐이지만, 안티모니-구리-수은 합금이 아니었을까 싶다. 보일은 그 제조법을 연금술 언어로 적어 두었다.

순수한 네제루스, 다킬라, 발육한 바나시스 아나를 고루 잘 섞은 뒤 증류기에 넣고 이를 다시 모래에 묻어 센 불로 끓여, 날릴 것을 모두 날려 보낸다. 그렇게 만든 용액에 금을 넣으면 상당한 열이 나면서 금이 잘 녹을 것이다.

네제루스는 수은, 다킬라는 구리, 발육한 바나시스는 안티모니를 말한다. 이 실험에는 위험이 숨어 있었으니, 도중에 발생하는 수은 증기를 마시면 해롭다는 것이었다. 보일이 늘 잔병에 시달렸던 것도 수은에 자주 노출된 탓이었을지 모른다. 그러나 보일이 수은 연기를 쐬기야 했을 테지만 그 때문에 큰 손상을 입었을 것 같지는 않다. 대부분의 실험을 조수가 수행했으니까 말이다. 보일은 1671년부터 라늘라 하우스에 살기 시작해 1691년에 죽을 때까지 한 번도 이사하지 않았다. 1676년에는 누이를 설득해서 정원에 실험실을 지었고, 1677년에는 확장 공사도 했다. 실험실에는 화로, 증류기, 플라스크, 기타 연금술 기구들과 다양한 기본 화학 물질들을 갖춰 두었다. 보일은 그곳에서 갖가지 실험을 수행하면서 연금술사라기보다는 진정한 화학자로서의 재능을 발휘했다.

1669년에는 함부르크의 연금술사 헤니히 브란트(Hennig Brandt)가 인을 발견했다. 브란트는 어둠에서도 빛을 발하고 저절로 불꽃을 터뜨리는 인의 마술적인 능력을 보고 이것으로 철학자의 돌을 만들 수 있으리라 생각했다. 브란트는 약간의 인을 다니엘 크라프트(Daniel Kraft)라는 사람에게 팔았고, 크라프트는 온 유럽 궁정을 돌며 공연을 한 뒤 1671년에 런던에 다다랐다. 크라프트는 라늘라 하우스에서 보일과 몇몇 왕립 학회 회원들에게 인을 선보였다. 보일은 당연히 크게 감명을 받고 무엇으로 만든 물질이냐고 물었지만, 크라프트는 '사람의 몸에서 나온 어떤 것'으로 만들었다고 답할 뿐이었다. 보일은 오줌이 아닐까 추측했고, 그것은 옳은 추측이었지만, 아무리 애써도 오줌에서 인을 추출할 수 없었다. 결국 조수인 암브로스 고드프리가 함부르크까지 가서 브란트에게 직접 물어, 높은 온도로 달궈야 한다는 정보를 얻었다. 오줌을 졸이고 남은 찌꺼기를 적열 상태까지 가열하면 인을 얻을 수 있었던 것이다. 보일도 결국 이런 식으로 원하던 물질을 얻었다. 보일이 인으로 어떤 일을 했는지 보면 그가 과연 진정한 화학자라는 사실을 인정하게 된다. 그는 인의 속성, 그리고 다른 물질들과의 반응을 조사한 뒤 그 결과를 연금술사의 언어가 아닌 일상의 언어로 적어 발표했다. 현대의 화학자도 보일의 기록을 보고 그가 했던 작업을 따라 할 수 있을 정도다. "은밀한 부위를 (인으로) 문지르면 한참 후에 빨갛게 염증이 일어난다."라는 관찰 결과까지 따라 해 보고 싶을 리는 없지만 말이다.

인은 연금술의 세계에 너무 늦게 합류한 원소라서 그리 큰 영향을 끼치지 못했다. 인은 철학자의 돌도, 만능의 영약도 아니었다. 하지만 혹시나 하며 인으로 연금술 실험을 한 사람들도 있기는 했다. 인은 이후로도 약 100년간 **화학** 원소로 인정받지 못했다. 하기야 연금술에 사용된 재료들 중 화합물이 아니라 순수한 원소였던 물질은 몇 안된다. 수은, 비소, 안티모니 정도가 전부다. 이중에서도 수은은 가장 애간장을 태우는 물질이었다. 가능성이 대단한 듯하나 실제 성과를 내지 못하는 물질이었고, 연금술사들의 육체적, 정신적 건강에 분명히 해를 입혔을 물질이다. 수은 때문에 심각한 손상을 입은 두 남자를 소개하기 전에, 이 특기할 만한 액체 금속에 대해 좀더 살펴보는 것이 좋겠다.

수은

수은은 중국, 인도, 이집트의 초기 문명부터 알려져 있던 물질이다. 지금까지 발견된 가장 오래된 수은 금속 시료는 독일 고고학자 하인리히 슐리만(Heinrich Schliemann, 1822~1890년)이 쿠르나의 고대 이집트 무덤에서 발굴한 것으로, 기원전 1600년 무렵의 것으로 보인다. 수은(mercury, 水銀)이라는 이름은 행성 수성(Mercury)에서 딴 것이고, 수은의 용도를 최초로 기록한 사람은 기원전 300년경의 그리스 철학자 테오프라스토스(Theophrastus)였다. 로마 인들은 수은을 히드라지룸(hydragyrum)이라 불렀다. 수은의 화학 기호 Hg는 여기에서 왔다. 옛날 영어에서는 퀵실버(quicksilver)라 불렸는데, 이것은 '살아 있음'을 뜻하는 고대 영어 단어 퀵(cwic)에서 왔다. '산 자와 죽은 자'라는 뜻의 영어 숙어 '더 퀵 앤드 더 데드(the quick and the dead)'에서의 '퀵'이다. 로마 인들은 진사를 가열하면 액체 수은 덩어리가 된다는 사실을 알았다. 지구 반대편의 중국인들도 같은 현상을 목격했고, 중국 연금술사 갈홍(葛洪, 281~361년)은 밝은 붉은 빛의 진사를 단지 가열하기만 해도 은색 수은으로 바뀐다는 사실에 놀랐다는 기록을 남겼다.[2]

수은은 황 원자에 대한 친화력이 크다. 두 원소가 결합하면 불용성인 황화수은(HgS)이 되는데, 이것이 밝은 붉은색 진사의 형태로 수은 광석에 많이 들어 있는 물질이다. 진사로 만든 안료를 버밀리언(주

---

2 공기 중의 산소가 황을 산화시켜 이산화황 기체를 방출시키므로 수은만 남는다.

홍색)이라고 한다. 버밀리언은 무려 2만 년 전의 에스파냐나 프랑스 동굴 벽화에도 사용된 물감으로, 로마 인들이 특히 좋아해서 방 전체를 이 색깔로 칠하고는 했다. 로마 작가 비트루비우스(Vitruvius)와 플리니우스(Pliny)가 수은에 대해 적은 글을 보면 두 사람은 에스파냐의 광산에서 발굴된 천연 수은이 진사를 배소시켜 얻은 수은보다 품질이 좋다고 생각했던 것 같다. 전자는 아르젠툼 비붐(살아 있는 은)이라고 하고 후자는 히드라지룸(은색 물)이라고 불렀다. 플리니우스는 수은에 대해 꽤 잘 알았던 것이 분명하다. 이런 글을 남겼기 때문이다.

> 이것은 모든 것에 독으로 작용하고, 심지어 해로운 힘을 발휘해 용기에 구멍을 내기도 한다. 모든 물질이 수은에 섞이지 못하고 표면에 뜨지만, 단 하나 금은 예외다. 금은 수은이 끌어당기는 유일한 물질이다. 따라서 수은은 금을 정련하기에 훌륭한 재료다. 토기 용기에 금과 수은을 함께 넣고 세게 섞으면 금에 섞여 있던 모든 불순물이 제거된다. 일단 그렇게 찌꺼기를 다 몰아낸 뒤 수은을 금과 분리시키면 된다.

플리니우스는 로마가 매년 4톤이 넘는 수은을 수입한다고 썼다. 수은 광석을 채굴하는 사람들은 머리에 동물 방광으로 만든 가리개를 써서 먼지를 막는다고 했다.

수백 년 동안 수은은 연금술에 빠져든 사람들을 사로잡았다. 수은은 무엇과도 다른 물질이었고 거의 마술에 가까운 능력을 지닌 것처럼 보였다. 요즘의 마술사들도 염화수은을 사용한다. 예를 들어 '심령술사' 유리 겔러(Uri Geller)는 1970년대에 이스라엘의 나이트클럽을

순회하며 정신력으로 사물을 통제하는 마술을 선보일 때 염화수은을 썼다. 『호리병 속의 지니(The Genie in the Bottle)』라는 책을 쓴 조 슈워츠(Joe Schwarcz)에 따르면 겔러는 관중 가운데 하나를 무대로 불러 알루미늄박을 손에 들게 한 뒤, 눈을 감고 정신을 금속에 집중했다. 그러면 신기하게도 관객의 손에 든 알루미늄이 점점 뜨거워져서 나중엔 쥐고 있지도 못할 정도가 되었다. 비법은 알루미늄박에 염화수은[3] 가루를 조금 뿌려 접어 두는 것이었다. 알루미늄과 염화수은이 천천히 화학 반응을 일으키면서 많은 열을 내는 것이다.

수은은 과학 혁명에도 중요한 역할을 했다. 기압계와 온도계의 재료였기 때문이다. 과학 혁명기의 사람들은 수은을 과학 연구에 활용하는 한편 연금술 재료로도 계속 사용했는데, 그러던 중 수은이 여타의 금속들과 다른 특별한 원소라는 믿음을 깨는 발견이 이루어졌다. 연금술 이론에 따르면 수은은 **유일한** 원소, 모든 금속을 이루는 재료, 금속을 금으로 변성시킬 때 핵심적인 역할을 할 물질이었다. 늘 **유동적** 형태를 취하는 금속은 수은밖에 없었다. 수은도 다른 금속처럼 얼어서 고체가 된다는 관찰이 이미 시베리아에서 이루어졌지만, 사람들은 여행자들이 늘어놓는 허풍에 불과하다고 생각했다.

그렇지만 상트페테르부르크의 두 러시아 과학자 브라운(A. Braun)과 미하일 바실리예비치 로모노소프(Mikhail Vasilievich Lomonosov, 1711~1765년)가 보고한 내용은 그렇게 단순히 무시해 버릴 수 없는 것이었다. 1759년 12월, 두 사람은 눈의 최저 온도가 몇 도까지 가능한

---

3 산화수가 높은 염화수은(II), 화학식으로는 $HgCl_2$를 쓴다.

지 확인하는 실험을 했다. 그들은 눈에 소금을 섞으면 몇 도가량 온도가 내려간다는 사실에 착안해 여러 산을 섞어 주면 그보다 더 낮은 온도가 가능할 것이라고 예상했고, 실제 그랬다. 그런데 갑자기 온도계의 수은이 움직임을 멈추는 게 아닌가. 수은이 고체가 된 듯했다. 유리를 깨 보니 수은은 철사에 줄줄이 꿰인 금속 공 같은 고체 덩어리가 되어 있었고, 다른 금속들처럼 구부러졌다. 수은은 어는점이 영하 39도로 극히 낮을 뿐, 평범한 금속이었던 것이다.

그러나 이때만 해도 사람들은 수은의 독성에 대해서는 아직 정확히 알지 못했다. 모든 연금술사들이, 그리고 취미 삼아 연금술에 손을 댔던 한 유명한 영국 왕이, 자기 백성들 가운데 가장 지적인 한 인물까지 심각한 피해를 입고 있었는데 말이다.

붉은 방의 비밀

뉴턴은 온 역사를 통틀어 가장 위대한 과학자다. 뉴턴의 업적은 어마어마하다. 그는 빛과 색의 속성을 설명했고, 중력 이론을 정립했고, 그로부터 태양계의 운행 방식을 추론했고, 운동 법칙들을 만들었고, 미분의 초기 형태를 발명했다. 그러나 뉴턴이 케임브리지의 트리니티 칼리지에 수학 교수로 있는 동안 대부분의 시간을 연금술로 보냈다는 사실은 잘 알려지지 않았다. 1940년, 250년이나 사람의 손을 타지 않고 보관되었던 뉴턴의 서류 상자를 연 경제학자 존 메이너드 케인스(John Maynard Keynes, 1883~1946년)는, 금을 만들기 위한 갖가지 시도가 기록된 뉴턴의 노트를 발견하고 놀라지 않을 수 없었다. 뉴턴은 물리학과 수학 분야에서 대단한 연구를 하는 동안에도 연금술 실험을 수행하고 고대의 연금술 문헌들을 번역하는 데 골몰했던 것이다.

뉴턴은 고대 연금술사들이 실제로 연금법을 알아냈지만 후대에 그 비법이 잊혀져 버렸다고 믿었다. 이렇게 생각한 사람이 뉴턴만은 아니었다. 앞서 보았듯 위대한 화학자 로버트 보일도 그렇게 생각했고, 철학자 존 로크(John Locke, 1632~1704년)도 비슷하게 믿었다. 뉴턴은 남들에게는 연금술에 대한 흥미를 드러내지 않는 편이 좋다고 보일에게 충고하기도 했다.

처음에 뉴턴은 수은을 질산에 녹인 뒤 여러 물질을 더하는 실험을 했다. 별다른 성과가 나지 않자 이번에는 수은을 다양한 금속들과 섞어 화로에서 가열하는 쪽으로 방향을 틀었다. 뉴턴의 조수이자 룸메이트였던 존 위킨스(John Wickins)에 따르면 뉴턴은 밤을 새며 실험하고는 했다. 한번은 금을 부풀게 만드는 '살아 있는' 수은이 만들어졌다. 그러나 그뿐, 더 진척이 없자 뉴턴은 안티모니로 관심을 돌렸고, 1670년에는 이른바 레굴루스라 불렸던 특이하고 신기한 형태의 안티모니를 만들어 냈다.

1675년에 뉴턴은 1,200단어짜리 '클라비스(열쇠)'라는 원고에 발견 내용을 정리했다. 당시 32세였던 뉴턴은 자신의 머리카락이 벌써 희끗거리는 것은 수은 때문이라는 농담을 하고는 했다. 사실 수은과 흰머리 사이에는 아무 연관이 없다. 하지만 몇몇 금속의 경우 인체 내 잔존량과 머리카락 속의 농도 사이에 비례 관계가 있다. 수은, 납, 비소, 안티모니는 특히 머리카락의 단백질 성분인 케라틴의 황 원자들과 쉽게 결합하므로 머리카락을 한 가닥만 검사해 보아도 그 사람이 이런 독성 금속들에 노출되었는지 아닌지 알 수 있다.

뉴턴의 연금술 실험은 1693년 여름에 정점에 달했던 듯하다. 이때 그는 기묘한 연금술 상징들과 설명들이 적힌 '프락시스(연습)'라는 문서를 작성했다. 뉴턴이 연금술에 얼마나 빠져 있었는지 잘 보여 주는 자료다. 뉴턴은 성마른 성격으로 악명이 높았다. 자신의 연구에 대한 비판을 들으면 비정상적일 정도로 상대를 증오했다. 로버트 훅(Robert Hooke, 1635~1703년)이나 고트프리트 라이프니츠(Gottfried Leibniz, 1646~1716년) 같은 당대 저명 과학자들과 뉴턴의 불화는 이성적이기보다 감정적인 문제였다. 뉴턴은 때때로 외톨이처럼 틀어박히고는 했는데, 그의 나이 50세인 1693년에는 어찌나 비정상적인 행동을 일삼았던지 사람들이 그의 정신 상태를 의심할 지경이었다.

뉴턴이 교환했던 서신들을 보면 1693년 5월 30일부터 상당한 기간이 빈다. 그러다 9월 13일에 그는 새뮤얼 피프스(Samuel Pepys, 1633~1703년)에게 편지를 썼다. 자신이 1년가량 소화 불량과 불면을 겪었고 '이전처럼 일관된 정신 상태'가 아님을 시인하는 내용이었다. 그 편지만 보아도 뉴턴이 정상이 아님을 알 수 있는데, 피프스더러 왜 자신과 국왕 제임스 2세의 눈에 들려고 아첨하느냐는 요지의 비난을 퍼부으며 다시는 피프스나 피프스의 친구들을 만나지 않겠다고 썼기 때문이다. 나중에 뉴턴은 철학자 존 로크를 비롯한 몇몇 사람들에게 편지를 써서 예전에 했던 말들을 사과했다. 로크에게는 자신을 '여자들과 얽으려' 든다며 화냈던 것을 용서해 달라고 했다. 피프스의 친구에게 쓴 편지에서는 자기 대신 피프스에게 잘 설명해 달라면서 자신이 '머리에 이상을 느껴 닷새 밤을 한숨도 못 잤기' 때문이라고 변명

표 1.1 뉴턴의 머리카락에 포함된 독성 원소

	수은	납	비소	안티모니
정상 농도(피피엠)	5	24*	0.7	0.7
뉴턴 머리카락의 농도(피피엠)	73	93	3	4

* 이것은 1979년에 분석했던 결과의 평균으로 지금 다시 분석해 보면 이보다는 낮게 나올 것이다.

했다.

이런 편지들을 참고할 때 뉴턴은 육체적으로는 심각한 불면과 식욕 부진을, 정신적으로는 음해받고 있다는 망상과 자신이 비난으로 간주한 발언들에 대한 극도의 예민함, 기억력 저하 등을 앓았다. 모두가 전형적인 수은 중독 증상들이다. 1979년에 나온 『런던 왕립 학회 비망록(Notes and Records of the Royal Society of London)』에는 뉴턴이 이런 증상을 앓았음을 확인하는 논문 두 편이 나란히 실렸다. 하나는 존슨(L. W. Johnson)과 울바시(M. L. Wolbarsht)가, 다른 하나는 스파고(P. E. Spargo)와 파운즈(C. A. Pounds)가 쓴 것이었다. 존슨과 울바시에 따르면 뉴턴의 모든 증상들은 수은 중독으로 설명할 수 있다. 스파고와 파운즈는 증거도 제출했다. 뉴턴의 머리카락 시료를 중성자 방사화 분석과 원자 흡광 분석으로 검사해 보니 독성 원소들의 수치가 아주 높았던 것이다. 표 1.1에 보이듯 납, 비소, 안티모니는 정상보다 4배 높았고 수은은 15배 높았다. 조사 대상이 된 머리카락은 포츠머스 백작 가문이 보관해 온 것으로, 다른 유물들과 함께 머리카락을 물려받은 뉴턴의 조카딸이 1대 포츠머스 백작과 결혼했기 때문이다. 그밖에 트리니티 칼리지에도 뉴턴의 머리카락이 보관되어 있고, 뉴턴의 노트

중 하나에서도 뉴턴의 것으로 보이는 머리카락이 한 가닥 나왔다. 어떤 머리카락은 수은 농도가 197피피엠에 납 농도가 191피피엠이었다. 뉴턴이 인생의 어느 시기엔가 만성 수은 중독과 납 중독을 겪었다는 유력한 증거다.

놀랄 일도 아니다. 뉴턴의 연금술 노트들을 보면 그가 납, 비소, 안티모니로 실험했던 것이 분명하고 간혹 고온으로 가열해 기화시키려 한 적도 있다. 뉴턴은 수은을 불에서 증발시키기도 했노라 말하는데, 이것은 특히 위험하다. 머리카락들이 언제 것인지는 정확히 알 수 없지만 아마 대부분 1727년 사망 당시에 얻은 것일 터이고, 그렇다면 결정적인 시기였던 1693년 무렵의 수은 농도는 훨씬 높았을 것이다. 어쨌든 현재의 분석 결과에 나타난 것만도 각별히 높은 노출 수준이므로, 뉴턴이 실험 이외의 다른 경로로도 수은에 노출되었을 가능성이 있다. 어쩌면 실내 장식이 한 요인이었을 수도 있다. 뉴턴은 붉은색 물건들에 둘러싸이기를 좋아해 방의 벽을 온통 붉게 칠했는데, 수은 물감인 버밀리언을 썼을 확률이 높다.

수은이 정말 뉴턴에게 영향을 미쳐 1693년의 이상한 행동을 드러냈다 해도, 치명적인 이상을 입힌 것 같지는 않다. 뉴턴은 84세라는 고령까지 장수했기 때문이다. 뉴턴의 편집증적 행동이 어느 정도까지 수은 중독 때문인지 꼬집어 말하기는 어렵다. 몹시 불우했던 어린 시절 탓일지도 모르기 때문이다. 뉴턴의 아버지는 그가 태어나기 전에 죽었고, 어머니는 뉴턴이 두 살 때 재혼했지만 국교회 목사였던 새아버지가 뉴턴을 받아들이지 않아서 그는 할머니 손에 자랐다. 뉴턴은 늘 정신병적 성향이 있었고, 수은이 그 불안정함을 부추겼다고도 할 수 있을 것이다. 뉴턴은 완전히 미친 적은 없었다. 조폐국의 운영 감독을 맡는가 하면 1703년에는 왕립 학회 회장으로 선출되고, 1705년에는 작위를 받는 등 활발하게 활동했으니 말이다.

찰스 2세의 이상한 죽음

영국 왕 찰스 2세는 정식 연금술사는 아니었다. 하지만 과학을, 특히 '화학'을 무척 좋아했다. 왕은 웨스트민스터 궁 지하에 실험실을 설치하고 조수 한둘을 거느린 채 수은을 용해시키거나 정련하며 소일하고는 했다. 연금술사들의 실험 기술에 정통할 정도였다. 왕은 조수들을 시켜 진사에서 수은을 추출하게 했으며 증류도 시켰다. 왕의 목적은 금속을 금으로 변성시켜 재정 위기를 해결하려는 것이 분명했다. 왕에게 지급되는 돈의 의결권은 의회가 쥐고 있었는데 왕은 의회와 사이가 나빴고, 그래서 오랜 친구인 프랑스의 루이 14세에게 막대한 원조를 받을 수밖에 없었다. 찰스 2세는 사실상 루이 14세에 예속된 신하 처지였다.

찰스 2세의 이른바 '화학'에 대한 관심은 1669년에 시작되었다. 왕은 그해에 왕 직속으로 화학 내과 의사 직위를 만들고 토머스 윌리엄스(Thomas Williams) 박사를 임명했다. 연봉 20마르크에 '의약품을 합성하고 발명'하기 위한 연구 기기를 갖추어 주는 조건이었고, 가끔 왕이 직접 박사를 거들기도 했다. 일기 작가 새뮤얼 피프스도 왕의 실험실을 방문한 적이 있다. 1669년 1월 15일 금요일 아침, 피프스는 화이트홀로 가던 중 왕을 만나서 새 실험실을 구경하라는 제안을 받았다.

피프스는 감상을 이렇게 썼다. "왕의 작은 실험실은 왕의 사실(私室) 아래에 있는데, 꽤 근사한 공간이었고, 화학 실험용 유리 기구나 각종 물건들이 아주 많았다. 나는 하나도 이해하지 못하는 것들이었다."

찰스 2세는 지금 생각하면 만성 수은 중독 탓인 듯한 증상들을 1684년부터 드러내기 시작했다. 걸핏하면 화를 내고 자주 우울해했다. 다정다감하고, 애인을 여럿 거느리고, 풍족한 삶을 사랑하는 것으로 유명했던 그이기에 별난 일이 아닐 수 없었다. 그리고 왕이 실험실에 틀어박혔던 1685년 1월 마지막 주에 무슨 일이 일어났던 게 틀림없다. 아마 다량의 수은 증기에 노출되는 사건이 있었을 것이다.

일요일인 2월 1일, 왕은 세 정부들과 함께 사랑 노래를 듣고 식사를 하며 저녁을 보낸 뒤 홀로 침소에 들었다. 다음 날 아침 왕은 몸이 좋지 못했다. 「공문서 연차 목록-국내편」의 기록은 이렇다.

> 어제 아침, 잠에서 깬 폐하께서 몸이 아프다고 호소하셨다. 침실에서 왕을 뵌 사람들에 따르면 왕은 말을 다소 더듬기까지 했지만, 그럼에도 자신의 방에 드시어 상당한 시간을 보내셨다. 방에서 나온 왕은 이발사 폴리어를 불렀으나, 의자에 앉기도 전에 발작과 경기를 일으켜 입이 한쪽으로 돌아갔고, (8시 10분쯤이었다.) 의자에서도 세 차례 발작을 일으켜 거의 한 시간 15분 동안 의식이 없었다. 의사들이 왕의 피 12온스를 뽑아냈다. 의사들이 이마에 부항을 뜨자 왕이 살짝 정신을 차렸고, 의사들은 구토제와 관장제를 처방한 뒤 오전 10시쯤 왕을 침대에 눕혔다. 왕은 오후 1시 전에 사람을 불러 중국 오렌지와 따뜻한 셰리주를 요구했다. 구토제와 관장제는 무리 없이 효력을 발휘하고 있었는데, 의사들은 좋은 증상이라 했다. 오후 1시

부터 10시까지 의사들이 이른 대로 휴식을 취하는 동안, 왕은 서서히 차도를 보였다. 의사들은 왕이 발작의 위험을 극복한 듯하다고 희망적으로 내다보며 나쁜 기운이 빠져나갔다고 했고, 이제 왕은 스스로 몸을 일으켜 음료를 마셨다. 왕은 속 쓰림을 불평했지만 의사들은 매우 좋은 증상이라고 말했다. 지난 밤에는 추밀 고문관 3명, 내과 의사 3명, 외과 의사 3명, 약제사 3명이 왕의 침상을 지켰고, 그중 1명인 로어 박사가 오늘 아침에 말하기를 왕은 억지로가 아니라 자연스럽게 푹 쉬셨다. 오늘 아침에는 왕께서 아주 기세 좋게 말씀을 하시니 의사들은 발작의 위험이 사라졌기를 바라고 있다.

그러나 찰스 2세의 중독은 치명적이었다. 화요일의 일시적 차도는 오래가지 못했다. 수요일에 왕은 병세가 다시 나빠져 또 경련을 일으켰고 피부는 차고 축축해졌다. 의사들이 처방한 강한 설사제는 '좋은 작용'을 보였다. 2회분의 퀴닌('예수회' 가루)도 처방되었다. 목요일에도 왕은 경련을 일으켰고 이제 목숨이 경각에 달린 듯했다. 왕위 계승자인 동생 제임스가 로마 가톨릭 사제를 데려왔고, 왕은 로마 교회에 입문해 성체성사를 받았다. (찰스 2세는 신교도로서 영국을 다스렸지만 사실은 가톨릭을 믿었다.) 다음 날인 2월 6일 금요일 아침, 왕은 침대에서 몸을 일으켜 앉아 일출을 감상하고 시종에게 시계 태엽을 감으라고 명하기까지 했지만, 7시가 되자 숨 쉬기 힘들어했고 8시 30분에는 급격히 쇠약해졌다. 10시에는 의식을 잃어 틀림없이 죽는 듯했다. 의사들은 극단적인 처방을 가했다. 사람의 두개골을 달인 물로서 조너선 고다드 박사가 발명한(심지어 찰스 2세의 실험실에서 제조되었다.) '킹

스 드롭스', 동물의 위에서 발견되는 결석으로 만든 '오리엔탈 베조아
르 위석' 등이었다. 이런 최후의 처방들도 수은 중독을 해독하기에는
당연히 무용지물이었다. 하지만 당시의 의사들은 수은 중독 자체를
진단하지 못했으니 할 수 없었다. 찰스 2세는 금요일 정오가 지나 숨
을 거두었다.

프레더릭 홈스(Frederick Holmes)는 『병약한 스튜어트 왕가(*The Sickly Stewarts*)』라는 책에서 찰스 2세의 사인을 둘러싼 여러 자료를 검토했는데, 왕의 사망 다음 날 여러 내과 의사들이 모여 진행했던 부검 보고서도 참고했다. 보고서 원본은 1697년에 발생한 화이트홀 화재로 소실되었지만 복사본이 현재 미국 필라델피아 의사 협회 자료실에 보관되어 있다. 캔자스 대학교 의학 센터의 에드워드 하신저 특훈 교수이자 미국 내과 학회 및 영국 왕립 의학 협회 회원인 저자 홈스에 따르면, 모든 사실에 들어맞는 결론은 한 가지다. 찰스 2세는 수은 중독으로 죽었다.

찰스 2세의 직접적 사인은 심각한 뇌 손상이었다. 죽기 전 며칠 동안 간질성 발작을 일으켰던 것은 그 때문이었다. 첫 발작과 더불어 일어난 손 마비 증상은 이른바 발작 후 증상이라는 것으로서 간질성 발작의 흔한 합병증이다. 나이에 비해 제법 건강했던 54세의 왕이 왜 갑자기 앓다가 죽었는지, 그 이유는 부검 결과를 봐야 알 수 있다. 보고서에 따르면 뇌의 표면에 울혈이 맺혔고 뇌실들에 정상보다 많은 물이 들어 있었다. 나머지 장기들은 깨끗했다.

20세기까지만 해도 찰스 2세가 뇌졸중을 겪었다는 설이 지배적이었지만 홈스는 그게 아니라고 말한다. 간질성 발작이 연달아 벌어진

것은 뇌에 심각한 질병이 있었음을 암시하는 증상일 뿐이라는 것이다. 말라리아가 뇌 손상의 원인이었다는 설도 있지만 이 또한 사실들에 부합하지 않는다. 홈스의 결론은 왕이 실험실에서 수은에 노출된 뒤 중독되어 죽었다는 것이다. 사실 이 이론은 1950년대에 로맨스 소설가 바버라 카틀랜드(Barbara Cartland)가 『찰스 2세의 사생활: 그가 사랑한 여인들(The Private Life of Charles II)』이라는 책에서 처음 제안했다. 하지만 진지하게 다뤄진 것은 1961년에 울바시와 색스(D. S. Sax)가 「런던 왕립 학회 비망록」에 발표한 논문에서다. 저자들은 찰스 2세가 실험실에서 오전을 보내고는 했음을 지적했다. 왕은 수은을 '고정'하는 작업, 즉 수은을 다른 재료들과 결합시키는 작업에 몰두했는데 그 과정은 다량의 수은을 증류하는 단계를 거친다. 실내 공기가 수은 증기로 한껏 오염되었을 게 뻔하지만, 아무 냄새가 없으니 왕은 전혀 몰랐을 것이다. 후대의 뛰어난 과학자들도 열악한 실험실 환경 때문에 다양한 정도로 수은 중독에 시달렸다. 가령 마이클 패러데이(Michael Faraday, 1791~1867년)도 그랬다. 과학자들은 약한 중독 증상을 보이기에 충분한 양의 증기에 자주 노출되었지만 그 사실을 알아챈 사람은 아무도 없었다.

흡입량이 엄청나게 많지 않은 다음에야 수은 증기를 마셔도 호흡기에는 문제가 없다. 수은은 폐에서 흡수된 뒤 혈관을 통해 신체 곳곳으로 옮겨지는데, 특히 신경계가 영향을 많이 받는다. 가장 취약한 것은 뇌다. 뇌에는 혈뇌장벽이라는 것이 있어서 이 중요한 장기로 독소들이 침투하는 것을 막아 주는데, 수은은 그 장벽을 통과할 수 있다. 수은이 일단 뇌에 들어가면 무기력증, 보행 이상, 불면 등 갖가지 증상이 나타난다. 찰스 2세는 말년에 이런 약한 수은 중독 징후들을 드러내었고 육체의 활동성도 떨어졌다. 왕이 수은에 노출되었다는 사실을 확신하는 까닭은 왕의 머리카락 분석에서 정상보다 10배 높은 수치가 나왔기 때문이다. 글래스고 대학교의 존 레니한과 해밀턴 스미스가 1967년에 중성자 방사화 기법으로 분석한 결과다. 그들은 그 전해에 방송된 한 라디오 프로그램 덕분에 시료를 얻을 수 있었다. 뜻밖에 웨일스의 한 청취자가 찰스 2세의 머리카락 한 뭉치를 보내 온 것이었다. 머리카락은 다음 글귀가 적힌 카드에 붙어 있었다.

> 이 머리카락은 국왕 찰스 2세의 머리에서 자른 것으로, 해군장성인 기사 존 제닝스 경의 어머니가 처음 소장했고, 이후 존 제닝스 경의 조카인 필립 제닝스 씨가 1705년에 브롬리의 스틸 양에게 준 것이다.

분석 결과 머리카락의 수은 농도는 정상보다 10배 높은 54피피엠이었다. 언제 자른 머리카락인지 몰라도 아마 왕이 죽은 다음이었을 테니 왕이 생애 마지막 몇 달간 수은에 노출되었다는 증거가 된다.

우리는 왕이 수은에 노출되었음은 확인했지만, 연금술 실험 때문에 왕의 목숨이 위태로워졌다는 것까지 입증한 것은 아니다. 왕은 **급성** 수은 중독으로 죽었다. 다시 말해 앓아눕기 전 며칠 동안 왕이 수은 연기로 가득한 실험실에서 무슨 일인가를 했을 것이고, 아마 한 시간 이상 증기를 마셨을 것이다. 아니면 왕이 매독 치료용 수은 약제를 복용했을 수도 있다. 하지만 왕의 과거 병력이나 부검 보고서, 공식 문서 등에는 왕의 무수한 애인들 중 누군가가 왕에게 성병을 옮졌다는 기록은 없다.

　전문가로서 홈스는 찰스 2세의 임종 시 증상들은 수은 증기 때문에 생긴 중독 결과라는 가설을 주장했다. 다른 장기에 영향을 미치지 않으면서 그토록 빨리 사람을 죽이는 방법은 증기 형태의 흡입밖에 없다는 것이다. 수은이 혈뇌장벽을 파고들면 혈액의 단백질 성분인 혈청이 뇌척수액, 즉 뇌를 감싼 투명한 액체 속으로 녹아든다. 부검 결과는 정확히 이에 일치했다. 뇌실들마다 혈청으로 보이는 액체가 차 있었고 뇌 자체도 그런 액체에 푹 잠겨 있었다. 뇌에 침투한 수은은 이후 뇌세포들을 손상시켜 왕의 주변 사람들이 목격한 일련의 발작을 일으켰다. 발작은 농양, 종양, 뇌막염, 내출혈 같은 원인으로 생긴 게 아니었다. 그랬다면 부검에서 확인되었을 것이다. 왕을 죽인 것은 수은이었다.

비소

　인류는 무려 5,000년 전부터 비소에 노출되어 왔다. 이탈리아 알프스 산맥의 빙하 속에서 그만큼의 세월 동안 얼어 있던 얼음 인간이 발견되었는데, 머리카락에서 굉장히 고농도의 비소가 검출되었으니 말이다. 얼음 인간은 아마 구리 세공 일을 했을 것이다. 구리 광석은 보통 비소 함량이 높다. 광석을 가열하면 비소는 삼산화비소가 되어 증발한 뒤 화로 연통이나 주변의 땅에 내려앉는다.

　아리스토텔레스의 제자이자 후계자였던 기원전 300년 무렵의 테오프라스토스는 두 가지 형태의 '비소'가 있다고 했다. 그가 가리킨 것은 사실 순수한 원소가 아니라 황화물인 웅황(As_2S_3)과 계관석(As_4S_4)이었다. 고대 중국인들도 이 물질들을 알았다. 중국인의 약학 백과 사전이라 할 수 있는 『본초강목』에는 이 물질들에 독성이 있다는 사실과 논에서 살충제로 쓸 수 있다는 용도가 적혀 있다. 계관석 광물은 여러 질병의 치료제로 추천되었고 흰머리를 없애는 데에도 사용되었다. 데모크리토스의 『자연물과 신비한 물건들에 관해』에도 비소 화합물들이 언급된다. 로마 작가 플리니우스의 기록에 따르면 칼리굴라 황제(Emperor Caligula, 12~41년)는 웅황에서 금을 만드는 사업을 후원했다고 한다. 정말 금이 생산되기는 했지만 양이 너무 작아 사업은 곧 폐지되었다.

  비소와 금의 관계에 대한 믿음은 고대 이후에도 사라지지 않았고, 중세에 들어 비소는 그야말로 전성기를 누렸다. 사람들은 계관석에 나트론을 섞으면 이른바 흰 비소가 얻어진다는 사실을 발견했다. 페트루스 오포누스(Petrus Oponus, 1250~1303년)는 계관석뿐만 아니라 웅황도 흰 비소로 바꿀 수 있음을 보여 주었다. 사실 흰 비소는 삼산화비소라는 위험천만한 독물로서 후대에 사악한 이들의 손에서 엄청난 살상을 일으킬 물질이었다. 흰 비소를 식물성 기름에 섞어 가열하면 또 다른 승화물, 즉 비소 금속 자체를 얻을 수 있었는데 비소의 발견자인 알베르투스 마그누스도 아마 이 방법으로 원소를 만들었을 것이다. 중세인들이 또 주목했던 점은 구리에 비소를 가하면 구리가 은색으로 변한다는 사실이었다. 이 역시 모종의 연금술적 변성으로 여겨졌다.

안티모니

안티모니라는 단어는 어원이 분명치 않다. 일설에 따르면 그리스 어로 '혼자가 아니다'를 뜻하는 **안티 모노스**에서 왔다고 한다. 다른 가설은 이 물질이 미니엄(연단, 검은 납) 광물 대신 눈 화장에 쓰이면서 '안티 미니엄'으로 불리다 '안티모니'가 되었다는 것이다. 가장 그럴싸한 설명은 그리스 어로 '꽃처럼'을 뜻하는 **안테모니온**에서 왔다는 것인데, 주된 안티모니 광석인 휘안석(스티브나이트, 황화안티모니, Sb_2S_3) 결정이 마치 꽃처럼 보이기 때문이다. 처음 안티모니라는 단어를 쓴 것은 1078년에 사망한 아프리카의 콘스탄티누스였다. 그가 이 원소 자체를 가리킨 것은 아니었지만 그래도 이 이름을 만들어 낸 사람으로 여겨지고 있다. 콘스탄티누스는 이슬람 신자로 태어나 바그다드에서 공부했으나 후에 기독교를 받아들여 수도사가 된 인물이다. 안티모니의 화학 기호인 Sb는 라틴 어 **스티비움**에서 왔는데, 고대에 황화안티모니를 가리키던 이름이다.

일찍이 안티모니에 대해 기록한 사람 중에는 1200년대의 로저 베이컨이 있었다. 베이컨은 안티모니와 안티모니 화합물들에 대해 잘 알았고, 그는 순전히 과학적인 면에서 관심이 있었기 때문에 공공연히 기록을 남겼다. 물론 은밀한 연금술의 세계에서도 안티모니는 중요한 역할을 했다. 안티모니는 산 중의 산인 왕수에만 녹는다는 점에서 금과 비슷했다. 연금술사들은 금와 안티모니 사이에 무언가 유사점이 있으리라고 생각했지만, 어떤 수를 써도 안티모니를 금으로 변성시킬 수 없었다. 안티모니를 영약의 유력한 재료로 보았던 이들 역시 실망하기는 마찬가지였다. 한편 1340년 무렵에 로크타이야드의 장이라는 인물은 안티모니 화합물을 환자 치료에 쓸 수 있을지도 모른다고 적었다.

중세 시대에 사용된 안티모니 화합물들의 이름은 연금술사의 용어에서 나온 것 같다. 가령 안티모니 자체는 안티모니 레굴루스, 황화안티모니는 금의 황화물, 염화안티모니는 안티모니 버터, 산화염화안티모니는 알가로스의 가루라고 불렸다. 하지만 안티모니의 실제 족보는 중세 시대 연금술사들이 생각했던 것보다 훨씬 고대로 거슬러 올라간다.

오늘날의 이라크에 해당하는 지역에서 기원전 6, 7세기에 번성했던 칼데아 문명의 장인들은 안티모니를 다룰 줄 알았다. 1887년에 프랑스 화학자 피에르 베르텔로(Pierre Berthelot, 1827~1907년)가 칼데아의 화병을 분석한 결과, 그 재료는 순수한 안티모니 금속이라는 것이 밝혀졌다. 화병은 현재 루브르 박물관에 전시되어 있다. 고대의 야금가들이 휘안석에서 안티모니를 추출했는지, 아니면 드물게 발견되는 천연 안티모니 광물을 썼는지는 알 수 없다. 지구에서 가장 오래된 직업인 매춘에 종사했던 이집트 여인들도 휘안석 가루를 애용했다. '코울(kohl)'이라고 불렸던 휘안석 가루를 눈 화장먹으로 사용했던 것이다. 그 직종의 종사자이자 코울의 사용자로 가장 악명 높았던 여인은 성경에 악행이 기록되어 있는 요부 이세벨이다. 성경에는 눈을 검게 칠하는 여인들을 경계하라는 말이 「열왕기」(9장 30절)와 「에스겔서」(23장 40절)에 두 차례 나온다.

칼데아의 장인들은 노란 안티모니산납을 만들 줄 알았다. 이 안료는 네부카드네자르(느부갓네살) 2세(Nebuchadnezzar, 기원전 604~561년)의 통치 중에 바빌론의 벽들을 치장한 장식 벽돌의 유약으로 쓰였다. 이 안료는 1900년대까지도 제조되었고 나폴리 옐로라는 이름으로 알려졌다. 우리는 칼데아 인들의 제조법을 짐작만 할 수 있을 뿐이지만, 모르기는 해도 휘안석과 붉은 납(산화납, Pb_3O_4)을 한데 가열해 화학 반응을 일으킴으로써 얻었을 것이다.

고대 그리스와 로마 사람들은 안티모니를 납의 한 종류로 여겼고 널리 사용하지 않았다. 반면 그들의 뒤를 이은 비잔틴 제국은 황화안티모니의 새로운 쓰임새를 알아냈다. 비잔틴의 해군이 적군의 함대에 발사했던 유명한 무기, 이른바 그리스 화약의 원료가 바로 황화안티모니였다. 그리스 화약은 마치 화염 방사기처럼 분사되는 액체 불꽃이었는데, 진화가 안되는 데다 물 위에서도 탔기 때문에 적들에게는 공포의 대상이었다. 제조법은 현재까지도 비밀로 남아 있고, 당시에 이것을 누설하는 일은 사형감이었다고 한다. 그것이 마지막으로 쓰인 때는 1453년의 수도 콘스탄티노플 방어전에서였다. 그리스 화약은 아마 원유, 휘안석, 초석(질산칼륨)으로 만들었던 것 같다. 이런 조성의 화합물은 가연성이 아주 높고 물로는 끌 수가 없다. 여기에 불이 붙으면 황화안티모니가 생성되며 엄청난 열이 발생한다. 황화안티모니는 가연성이 높다 보니 초창기의 성냥에도 사용되었다. 성냥 끄트머리의 붉은색이 바로 이 화합물의 색이었다.[4]

---

4 삼황화안티모니는 현대의 전쟁 무기에서도 나름의 역할을 맡고 있다. 초록 식물과 비슷한 형태로 적외선을 반사시키는 특성이 있기 때문에 위장용 물감으로 쓰인다.

연금술사들은 항상 안티모니에 매력을 느꼈다. 휘안석을 철 가루와 가열해 얻는 안티모니 금속을 그들은 안티모니 레굴루스(안티모니의 왕) 또는 마셜 레굴루스(화성의 왕)라고 불렀는데, 금속의 제왕인 금의 불순한 형태라는 속뜻이 담겨 있었다. 보나마나 한 일이지만 연금술사들은 안티모니를 금으로 바꾸는 목표를 결코 이루지 못했다. 그러나 그들의 연구 덕택에 안티모니에 대한 인류의 지식이 풍성해지는 부수적인 효과가 있었다. 연금술사들은 안티모니를 루푸스 메탈로룸(금속의 늑대)이라고도 불렀다. 다른 금속들과 쉽게 합금을 이루며 제 성격을 바꾸는 놀라운 능력 때문이었다. 안티모니 버터 역시 연금술사들이 처음 발견했을 텐데, 안티모니를 승홍과 함께 가열하면 얻을 수 있었다. 그것을 정련한 뒤 용기에 밀폐해 여러 달 가열하면 붉은 가루가 되었는데, 이것을 '변질의 가루'라고 했다. 이 가루를 다른 금속에 뿌리고 수은을 더해 주면 어떤 금속이든 금으로 바꿀 수 있다는 뜻이었다. 물론 잘못된 믿음이었다.

1400년대에는 인쇄라는 첨단 기술의 핵심 재료가 됨으로써 안티모니의 주가가 한층 상승했다. 융해된 안티모니는 굳는 과정에서 매끄럽게 확장되는 성질이 있었으므로, 녹인 납에 조금 넣어 주면 아주 깨끗한 활자를 만들 수 있었다. 고대인들도 이런 성질을 알고 있어서 정교한 주조물을 만들어야 할 때 안티모니를 사용했다. 그뿐만 아니라 안티모니를 섞은 납 함금은 납으로만 만든 것보다 훨씬 단단했으므로, 인쇄업자들은 더 강한 활자를 만들 수 있다며 좋아했다. 활자용 합금의 조성은 보통 납 60퍼센트, 안티모니 30퍼센트, 주석 10퍼센트였다. 활자는 400년 넘게 이런 조성으로 만들어졌다.

차곡차곡 쌓여 가던 안티모니에 대한 지식은 1604년에 출간된 『안티모니의 개선 마차(The Triumphal Chariot of Antimony)』라는 책으로 집대성되었다. 당대에 큰 영향력을 미친 이 책은 지은이에 대한 소개로 시작한다. 1400년대에 살았던 베네딕투스 교단의 수도사, 바실리우스 발렌티누스(Basil Valentine)라는 신비로운 인물이 썼다는 것이다. 발렌티누스는 원고를 독일 에르푸르트 수도원의 교회 기둥 속에 숨겼는데, 어느 날 벼락이 떨어져 기둥이 갈라지는 바람에 세상에 공개되었다고 한다. 사실은 에르푸르트에는 베네딕투스회 수도원이 있던 적이 없으며 그런 이름의 수도사가 있었던 것 같지도 않다. 어쨌든 다른 작가들은 그의 글을 끊임없이 참고했고 심지어 발렌티누스가 1400년경에 태어난 인물일 것이라고 추정하기도 했다. 책은 안티모니와 그 화합물들을 질병 치료에 사용하는 데 일조했으며, 덕분에 향후 300년 동안 이어질 안티모니 열풍이 시작되었다.

『안티모니의 개선 마차』는 연금술, 경건한 종교적 발언, 당시의 의사나 약제사들을 향한 독설이 뒤범벅된 글로 문을 열지만, 본격적으로 안티모니의 기원과 성격을 파고들면서부터는 완벽한 연금술사의 말투가 된다. 안티모니 화합물을 소개하는 부분에서는 저자가 직접 다뤄 본 경험이 많았음을 드러내는 듯, 풍부한 지식이 나열된다. 안티모니 금속, 산화황화유리, 유리의 알코올 용액, 기름, 영약, 화(華), 간(肝), 흰 금속회(산화물), 향유 등이 언급된다. 황화안티모니와 이염화수은을 반반 섞어 가열해 삼염화안티모니를 만드는 법도 나와 있다.

사실 『안티모니의 개선 마차』를 쓴 사람은 그 책의 출판인인 요한 튈데(Johann Thölde)였다. 그는 약제사이기도 했으며 튀링겐의 프랑켄

하우젠에 있는 염 공장의 지분을 갖고 있었다. 이 책이 1400년대가 아닌 후대에 씌어졌으며 지은이가 될데라는 증거는 두 가지다. 우선 군인들 사이에 매독이라는 신종 질병이 유행한다는 말이 책에 나오는데, 매독은 프랑스가 나폴리를 침략한 1495년쯤에야 등장했다. 두 번째이자 더 결정적인 증거는 본문 일부가 될데의 책 『할리오그라피아(Haliographia)』를 베낀 것이라는 점이다. 특히 금속에서 염을 얻는 방법에 관한 장이 그렇다. 『안티모니의 개선 마차』는 연금술사들의 고난이 말짱 헛수고만은 아니었음을 잘 보여 준다. 하지만 연금술사들이 발견한 안티모니 화합물들은 꽤 독성이 높은 물질들이었고, 그런데도 의사들은 이들을 널리 이용했다. 이 이야기는 7, 8장에서 살펴볼 것이다.

요즘도 연금술을 하는 이들이 있을까? 연금술의 교의는 완전히 잘못된 신념 체계를 바탕으로 하고 있으므로 당연히 과학 탐구의 영역에는 들어올 수 없다. 그래도 아직 연금술은 번성하고 있다. 『철학자의 돌(The Philosopher's Stone)』을 쓴 피터 마셜(Peter Marshall)에 따르면 연금술은 중국, 인도, 이집트, 에스파냐, 이탈리아, 프랑스, 체코 프라하 등지에서 현재 진행형으로 수행되고 있다. 마셜은 이런 곳들을 다니며 연금술의 비밀을 취재하고 현대의 연금술사들을 인터뷰했다. 연금술사들 중에는 여전히 변성이 가능하다는 신념을 가진 자들도 있지만, 대부분은 그보다는 인간 정신의 연금술에 관심을 둔다. 즉 인간의 마음속에서 철학자의 돌을 찾아냄으로써 우리의 내적 존재를 쓸모없는 것으로부터 고귀한 금속으로 승화시켜야 한다는 생각이다.

연금술은 아직도 많은 추종자를 거느리고 있다. 그들은 금속의 변성을 믿고, 철학자의 돌이나 만능의 영약 비법을 찾아 고대 문헌을 뒤진다. 비법들이 한때 발견되었으나 잊혀졌을 뿐이라고 믿는다. 안타깝게도 영영 헛된 꿈이겠지만 말이다.

2 수은이 우리를 독살한다

<small>수은 원소에 대한 더 전문적인 정보에 대해서는 용어 설명을 참고하라.</small>

　수은은 어디에나 있다. 누구도 수은을 피할 수 없다. 이에 수은 아말감 충전재가 없더라도 성인의 몸에는 평균적으로 약 6밀리그램의 수은이 들어 있다. 이 양을 줄인다는 것은 거의 불가능하므로 이 정도는 참아야 하는 수준인 셈이다. 성인은 평균적으로 하루에 약 3마이크로그램의 수은을 섭취하고, 아기나 어린아이는 약 1마이크로그램을 섭취한다. 평생 받아들이는 양이 0.1그램이 못 되는 셈이다. 옛날에는 섭취량이 더 많았다. 주로 창피한 질병들, 그러니까 차마 말하기 부끄러운 매독이라거나 그보다 더 숨기고 싶은 변비 따위의 치료약으로 수은이 처방되었기 때문이다. 우리는 소변, 대변, 머리카락을 통해 몸에서 수은을 떨궈 낸다. 침을 통해서도 배출된다. 수은의 자극을 받으면 침샘의 침 분비가 늘지만, 침 속의 수은은 다시 위로 들

어가는 경우가 많다.

    수은은 어디서 올까? 주로 음식에서 오고, 아주 일부는 공기나 물에서 온다. 수은 아말감 치아 충전재로 치료를 받은 사람이라면 거기에서도 조금 나올 수 있다. 토양의 수은 농도는 0.2피피엠 정도고 이것이 식물과 작물에 흡수된다. 풀은 0.004피피엠 정도로 낮은 편이라 초식 동물은 거의 오염되는 일이 없고, 그 고기나 유제품도 마찬가지다. 바닷물은 깨끗한 토양보다도 수은 농도가 낮아 고작 0.00004피피엠 정도지만, 어떤 물고기들은 수은을 잘 흡수해 1피피엠이 넘게 농축시키기도 한다.

    그 정도의 수은이 우리에게 해로울까? 아닐 것이다. 1997년 12월, 미국 환경 보호국(EPA)은 일곱 권짜리 수은 보고서를 발행해 수은의 1일 안전 섭취량은 몸무게 1킬로그램당 0.1마이크로그램이라고 규정했다. 보통의 성인 남성이라면 총 7마이크로그램 정도인 셈이다. 이 기준을 적용하자면 모든 황새치와 상어, 대부분의 참치를 먹지 말아야 할 것이다. 한편 더 실용적인 관점을 취하는 미국 식품 의약청(FDA)은 수은 농도가 1피피엠을 넘는 식품에 한해서만 판매를 금한다. 나중에 살펴보겠지만 환경 보호국의 지침은 비현실적이리만치 까다로운 편이다. 아말감 치아 충전재를 가진 사람이라면 모두 그 기준을 넘어설 것이기 때문이다. 그래도 환경 보호국은 미국에서 매년 60만 명 이상의 어린아이들이 자궁에서 수은에 노출된 탓에 학습 장애를 안고 태어난다고 주장한다.

    수은에 대한 인체 반응은 예측하기 어렵다. 많은 양을 섭취하고도 중독의 기미 없이 견디는 사람이 있는가 하면 너무 민감해서 수은 약

제를 주입받고 몇 초 만에 죽는 사람도 있다. 어느 4세 소년은 피하주사 바늘이 팔에서 뽑히기도 전에 죽었다!

이 장에서는 수은이 사람에게 어떤 영향을 미치는지 살펴볼 것이다. 하지만 인간에 대한 영향을 알아보기에 앞서 환경에 대해서는 어떨지 생각해 보자.

환경 속의 수은

모든 식물과 생명체에는 수은이 들어 있다. 수백만 년 생명의 역사 내내 그랬다. 수은은 쉼 없이 우리의 환경과 생물권을 돌아다니며 여러 형태로 존재한다. 수은이 원소 형태로 존재할 때는 휘발성이므로 대기권을 통해 순환한다. 박테리아가 만들어 내는 메틸수은 화합물은 용해성이 크다. 산화 상태(화합물 내에서 한 원자가 얼마만큼의 전하를 갖고 있느냐 하는 상태—옮긴이)는 두 가지인데, 수은(I)은 흔하지 않고 용해성이 상대적으로 낮은 반면, 수은(II)는 더 흔하고 용해성이 크다. 단 황 원자를 만나면 즉각 불용성인 황화수은(II)(화학식 HgS)이 되어 침전한다.

지난 500년 동안 환경에 배출되는 수은의 양은 인간의 활동 때문에 극적일 정도로 증가했다. 하이델베르크 대학교의 윌리엄 쇼틱(William Shotyk)은 캐나다, 그린란드, 덴마크 패로 제도의 토탄지들에서 수은 농도를 측정해 보았다. 그런 오지에서는 대기 중의 수은이 늪지에 침전된 정도를 무려 1만 4000년 전의 상태부터 알 수 있다. 쇼틱에 따르면 매년 토양에는 1제곱미터당 1마이크로그램 정도의 수은이

축적되었는데, 대규모 화산 분출 뒤에는 8마이크로그램까지 높아지기도 했다. 수은 침전량은 1500년 무렵부터 서서히 증가해 1700년대에는 2배가 되었고, 산업화의 도래와 함께 더욱 증가해 1950년대 중반에는 100마이크로그램을 넘었다. 그 후에는 감소하기 시작해 현재는 매년 10마이크로그램 정도가 토양에 축적된다.

자연적으로 환경에 방출되는 수은의 양은 매년 1,000톤 정도인데, 사람이 방출하는 양에 비하면 아무 것도 아닌 셈이다. 2003년에 캐나다 기상청의 케시 배닉(Cathy Banic)이 《지구 물리학 연구(*Journal of Geophysical Research*)》에 발표한 공기 중 수은 추적 결과를 보면 지구 대기에는 약 2,500톤의 수은이 함유되어 있고 이중 3분의 1은 자연에서 왔다.

대서양 상공 대기의 수은 농도는 지금도 매년 약 1퍼센트씩 늘고 있다. 이중 90퍼센트는 주로 석탄 발전소(65퍼센트)와 쓰레기 소각장(25퍼센트)에서 나온 원소 상태의 수은이다. 미국이 석탄 연소로 내보내는 양은 매년 48톤쯤인데, 전 세계적 방출량이 수천 톤에 이른다는 것을 감안하면 상대적으로 그리 많은 양은 아니다.

대기 중의 수은은 우리가 제대로 알 수 없는 방식으로 움직인다. 가끔은 별 이유도 없이 사라져 버린다. 예를 들어 북극에서는 몇 주씩 해가 뜨지 않는 겨울 동안에 대기 중 수은 농도가 급격히 높아지는데, 그러다가 첫 햇살이 비치는 순간 농도가 줄기 시작해 이후 3개월 정도에 걸쳐 서서히 농도가 떨어진다. 이 미스터리는 1998년에 풀렸다. 그것은 공기 중의 수은이 갑자기 눈 표면에 가라앉기 때문이었다. 북극점에서만 그런 것도 아니었다. 독일 연구진이 남극에서도 같은 현상을 확인했다.

원리는 이렇다. 수은은 산화되지 않는 한 공기에 남는데, 햇볕이 없는 겨울날이 그런 조건이다. 하지만 일단 햇살이 비치면 일련의 화학 변화가 시작되어 수은이 재빨리 산화된다. 일부는 대기 중의 오존(O_3)에 의해 산화되고, 일부는 바다의 물보라가 일으킨 연무에서 형성된 염소나 브로민 라디칼(짝짓지 않은 전자를 갖고 있는 원자 — 옮긴이)에 의해 산화된다. 이렇게 만들어진 산화수은, 염화수은, 브로민화수은은 눈 덮인 대지에 떨어진다. 이후 극지방에 여름이 시작되면 수은 화합물은 자외선 때문에 수은으로 환원되어 대기로 돌아간다.

수은으로 오염된 환경에 사는 박테리아는 수은을 제거하는 방법을 개발해 적응하는데, 수은을 수용성인 메틸수은이나 휘발성인 다이메틸수은으로 변환시키는 방법을 주로 쓴다. 어떤 박테리아는 메틸수은을 비활성화시키는 전략을 쓴다. 메틸과 수은 사이의 화학 결합을 끊은 뒤 메틸기를 메탄 기체로, 수은을 수은 금속으로 바꾸어 휘발시킨다.[5]

1990년대에 미국 오크리지 국립 연구소 환경 과학부의 스티브 린드버그(Steve Lindberg)가 밝혀낸 바에 따르면, 나무와 토양은 **원소 상태의** 수은을 배출한다. 린드버그의 조사에 따르면 숲 천장의 수은 방출량은 1제곱미터당 1시간당 100나노그램, 토양의 방출량은 7.5나노그램이었다. 산업 지구 근처의 땅도 아니고 인간의 활동으로 오염되었

---

[5] 이 작업에는 두 종류의 효소가 동원된다. 하나는 리아제라는 효소로서 화학 결합을 끊어 메탄(CH_4)과 수은 이온(Hg^{2+})을 만든다. 다른 하나는 리덕타제 효소로서 이온을 수은 금속으로 환원시킨다.

을 가능성도 없는 곳의 흙이었다. 실험실에서 묘목을 길러 확인한 결과는 식물이 땅에서 수은을 흡수한 뒤 이파리를 통해 공기로 배출한다는 것이었다. 하지만 공기 중의 수은 농도가 어느 수준 이상이 되면 과정이 거꾸로 진행되어 식물이 다시 수은을 흡수한다.

1996년에 리처드 미거(Richard Meagher)가 이끄는 미국 애선스의 조지아 대학교 연구진은 유전자 조작 식물을 이용해서 수은 화합물로 오염된 토양을 정화할 수 있음을 보여 주었다. 그들이 개발한 식물이 수은 화합물을 흡수한 뒤 수은 원소로 환원시켜 이파리에서 내보내는 것이다. 연구진은 이 일을 할 줄 아는 박테리아에게서 얻은 유전자를 애기장대라는 잡초에 삽입했고, 유전자 조작된 잡초는 염화수은 농도가 정상의 2배인 배지에서도 잘 자랐다. 보통의 식물이라면 죽고 말았을 환경이다.

유엔 환경 계획(UNEP)은 2003년에 케냐 나이로비에서 열린 회의에서 수은 배출을 줄이기 위한 **전 지구적** 노력이 필요하다고 합의했다. 이때 발행된 보고서를 보면 수은의 주요 방출원은 석탄 발전소와 쓰레기 소각장으로서 이들이 총방출량의 70퍼센트를 차지하고, 이 방출량 가운데 60퍼센트는 아시아 국가들이 낸다. 인간 활동에서 배출되는 수은의 양은 연간 2,200톤쯤 되고 그중 1,500톤은 발전소에서, 200톤은 금속 제조에서, 100톤은 시멘트 생산에서, 100톤은 쓰레기 처리에서, 300톤은 소규모 금광에서 온다. 이들이 지구를 오염시키는 것은 틀림없지만 개개인에게는 그다지 해를 끼치지 않는다. 인간의 복지를 위협하는 것은 그보다 더 직접적으로 우리에게 닿아 있는 수은이다.

치과용 아말감

세상 사람들의 이에 얼마나 많은 충전재가 들어 있는지 헤아릴 방법은 없다. 하지만 미국에서만 매년 1억 개의 충치가 때워지고, 영국은 약 2500만 개, 독일은 4000만 개에 달한다. 치과 의사들은 최근 200년 동안 별 문제 없이 아말감 땜질 시술을 해 왔으나, 1990년대 초에 갑자기 치과용 아말감의 수은을 놓고 안전성 논란이 벌어졌다. 아말감에서 나오는 수은이 건강을 위협할 정도일까? 치과 시술실의 공기는 직원들에게 해로울까? 사람이 죽어 화장을 하면 아말감의 수은은 어떻게 될까? 논란이 있은 지 10년이 넘게 흘렀지만 수은 아말감은 아직 가장 중요한 수은 활용법으로서 사랑받고 있다. 땜질 시술에 너무나 딱 맞는 데다 무척 오래가기 때문이다.

수은 아말감 충전재의 위험에 관해서는 시술이 처음 시작된 약 200년 전부터 이미 과학 학술지나 의학 학술지에서 논의되었다. 다만 위험이 있어도 이득이 훨씬 크고 명확해 보였던 것이다. 반대자들은 충전재 때문에 수은 중독이 일어난다고 주장했다. 1800년대에 미국 치과 의사 학회는 회원들에게 아말감을 사용하지 않겠다는 선서를 하도록 요구했지만, 학회는 1856년에 해산하고 만다. 회원이 없었기 때문이다. 그 뒤를 이은 새로운 미국 치과 의사 협회는 수은-은 아말감 사용을 지지했다.

1980년대와 1990년대에 아말감 충전재에 대한 관심이 다시 고조된 것은 언론 때문이었다. 1990년 12월 23일에 미국 CBS 방송국의 유력 시사 프로그램인 「60분」이 이 주제를 다루면서 아말감이 건강

에 해롭다고 주장했다. (영국에서는 1994년에 BBC 방송이 「입 속의 독」이라는 제목으로 비슷한 프로그램을 방영했다.) 아말감 사용 반대자들의 선봉에는 콜로라도스프링스의 핼 허긴스(Hal Huggins) 박사가 있었다. 그는 수은 충전재가 우울증에서 암에 이르기까지 많은 질병의 원인이라고 보았으며, 다발 경화증, 관절염, 궤양, 알레르기 같은 천차만별의 질병들을 예로 들었다. 박사는 수은 땜질을 한 사람들에게 중독 여부를 검사받고 다른 충전재로 바꾸라고 권유했다. 많은 사람들이 박사의 말을 따랐다.

캐나다 앨버타 주에 있는 캘거리 대학교 의학부의 머리 비미(Murray Vimy) 교수도 치과용 아말감 반대에 앞장섰다. 비미는 1995년 1월호 《화학과 산업(Chemistry & Industry)》에 기고한 글에서 충전재가 수백만 명을 중독시키고 있다고 비난했다. 그는 때운 곳이 여덟 군데라면 매일 10마이크로그램이 새어 나올 것이라고 추정했는데, 여덟 군데는 엄청나게 많은 것이라고도 할 수 없다. (나는 열 군데를 때웠다.) 그는 일반인들이 직업이 아니라 일상에서 수은에 노출되는 경로 중 제일 큰 부분이 충전재라고 주장하며, 수은이 알츠하이머와 연관이 있을지 모른다고 했다. 알츠하이머 환자의 뇌는 정상인의 뇌보다 수은 농도가 높다고 알려져 있기 때문이다.

비미는 양을 대상으로 아말감의 유해성을 확인하는 실험을 했다. 양의 이빨에 구멍을 뚫어 수은 아말감을 채워 넣은 뒤 관찰했더니, 과연 심란한 현상들이 드러났다. 예를 들어 어미 양은 태아에게 수은을 전달했고, 수은은 태아의 간에 농축되었다. 간 기능이 손상되어 1개월 만에 불순물 여과 능력이 절반으로 떨어진 양도 있었다. 그밖에도 여러 건강상의 문제가 관찰되었지만, 사람과 마찬가지로 전형적인 수은 중독 증상들이 겉으로까지 드러나지는 않았다.

아말감 충전재의 위험을 경고하는 목소리에 모든 사람이 동의하는 것은 아니다. 사실 지금은 건강에 유해하다고 믿는 사람이 거의 없는 실정이다. 우선 영국 치과 협회 회원들이 비미의 주장과 연구 내용을 비판하고 나섰다. 허긴스는 엉터리 치료를 했다는 이유로 1996년에 면허 취소를 당했다. (허긴스에게 진료를 받으러 갔다가 '수은 독성'에 노출되었다는 진단을 받은 사람들 중에는 아말감 땜질을 하나도 하지 않은 사람도 있었다!) 양 실험도 비판을 받았다. 실험에 사용된 아말감이 50년 가까이 쓰이지 않은 종류였을 뿐더러 양에게 시술한 방식을 볼 때 양들이 아말감 부스러기를 삼켰을 가능성이 농후했다. 게다가 서로 맞물리는 이빨들에 땜질을 하는 바람에 양들이 늘 아말감을 갉아 먹었다.

치과용 아말감의 역사가 시작된 것은 1812년이었다. 영국의 치과 의사 조지프 벨(Joseph Bell)이 가루 은을 수은과 섞었다가 신기한 물질이 생기는 것을 발견했다. 그 물질은 잠시 동안 풀처럼 무른 곤죽 형태로 있다가 곧 금속처럼 딱딱해졌다. 그것은 충치를 때우기에 안성맞춤으로 보였다. 그것을 충치 구멍에 빈틈없이 채우면 이의 씹고 뜯는 압력을 견딜 수 있을 정도로 단단해질 것이기 때문이다. 그러나 안타깝게도 벨이 사용한 은 가루는 은화를 갈아 만든 것이라 불순물이 섞여 있었고, 그 때문에 열을 받으면 아말감이 약간 팽창해 이를 깨뜨리고는 했다.

의사들에게는 더 나은 합금이 필요했다. 그리고 1895년에 미국 치과 의사 블랙(C. V. Black)이 은 70퍼센트에 주석 30퍼센트인 혼합물

가루를 수은에 섞은 아말감을 발명했다. 가소성 있는 이 물질을 충치 구멍에 밀어 넣으면 '끽' 하는 소리를 내며 멋지게 들어맞았고, 5분에서 10분이 지나면 단단해졌다. 굳으면서 살짝 팽창하기 때문에 틈 하나 없이 구멍을 잘 메웠고, 그 뒤에는 온도 변화에 영향을 받지 않았다. 요즘은 은 60퍼센트, 주석 27퍼센트, 구리 13퍼센트로 된 가루를 사용한다. 아말감을 섞는 일은 치과 의사 본인이나 조수의 업무였고, 시술실은 곧 수은에 심하게 오염되었다.[6] 요즘은 아말감이 플라스틱 용기에 밀봉된 상태로 나온다. 섞는 것도 특수한 젓개를 이용해 용기 속에서 한다.

사람들이 입에 지니고 다니는 수은은 결국 어떻게 될까? 유럽에서는 대개 화장터의 연통을 통해 날아간다. 화장할 때의 온도는 약 700도라서 어떤 아말감이든 충분히 분해해 수은을 휘발시킨다. 보통 한 사람당 3그램의 수은이 배출된다고 하니 다 더하면 매년 10킬로그램의 수은이 화장터에서 나오는 셈이다. 하지만 그보다 적다는 지적도 있다. 시신의 대다수가 노인의 것이라 이가 대부분, 또는 전부 빠진 경우가 많기 때문이다. (80세 이상의 노인 중 80퍼센트가 그렇다.) 실제로 화장되는 시신의 3분의 2가 그런 경우에 해당한다. 화장 과정에서 수은 증발을 막으려면 셀레늄 화합물이 든 용기를 관에 넣어 주면 된다. 셀레늄이 수은 기체와 반응해 불용성인 셀레늄화수은이 되기 때문이다. 아니면 연기가 하늘로 날아가기 전에 숯 여과기로 걸러 주면 역

---

6 치과 의사 레이먼드 홀런드의 말을 빌리면 수은이 아말감을 감싼 천을 뚫고 비어져 나오곤 했다는 것이다!

시 수은을 제거할 수 있다.

수은과 신진대사

사람의 몸은 상당히 많은 양의 수은을 견딜 수 있다. 총량이 4그램이 넘으면 사망 위험이 높지만 말이다. (메틸수은의 치사량은 200밀리그램 정도다.) 안전 기준에 따르면 고기의 수은 농도는 0.05피피엠 미만이어야 한다. 이 기준으로 볼 때 사람 10명 중 1명 정도는 식인종의 먹이로 부적합한 수은 농도를 갖고 있다. 요즘 사람들은 대개 음식을 통해 수은을 섭취하지만, 옛날에는 바닥 광택제, 세제, 페인트 등의 가정 제품에도 수은이 들어 있었으니 그런 것들을 통해서도 섭취했을 것이다. 수은은 피부를 통해 쉽게 흡수되기 때문이다. 피부 접촉으로도 심각한 중독에 이를 수 있어서, 백선을 치료하고자 수은이 함유된 항균 크림을 발랐던 아이들이 죽는 일이 있었다. 한 9세 소녀는 염화수은(II)이 섞인 알코올 용액을 백선이 핀 두피에 발랐다가 5일 후에 죽었다.

수은은 위벽이나 폐를 통해 인체로 들어가며 심지어 질 세척이나 관장을 통해 흡수된 예도 있다. 이 이야기는 4장에서 할 것이다. 수은에 지나치게 노출되면 격렬한 구토와 설사가 일어난다. 증상은 15분 만에 발생해 몇 시간가량 지속된다. 수은이 어느 경로로 몸에 들어왔든 상관없다. 체내에 들어온 수은은 배출되기 전까지 대사 활동 어딘가에 반드시 간섭을 하는데, 배출까지 꽤 오랜 시간이 걸릴 수도 있다. 1960년에 쥐를 대상으로 한 실험이 있었다. 일반적인 수은의 방사성 동위 원소인 수은 203을 쥐에 주입한 뒤 관찰했더니 수은은 일단 간에 모였다가 신장으로 넘어간 뒤 서서히 배출되었다. 그 과정에서 다른 장기들에 퍼져 근육, 간, 신장, 뼈 등에 축적되기도 했다. 골격에도 축적될 수 있는데, 생전에 수은 약제를 처방받았던 사람의 뼈를 발굴했을 때 수은 방울이 검출된 사례도 있었다.

수은의 독성은 인체에 들어오는 형태에 따라 다르다. 메틸수은이 특히 위험한데, 뒤에 자세히 설명할 것이다. 액체 형태의 수은이 독성이 가장 낮다. 수은 기체는 그보다 위험하고, 수은 염들의 독성은 산화 상태에 따라 다르다. 일반적으로 산화수가 낮은 수은(I) 화합물이 산화수가 높은 수은(II) 화합물보다 독성이 낮다. 수은(II) 화합물이 독성이 높은 것은 용해도가 높아서 삼키는 즉시 장벽으로 흡수되기 때문이다. 염화수은(I), 이른바 감홍의 최대 안전 복용량은 염화수은(II), 이른바 승홍의 복용량보다 30배 높다. 그래서 의사들은 감홍을 처방하는 쪽을 더 좋아했다.

수용성 수은 염을 많이 섭취해 급성 수은 중독에 걸리면 신장, 장, 입에 이상이 생기고, 구토, 위통, 맥박 소실, 호흡 곤란 등을 겪는다. 치사량을 복용한 경우에는 몇 가지 확연한 증상들 이외의 증세가 미처 드러나기도 전에 죽을 수도 있지만, 보통은 사망까지 1주일쯤 걸리고 최장 3주를 견뎠다는 사람도 있다.

수은은 황에 대한 친화력이 높아서 아미노산에 포함된 황 원자들과 잘 결합한다. 그 아미노산이 효소의 단백질 부분에 있는 것이라면 효소가 비활성화될 수 있다. 중추 신경계의 작동에 필수적인 아데노신삼인산(ATP) 가수 분해 효소(Na/K-ATPase)가 특히 수은에 민감하다. 수은 중독의 증상 중 가장 눈에 띄는 '떨림' 현상은 이 효소의 기능이 막혀서 생긴다.

입도 수은의 영향을 받는다. 수은은 침 분비를 자극한다. 섭취 몇 시간 만에 증상이 드러나곤 하지만 아무 변화를 보이지 않는 사람도 있다. 지속적으로 수은을 섭취하면 입 냄새가 점차 심해지고 입술, 잇몸, 이에 염증이 생기며 나중에는 회색 막이 덮인다. 더 심해지면 이가 흔들리다가 빠지고 턱뼈 일부가 드러나는 수도 있다.

수은이 신장을 공격하면 제일 먼저 소변량이 증가하므로, 수은은 이뇨제인 셈이다. 의사들은 1886년부터 감홍을 이뇨제로 처방해 왔으나 1919년부터는 노바수롤이라는 다른 수은 화합물을 쓰게 되었다. 노바수롤은 원래 매독 치료제로 만들어졌으나 강력한 이뇨 효과가 더 주목 받은 경우다. 노바수롤도 나중에는 다른 수은 화합물들에 밀려났다. 약간의 수은은 신장을 자극하는 효과에 그칠지 모르지만 많은 양은 파괴적인 영향을 미치고, 결국 신장의 기능을 멎게 해 소변 생산을 중지시킨다. 인체는 제 몸의 분비물로 오염된다. 설령 신장이 다시 기능하게 되어도 한번 중독된 것은 되돌릴 수 없기 때문에 목숨을 건지기에는 너무 늦다.

수은이 가장 끔찍한 해를 끼치는 곳은 신경계와 뇌. 만성 중독 환자가 드러내는 정신적 이상은 주로 신경과민인데, 가령 소심해졌다가 이내 공격적으로 화를 내는 증상, 집중력 저하, 기억력 감퇴, 우울, 불면, 무기력, 과민 반응 등이다. 모든 형태의 수은이 뇌에 침투할 수 있지만 특히 메틸수은의 침투력이 높다. 금속 수은이나 수은 염은 혈뇌장벽 통과 능력이 낮다.

금속 수은과 수은 증기

꼬마 윌리는 거울에서
수은을 핥아 먹었다네.
어린애다운 실수인데
기침을 멎게 해 줄 거라 생각한 거지.
윌리의 장례식에서 윌리의 엄마는
명랑한 말투로 브라운 부인에게 말했다지.
'윌리에게는 오싹한 날이었겠지요.
수은이 목구멍으로 넘어간 그날은.'

— 해리 그레이엄, 「가차 없는 가족들을 위한 냉혹한 노래들」, 1899년

액체 수은은 대부분의 사람들에게 가장 친숙한 형태고 해가 없는 편이다. 꼬마 윌리는 액체 수은을 핥았다고 죽지는 않았을 것이다. 액체 수은은 몸에 흡수되지 않고 곧장 장을 통과하기 때문이다. 온도계 끄트머리를 씹었다가 흘러나온 수은을 삼켰다 해도 중독으로 죽을 가능성은 전혀 없다. 수은 한 컵, 그러니까 약 1킬로그램을 설사제로 마신 사람이 있었고, 5년 동안 매일 수은 1온스(약 28.3그램)를 설사제로 복용한 남자도 있었다. 액체 수은을 마신 사고 중 가장 유명한 것은 1515년의 브란덴부르크 태수 이야기다. 그는 결혼식날 밤에 실수로 많은 양의 수은을 마셨지만 아무런 문제를 겪지 않았다고 한다.

수은을 유탁액(한 액체가 다른 액체 속에 작은 방울 형태로 섞여 있는 혼합물로 에멀션이라고도 한다. — 옮긴이) 형태로 주입하면 그것은 치명

적이다. 하지만 수은 27그램을 주사하고도 살아난 남성도 있다. 한 간호사는 자살할 생각으로 액체 수은을 정맥에 주사했지만 한동안 앓았을 뿐 결국 회복했다. 10년 뒤에 결핵으로 사망한 그녀의 시신을 부검했더니 그때까지두 몸에 수은 덩어리들이 있었다고 한다. 반대로 자살에 성공한 사례들도 있었다. 그들이 꿈꾼 해방이 오기까지 몇 주가 걸릴 때도 있었고, 그 사이에 구출된 사람도 있었지만 말이다. 허벅지에 금속 수은 30그램을 주사한 21세 여성은 해독제인 다이메르카프롤(용어 해설 참고)을 맞고 살아났다.

    액체 수은은 금속이지만 **휘발성**이 있다. 그리고 수은은 기체 형태일 때 훨씬 위험하다. 액체 수은이 물이나 다른 용매들처럼 활발하게 증발하는 것은 아니지만 그래도 흡입하면 위험할 만큼의 적지 않은 양이 공기로 날아간다. 수은의 휘발성을 처음으로 시연한 사람은 위대한 과학자 마이클 패러데이였다. 현재 우리가 아는 바로는 액체 수은 표면에서의 증발률은 1제곱미터당 1시간당 800밀리그램이다. (표면을 물이나 기름으로 덮어 두면 휘발을 막을 수 있다.) 사람들은 수백 년 동안 위험성을 깨닫지 못한 채 수은 증기가 가득한 환경에서 일했다. '미친 과학자'라는 통념에는 근거가 있는지도 모른다. 모든 실험실이 수은에 오염되어 있었으니, 과학자들이 수은 때문에 쉽게 미쳤을지도 모르는 노릇이다. 일단 수은을 흘리면 아무리 깨끗이 닦아도 한 방울도 남기지 않고 치우기는 불가능하다.[7]

---

[7] 사람들은 바닥에 남은 수은을 제거하기 위해 황 가루를 뿌리고는 했다. 황화수은 형성 반응이 일어나리라 생각했기 때문이다.

1920년대에 독일의 화학 교수 알프레트 슈톡(Alfred Stock)은 수은이 우리의 주변 환경에 얼마나 구석구석 퍼져 있는지 실감하게 되었다. 자신은 직접 수은을 다루는 연구를 한 적이 없는데도 만성 수은 중독 진단을 받았던 것이다. 알고 보니 공기에 민감한 기체들을 연구하느라 밀폐된 유리관의 압력을 측정할 일이 많았던 그가 사용한 수은 압력계들 때문이었다. 압력계 바닥에 수은이 담긴 컵이 있었고 그 수많은 수은 웅덩이에서 휘발한 증기가 슈톡을 병들게 한 것이었다. 슈톡은 미량의 수은까지 탐지하는 기법을 발명했고, 모든 실험실과 일터, 심지어 학교의 공기에도 수은이 있다는 사실을 확인했다. 환기가 안되는 실험실의 공기에는 1세제곱미터당 9밀리그램이 들어 있었는데 이는 0.1밀리그램이라는 안전 기준을 크게 넘어섰다. 슈톡은 우리가 먹는 거의 모든 음식에도 수은이 조금씩 들어 있다는 사실을 알아냈다.

실험실의 수은 오염에 대한 슈톡의 경고는 위험을 전혀 인지하지 못했던 사람들을 당황시켰다. 1970년대에 케임브리지 대학교 물리학부의 그 유명한 캐번디시 연구소가 새 건물로 이사하자 예전 건물은 재단장을 거쳐 사회 과학자들에게 주어졌다. 그곳에 입주한 43명의 학자들은 곧 몸의 이상을 호소하기 시작했다. 공기 중의 수은에 중독된 것이었다. 예전에 실험실에 쏟았던 수은 때문이었다. 1990년대에 그들을 검사한 결과, 절반이 수은의 영향을 입은 것으로 진단되었고 심지어 6명의 혈액 및 소변 수은 농도는 직업적으로 수은에 노출된 사람에 가까웠다. 흡입된 수은의 80퍼센트 가까이가 폐에 갇혔다가 혈관으로 흡수된다. 혈관에서는 꽤 오랜 시간 머무르는데, 노출이 심각했을 경우에는 혈액 속 농도가 반으로 떨어지는 데 60일가량 걸리고, 1년이 지나도 몇 퍼센트쯤 남아 있을 수 있다.

수은 기체는 분명 위험하다. 하지만 정상 환경에서는 액체 수은이 용기에서 휘발되는 양이 아주 적기 때문에 아무 문제가 없다. 물론 쏟았을 때는 이야기가 다르지만, 그때도 심각한 질병이 유발될 수 있을지언정 목숨이 위험하지는 않다. 특별히 중독을 의심해야 할 정황이 없다면 의사가 제대로 진단을 내리기도 어렵다. 단 충분히 증발할 정도까지 일부러 수은을 가열한다면 사정이 다르다. 그 증기를 마시면 아주 치명적이다. 쾌락 군주 찰스 2세의 예에서 보았듯이 말이다.

수은은 왕뿐만 아니라 서민들도 죽였다. 한 아버지는 수은의 휘발성을 가족에게 보여 준답시고 부엌의 열판에 올려 증발시켰다가 아이를 죽이고 말았다. 아이는 며칠 뒤에 사망했고 자신과 아내도 심하게 앓았다. 수은 증기가 대규모로 영향을 미친 예도 있다. 이제는 거의 잊혀진 사건이지만 1810년에 선원들의 집단 중독 사고가 있었다. 당시에는 수은 기체의 위험이 아직 알려지지 않았을 때지만, 사건 조사를 맡은 의학자들은 결과로부터 추론할 때 기묘한 발병의 원인은 수은일 수밖에 없다고 생각했다.

함포 74개를 장착한 영국 군함 트라이엄프 호는 1810년 2월에 에스파냐 카디스에 도착했다. 한 달 뒤, 에스파냐 배 한 척이 수은을 싣고 남아메리카의 광산으로 향하다가 카디스와 가까운 곳에서 돌풍에 휘말려 좌초했다. 난파 장소는 프랑스 군의 요새에서 지척의 거리였고 당시 프랑스와 영국은 교전 중이라 위험했음에도 불구하고 트라이엄프 호는 대형 보트를 보내 구조를 도왔다. 배는 이미 구하기 어

려웠지만 화물은 회수할 가치가 충분했다. 트라이엄프 호 선원들은 밤중에 몰래 난파선에서 수은 130톤을 빼냈다. 그들은 카디스로 수은을 가져와서 트라이엄프 호 곳곳에 실었고, 작은 소형 군함 피프스 호에도 실었다.

처음에는 술을 보관하던 화물칸에만 수은 자루를 실었지만, 너무 양이 많아서 하사관이나 경리관, 군의관 등의 침실에도 싣지 않을 수 없었다. 그리고 그 방의 주인들은 끔찍한 피해를 입게 되었다. 선원들의 혀가 붓고 심각할 정도로 많은 침이 흐르기 시작했다. 원래 수은은 가죽 자루에 담긴 뒤 나무 상자에 다시 한번 담겨 있었는데, 이들은 자루만 건져 왔고, 이제 자루들마저 찢어져 내용물이 새어 나왔던 것이다.

곧 갑판 아래로 다량의 수은이 철썩철썩 흘렀다. 어떤 침실에서는 침대 아래로 수은이 굴러다녔다. 그러던 중 《에든버러 내과 및 외과 저널(The Edinburgh Medical and Surgical Journal)》에 리스본의 독자가 보낸 짧은 편지가 실렸다. 글쓴이는 트라이엄프 호 사건을 언급하며 수은과 가죽 자루가 반응해 생긴 '유독 증기' 때문에 선원들이 해를 입었다고 추정했다. 선인들이 하나 둘 앓아 눕자 정말 수은이 원인인 듯 보였고, 사람들은 급기야 피프스 호를 뭍으로 끌어올려 바닥에 구멍을 뚫고 수은을 빼냈다.

당시 영국 지중해 함대의 의료 조사관이었던 의학 박사 윌리엄 버넷(William Burnett)은 1823년에 사건의 자초지종을 왕립 학회의 《철학 회보》에 기고했다. 버넷은 패러데이가 그 근래에 수행한 연구를 언급했다. 액체 수은에서 증기가 휘발된다는 사실을 확인한 연구였다.

애초에 버넷이 보고서를 쓸 생각을 한 것도 패러데이의 자료를 읽었기 때문일 것이다. 덕분에 비로소 두 척의 배에서 벌어진 이상한 현상을 설명할 수 있었다. 1810년 4월 10일 무렵에는 트라이엄프 호의 승선자 중 200명이 수은 중독을 앓았다. 몇몇은 침을 지나치게 흘렸고, 몇몇은 반쯤 마비되었으며, 대다수가 '장의 불편'을 겪었다.

병자들은 다른 배로 옮겨졌고, 곧 회복되기 시작했다. 배는 정화 작업을 위해 지브롤터로 보내졌다. 하지만 효과가 없었던 듯, 새로 승선한 승무원들도 같은 식으로 앓기 시작했다. 배는 6월 13일에 영국으로 돌려보내졌다. 배가 항해를 하며 바닷바람으로 아래층 갑판이 환기되자 그제야 상황이 나아지기 시작했다. 그래도 선원과 해병대원 44명이 함대의 다른 배들로 옮겨야 했고, 그들은 플리머스에 도착하는 7월 5일 무렵에야 다 나았다. 하지만 트라이엄프 호에 탔던 양, 돼지, 염소, 가금류는 모두 죽었고, 역시 배에 탔던 고양이 한 마리, 개 한 마리, 생쥐 한 마리, 집쥐들, 카나리아 한 마리도 죽었다. 사람은 결국 다섯이 죽었는데, 그중 둘은 뺨과 혀에 생긴 궤저가 원인이었다. 다리 골절 때문에 항해 내내 침대에 누워 있어야 했던 한 여성 승객은 이가 다 빠졌고 입 안의 피부도 다 헐었다. 버넷 박사는 환자들에게 황을 처방했지만 증상 완화에는 실패했다고 적었다. 유일하게 효과가 있는 대책은 그냥 배에서 내리는 것이었다. 박사는 배 안의 금속 물체들에 검은 얼룩이 덮인 것을 발견했는데, 금시계나 금화, 은화도 마찬가지였다. 배에 실렸던 약 4톤 무게의 항해용 비스킷도 모두 먹을 수 없는 상태로 확인되어 폐기됐다. 아예 수은이 덩어리째 묻은 비스킷도 있었다.

수은을 쏟은 방의 공기는 곧 수은 증기로 오염된다. 하지만 그런 사고가 있었다는 것을 알지 못하면 수은 중독을 정확히 진단하지 못하기 십상이다. 물론 지식이 충분한 의사라면 환자의 상태만 보고도 제대로 짚어 내는 경우가 있다. 어느 10세 된 소년이 수은 250밀리리터가 담긴 플라스크를 학교에서 집으로 가져왔다가 가구와 카펫에 조금 쏟는 바람에 가족 모두가 중독된 일이 있었다. 특히 소년의 어머니와 14세의 누이가 많이 아팠다. 의사는 소녀의 증상을 보고 발병 원인을 알아냈다. 소녀는 핑크병이라는 수은 중독 증상을 보였는데, 이에 대해서는 뒤에서 다시 이야기하겠다.

무기 수은 염

감홍이라는 이름으로 잘 알려진 염화수은(I)은 강력한 소독제로, 빅토리아 시대에 병원이나 가정에서 널리 쓰였다. 주로 판 슈비텐 용액의 형태로 쓰였는데, 물과 알코올의 혼합액에 염화수은 0.1퍼센트를 녹인 것이다. 자연히 갖가지 사고들이 일어났으나 달걀 흰자가 해독제로 괜찮다는 사실이 알려졌다. 달걀 흰자로 응급 치료를 한 뒤 바로 구토제나 위 세척을 적용하면 염화수은이 인체 조직에 흡수되어 해를 끼치는 것을 막을 수 있었다. 염화수은(II)을 다량 복용하면 전형적인 중금속 중독 증상이 즉각 드러나지만 같은 양이라도 염화수은(I), 즉 감홍은 그처럼 격렬한 반응을 일으키지 않는다. 물론 감홍 역시 지나친 침 분비 등 몇 가지 눈에 띄는 효과들을 일으키기는 한다.

염화수은(II)은 수용성이라서 20도의 물 100밀리리터에 7그램쯤

녹는다. 치사량은 약 500밀리그램이고, 어린아이의 경우 100밀리그램으로도 죽을 수 있다. 문제는 구토 같은 인체의 방어 반응이 일어나기 전에 얼마나 많은 양이 흡수되느냐다. 현대의 해독제가 등장하기 전에도 즉시 응급 조치를 받은 경우 5,000밀리그램을 먹고도 살아난 예가 있었다. 현대의 대응책으로는 2만 밀리그램쯤 되는 찻숟가락 하나 가득한 양을 먹은 사람도 살려낸 바 있다. 물론 지체 없이 해독제를 투여한 경우였다.

때로는 꽤 단순한 조치로도 효과를 볼 수 있다. 1581년에 독일 바덴의 한 사형수는 판사와 홍정을 했다. 죄수는 교수형 대신에 독약을 마시겠다고 자처하면서, 다만 진흙을 함께 먹게 해 달라고 요구했다. 판사의 허락 아래 사내는 승홍 약 1.5드램(약 6,000밀리그램)을 먹었다. 치사량으로 알려진 것의 2배 분량이었다. 5분 뒤, 죄수는 **테라 시길라타**라는 이름의 흙을 승홍과 비슷한 양만큼 포도주에 섞어 삼켰다. 사람들은 몇 시간 동안 죄수를 면밀히 관찰했다. 기록에 따르면 "독은 극심한 고통을 일으키며 그를 괴롭혔으나 결국 흙의 효능이 독을 이겼고, 비참하고 가련한 사내는 자유의 몸이 되어 건강을 회복한 뒤 부모에게 인도"되었다.

죄수 덕분에 오랫동안 사람들이 짐작만 해 온 사실이 확인되었다. 어떤 종류의 진흙은 해독 능력이 있다는 사실이다. 특히 양으로 대전되는 금속 성분의 독에 대해서 그랬다. 입자가 고운 점토 속에는 음으로 대전된 규산염 입자들이 있어서 그들이 금속을 붙잡아 몸 밖으로 빼내는 것이다. 이 일에 알맞은 테라 시길라타는 원래 그리스의 렘노스 섬과 사모스 섬에서 나는 흙으로, 로마 시대에 큰 인기를 누렸던 사모스 도기라는 붉은 그릇의 재료이기도 했다.

염화수은(I)은 실로 널리 사용되었다. 감홍은 처방전이 필요 없는 일반 판매약으로 팔렸고, 개(기생충약)나 사람(설사제)이나 아기들(젖니 가루)에게 적용되었다. 그러나 감홍 역시 독성이 있었다. 수은에 중독된 아기들은 손가락, 발가락, 뺨, 코, 엉덩이 등이 분홍색으로 물드는 핑크병 증세를 보였다. 의학 용어로는 말단 동통증이라 한다. 분홍색 피부를 매력적으로 느낀 사람들이 감홍을 화장품처럼 쓰기도 했다. 멕시코에서는 아주 최근까지도 감홍을 성분으로 한 크레마 데 벨레자 매닝이라는 화장용 크림이 팔렸다. 1996년에 미국 질병 통제 예방 센터가 그 화장품의 감홍 함량이 중량의 10퍼센트 가까이 될 수 있다고 경고했다. 애리조나, 캘리포니아, 텍사스, 뉴멕시코 주에서 230명 넘는 사람들이 경고에 응답했는데, 검사를 받은 119명 가운데 87명이 소변 수은 농도가 높아진 것으로 확인되었다. 텍사스 주민 3명은 병원 치료가 필요한 정도였다.

한때는 수은이 잇몸에 좋은 영향을 미친다는 생각도 있었다. 젖니가 나는 아기에게 쓰면 좋다는 것이다. 젖니 나는 시기에는 아이나 부모나 잠 못 들기 일쑤이기에 많은 부모들이 이른바 이 생치 가루의 손을 빌렸다. 생치 가루의 인기가 특히 높았던 잉글랜드 북부에서는 1953년 한 해만 700만 봉지가 팔렸다. 1812년에 처음 등장한 이 가루는 감홍이 지닌 침 분비 기능을 이용했다. 수은에 남달리 민감한 아이들 중에는 죽는 아이도 있었지만 가끔만 사용한다면 대부분의 아이들에게는 치명적이지 않았다. 생후 10개월 된 한 아기는 6개월 동안 생치 가루 64봉지를 먹은 뒤 죽었는데, 사망 직전에 소변 속 수은 함량이 1리터당 3.9밀리그램이었다. 정상의 10배가 넘는 속도로 배출되고 있었던 것이다.

핑크병의 치사율은 10퍼센트였고, 1940년대에는 입원 환자 25명 가운데 1명이 핑크병 환자일 정도로 흔한 병이었다. 핑크병의 원인이 생치 가루라는 것을 밝혀낸 사람은 와카니(D. Warkany)와 허버드(J. Hubbard)라는 두 미국인 의사였다. 여러 제품들 중 특히 스티드먼 생치 가루는 염화수은(I) 함량이 무려 26퍼센트에 달했다. 수은과 핑크병의 연관을 밝히는 데 그렇게 긴 시간이 걸린 까닭은 생치 가루에 노출된 아이 500명 중 1명만이 핑크병 증세를 드러냈기 때문이다.

약품으로서의 수은

현대 의약품이 등장하기 전, 수은 화합물이 약품으로서 유용하게 쓰인 시기가 분명 있었고, 수은은 여러모로 널리 활용되었다. 수은(II) 염 용액은 효과적인 살균제였다. 수은(II) 이온(Hg^{2+})이 박테리아의 단백질과 결합해 불용성 염을 이룸으로써 박테리아를 죽인다. 지금은 더 좋은 새로운 화합물들에 밀려났지만, 1970년대까지만 해도 거의 모든 나라의 약전에 수은 화합물들이 포함되어 있었다. 표 2.1에 최근까지 사용된 수은 기반 처방약을 열 가지 소개했다.

약품으로서 수은의 역사는 아주 오래되었다. 파라셀수스는 수은의 약효를 강력하게 지지했다. 엘리자베스 1세 여왕 시대의 체임벌린 훈스던 경(Lord Chamberlain Hunsdon)도 수은 요법을 신봉했다. 체임벌린 강장제는 진사를 원료로 조제한 것으로서 괴혈병 등에 처방되

표 2.1 최근까지 사용되었던 수은 기반 처방약들

처방약	성분	치료 내용
블루필*	설탕을 섞은 수은	강력한 설사제
감홍	염화수은(I), Hg_2Cl_2	설사제, 습진이나 항문 가려움증에 뿌리는 가루
채닝 용액	아이오딘화수은(II), HgI_2, 수용액	살균제, 소독제
골든아이 연고	산화수은(II), HgO	결막염 치료
그레이(회색) 가루	백악(탄산칼슘)을 섞은 수은	설사제, 매독 치료
해링턴 용액	염화수은(II), $HgCl_2$, 알코올 용액	살균제, 수술 전 피부 소독
사이안화수은 용액	사이안화수은(II), $Hg(CN)_2$	눈에 바르는 로션
질산수은 용액	질산수은(II), $Hg(NO_3)_2$	사마귀 제거(농축액), 코나 귀에 쓰는 물약 또는 습진이나 건선 부위를 담그는 용액(희석액)
수은 연고	밀랍에 고루 섞은 금속 수은	종기
붉은 아이오딘화수은 연고	아이오딘화 수은(II), HgI_2, 라드 같은 동물성 지방에 녹인 형태	백선

* 에이브러햄 링컨 대통령이 이 약을 먹었다. 대통령의 조울증은 이 때문이었는지도 모른다.

었다. 훈스던 경의 사적인 편지들이 아직 남아 있는데, 몹시 흐느적대는 필체인 것을 보면 수은 정제를 복용했던 사람의 글씨답다.

지방에 금속 수은을 섞어 피부병 연고로 쓰기도 했다. 금속 수은을 기름이나 지방과 한데 섞는 것을 수은을 가리켜 '죽인다'고 했다. 그렇게 생산한 연고는 20세기까지도 약국에 쌓여 있었는데, '파란 연고(수은 25퍼센트, 라드(돼지 비계) 24퍼센트, 바셀린 50퍼센트)'니 '회색 기름(수은, 라놀린(정제 양모 기름), 올리브 기름)'이니 하는 제품명으로 불렸다. 약효를 내는 것은 혼합물에 고르게 퍼져 있는 수은이었다. 이런 고약을 처음 사용했던 13세기의 사람들도 지나친 침 분비라는 부작용이 있다는 사실을 알았다. 현재는 이것이 피부에 흡수된 수은이 혈류로 들어감으로써 생기는 현상이라는 것도 알려져 있다. 교황 율리우스 2세의 주치의였던 조반니 데 비고(Giovanni de Vigo, 1450~1525년)는 1490년대에 유럽에 등장한 신종 질병 매독에 관심을 가졌다. 매독은 생식기 부근 피부에 발진을 일으키는 특징이 있었고, 비고는 그 쓰린 상처에 바를 고약을 발명했다. 주성분이 회색 기름이었던 비고 고약은 효과가 아주 좋았기에 이후 300년 동안 내내 사용되었다.

1500년대에 온 유럽으로 번진 매독 앞에서 기존의 약물들은 그저 무력했다. 당시에 파라셀수스를 위시한 경험주의자들이 득세했던 것도 수은의 매독 치료 능력과 상관이 있었다. 파라셀수스는 붉은 산화수은과 체리 주스를 섞은 정제를 만들었고, 승홍을 라임 물에 연하게 탄 용액에 성병으로 인한 궤양 부위를 담그라고 조언했다. 수은 화합물은 매독의 원인인 **트레포네마 팔리둠**이라는 나선균을 죽임으로써 치료 효과를 발휘한다. 하지만 사실 그런 '치료'는 위험천만했고 질병 자체만큼 무서운 일이었다.

죽은 사람이라도 머리카락이 보존되어 있으면 그가 이런 치료를 받았는지 아닌지 알아낼 수 있다. 머리카락에는 황을 함유한 아미노산이 많아서 수은을 끌어당긴다. 수은 노출 정도를 알려 주는 영구 문서인 셈이다. 옛날에는 죽은 사람, 특히 유명인의 머리 타래를 잘라 두는 관행이 있었다. 그 머리카락을 현대의 기법으로 분석하면 비정상적으로 높은 농도의 수은이 검출될 때가 많다. 그러면 그 인물이 수은 요법을 받은 게 아닌가 의심하게 되고, 나아가 매독을 앓았나 의심하게 된다. 매독에 대한 유일한 치료제가 수은이었기 때문이다.

유명인이 수은 요법을 썼다는 게 밝혀지면 매독 때문이 아니었을까 하고 선정적으로 생각하고 싶게 마련이다. 영국의 헨리 8세와 러시아의 이반 4세가 수은 약제를 복용했다고 알려져 있으나 이들의 머리카락은 남아 있지 않다. 대신 후대의 여러 유명인사들의 머리카락이 분석되었다. 스코틀랜드 시인 로버트 번스(Robert Burns, 1759~1796년)도 수은 농도가 아주 높았다. 이 유명한 호색가가 생애 어느 시점엔가 성병 치료를 받았다는 뜻이다. 나폴레옹의 머리카락의 수은 농도도 평균 이상이었는데, 그것은 세인트헬레나 섬에서 아팠을 때 감홍을 처방받은 탓일 것이다. 하지만 그것이 나폴레옹의 사망 원인은 아니었다. 나폴레옹을 죽인 것은 비소였던 듯하다. 이 이야기는 7장에 나온다.

수은 요법이 반드시 매독이나 연금술을 뜻하는 것은 아니었다. 과학자들의 죽음 가운데 가장 슬픈 사연으로 덴마크 천문학자 튀코 브라헤(Tycho Brahe, 1546~1601년)를 꼽을 수 있는데, 그는 전립선 염증으로 사망했다. 프라하의 왕실 연회에 참석했던 브라헤는 연회 도중에 자리를 뜰 엄두를 내지 못한 바람에 방광이 터져 며칠 뒤에 요도 감염으로 죽었던 것이다. 뿌리까지 고스란히 남은 브라헤의 머리카락 하나를 분석해 보았더니 그가 죽기 하루 전에 수은 약제를 섭취한 것이 드러났다.

중국 민간요법에서는 아직도 수은을 재료로 쓴다. 해독제라는 알약, 그리고 진사 진정제라고 불리는 환약에 약 4퍼센트의 수은 화합

물이 함유되어 있다. 해독제는 독벌레에 쏘였을 때 하루 세 번 세 알씩 복용하는 것으로서 1회당 수은 0.2그램을 섭취하게 되고, 진사 진정제는 하루 세 번 다섯 알씩 복용하는 것으로서 1그램 정도의 수은을 섭취하게 된다.

1603년에 파리에서는 앙리 4세가 총애한 궁정 의사 테오도르 튀르케 드 마예른(Theodore Turquet de Mayerne)이 종교적, 의학적 신념 때문에 의사 협회에서 추방되는 일이 있었다. 그는 신교도이자 경험주의자였고, 위대한 로마 시대의 의학자 갈레노스의 교의에 비판적이었다. 당시만 해도 갈레노스의 영향력은 절대적이었다. 마예른의 죄목은 수은과 안티모니 약제에 대한 변호문을 썼다는 것이었다. 동료 의사들은 그를 두고 "떳떳하지 못한 거짓말과 뻔뻔한 중상모략을 마구 해대고, 무식하고, 무례하고, 술에 취한 미친 작자만 할 수 있는 발언을 내뱉는" 사람이라고 비난하며 "지각 없고, 후안무치하고, 진정한 의학에 무지한 인물이므로 어디에서도 의술을 시행해서는 안 된다."라고 공격했다. 그들은 마예른을 멀리 치워 버리고 싶었고, 실제로 의사 협회에서 축출된 마예른은 일을 할 수 없었다. 그러나 그는 1611년에 런던으로 건너갔고, 제임스 1세의 궁정의가 되었다. 마예른은 수은의 힘을 믿었다. 그가 감홍을 발견했다는 말도 있지만 사실이 아니다. 아랍 인들뿐만 아니라 훨씬 옛날의 그리스 철학자 데모크리토스부터 감홍을 알았기 때문이다.

마예른의 시대에 사용된 수은 화합물은 여러 가지였다. 가령 1500년대에 발견된 터피스(황산수은, $HgSO_4 \cdot HgO$)나 알렘브로스 염(염화수은 아마이드, $HgNH_2Cl$) 등이었다. 이런 수은 화합물들은 후대에도 줄곧 의약품으로 인기를 누렸고 특히 매독 치료제로 쓰였다. 때로는 터피스 정제를 피임약으로 질에 삽입하기도 했는데, 질에 궤양을 일으킬 뿐만 아니라 심한 경우 죽음을 부르기도 했다. 한편 판 슈비텐 남작(Baron von Swieten)이라는 사람은 위스키에 염화수은(II)을 탄 용액에 자신의 이름을 붙였다. 아침 저녁으로 마시는 약이라 했으니 하루에 염화수은(II) 30밀리그램을 섭취하는 셈이었는데, 이는 치사량의 약 20분의 1이다. 일반적으로 처음에는 염화수은(II)을 15밀리그램(1그레인의 5분의 1)까지 처방해도 안전하다 보았고, 이후에는 3밀리그램 정도(1그레인의 20분의 1)로 확 줄여야 한다고 했다.

영국에서는 1955년에 일반약으로서 수은 판매가 중단되었다. 하지만 그전에 사용했다가 피해를 입은 사람들이 이후 40년 동안 간간이 병원에 등장하고는 했다. 런던의 한 병원은 1975년에서 1993년 사이에 그런 환자를 120명이나 받았다. 다른 나라에서는 수은 약품의 수명이 좀더 길었다. 1981년에 아르헨티나에서는 1,500명이 넘는 아기들이 수은 중독 치료를 받았는데, 원인은 기저귀 세탁에 사용된 수은 함유 소독제였다. 1990년대까지도 아이오딘화수은(1~2퍼센트)이 살균 효과를 위해 비누에 첨가되고는 했다. 이 비누를 사용한 아프리카 인들은 피부색이 옅어지는 반응을 보였고, 덕분에 나이지리아 같은 나라에서 이 비누가 화장용으로 인기를 끌었다.

이보다 덜 위험한 요법으로, 금속 수은을 몸에 지니면 건강에 도움이 된다는 속설이 있었다. 이 전통은 1600년대에 시작된 것으로서, 런던의 약제사들은 휴대용 용기에 수은을 담아 판매하면서 류머티즘 퇴치 효과가 있다고 선전했다. 유행은 1990년대에 캐나다에서 되살아났다. 수은 30그램을 담은 플라스틱 용기가 '테넥스 엘보 쇼크'라는 제품명으로 판매되었다. 이것을 팔목에 차면 테니스 엘보(팔꿈치 통증)를 막아 준다고 했다. 제품은 10만 개 넘게 팔렸지만 사실 이것은 아무 짝에도 효과가 없는 물건이고, 지금은 더 이상 생산되지 않는다.

3 미친 고양이와 모자 장수

수은 중독에는 만성 중독과 급성 중독의 두 종류가 있다. 만성 중독은 인체가 매일 배출할 수 있는 수준을 초과한 수은을 소량이지만 자주 복용한 경우고, 급성 중독은 치사량의 수은에 노출된 경우다. 이 장에서는 만성 중독에 대해 알아보고, 누군가에게 고의로 많은 양을 먹인 사례들은 다음 장에서 다룰 것이다.

만성 수은 중독은 여러 산업 분야의 직업병이었다. 중독된 이들은 피로, 전반적인 쇠약, 가늘고 기다란 필체를 낳는 손 떨림 등의 육체 증상을 보였는데, 중추 신경계가 손상된 탓이었다. 더욱 심각한 것은 정신 증상이었다. 뇌에 침투한 수은 때문에 초조감, 우울, 남들이 자신을 해치려 한다는 편집증적 착각 등이 생겨났다. 만성 수은 중독 위험이 높은 직종은 도금사, 모자 제조공, 치과 의사, 전기 산업 종사자, 형사였다. 오늘날은 이런 직종에서도 수은을 거의 다루지 않고 사용한다 해도 엄격한 통제를 받고 있어 위험은 미미한 수준이다.

직장에서 수은에 노출된 사람들의 상태는 소변이나 혈액으로 확인할 수 있다. 사람들이 수은의 위험을 깨닫기까지 오랜 세월이 걸렸으므로, 그동안 수백, 수천 명이 수은에 노출되어 그중 많은 수가 비참한 삶을 살게 되는 대형 사고들이 있었다. 수은 퇴출 운동이 시작된 것은 불과 300년 전, 한 이탈리아 의사가 직업과 질환의 관계에 대해 연구하기 시작하면서부터였다.

그는 베르나르디노 라마치니(Bernardino Ramazzini, 1633~1714년)라는 외과 의사로서, 오늘날 직업병 의학 및 산업 의학의 아버지로 여겨지는 인물이다. 1700년에 라마치니는 『노동자의 질병(De Morbis Artificum Diatriba)』이라는 최초의 직업병 관련 저서를 썼다. 그는 52개 직종의 노동자들이 다루는 다양한 화학 물질, 가루, 금속에 관련된 건강 위협 요소들을 소개했는데, 수은 광산 광부들도 대상으로 포함되어 있었다. 라마치니는 또 매독에 대한 수은 요법이 환자뿐만 아니라 의사에게도 영향을 줄 수 있다는 것을 깨달았다. 매독 상처에 수은 연고를 바를 때 가죽 장갑을 끼더라도 말이다. 라마치니는 수은이 장갑을 뚫고 의사를 중독시킬 수 있다고 보았다. 환자가 많으면 그럴 기회는 더 많아진다. 라마치니의 대안은 간단했다. 연고를 환자에게 주어 직접 상처에 바르게 하라!

수은 캐내기, 수은으로 캐내기

천연 수은은 진사 광물, 즉 황화수은(HgS)에 작은 방울로 들어 있

다.[8] 화합물이 아닌 순수한 수은 자체를 유난히 많이 함유한 광산도 있다. 예를 들어 캘리포니아 주 소노마 군의 래틀스네이크 광산에서는 곡괭이로 광석을 찍었을 때 수은이 터져 나올 정도다. 하지만 보통은 광물을 가열해 수은을 얻었다. 황 원소가 공기 중 산소와 반응해 이산화황 기체로 날아가면 액체 형태의 금속 수은만 남는다.

수은의 전 세계 생산량은 연간 1,500톤쯤 된다. 아직도 '플라스크'라는 전통 단위로 거래되는데, 로마 시대부터 사용된 이 단위는 35킬로그램이 조금 넘는 양이다. 채굴 가능한 매장량은 약 60만 톤으로 추정되며 주로 에스파냐, 러시아, 중국에 묻혀 있지만 슬로베니아와 이탈리아에도 조금 있다. 최근 들어서는 전 세계의 수은 생산량이 감소하는 추세지만 과거에는 연간 1만 톤에 달했고, 그중 6,000톤은 결국 환경으로 방출되어 사라졌다. 미국의 수은 수요는 지난 25년 동안 급격히 줄었다. 1975년에는 2,200톤이었지만 지금은 200톤도 채 못 된다. 미국 내의 수은 채굴은 1990년에 중단되었다.

에스파냐 중남부 알마덴의 진사 광산은 2,500년이 넘는 역사를 갖고 있다. 중국에는 이보다 오래된 광산도 있다. 이런 매장지들을 누가 처음 발견했는지는 대개 알려져 있지 않지만, 세계 경제에 매우 중요했던 한 매장지의 경우 발견의 뒷이야기가 기록으로 남아 있다. 그곳은 슬로베니아의 이드리자 광산이다. 1490년에 어느 통 제작업자가 근처 우물의 물을 담아 둔 통의 바닥에서 수은 방울을 발견했고, 땅

---

8 진사는 가장 흔한 수은 함유 광물 세 가지 중 하나다. 다른 두 가지는 염화수은(I), 그리고 황화수은(II)의 다른 형태인 흑진사다.

을 파 보았더니 곧 밝은 붉은색 광석이 드러났다. 이렇게 발견된 이드리자 광산은 알마덴 광산 다음으로 큰 것으로서, 500년의 조업 역사 동안 10만 7000톤의 수은을 진사 광석으로부터 캐냈다. 인류가 이제껏 생산한 수은의 13퍼센트에 달하는 양이다. 수갱에서 파낸 바위가 100만 톤이 넘었고, 갱도는 700킬로미터 넘게 뻗었다. 이드리자 광산 갱도의 셰일에는 원소 상태의 수은이 존재했으므로, 그곳은 몹시 위험한 작업장이었다. 실제로 그곳의 수은 증기 농도를 측정해 보니 1세제곱미터당 무려 6밀리그램이었다.

이드리자 광산은 다른 면으로도 중요했다. 그곳 광부들이 위대한 의사 파라셀수스의 관심을 받았기 때문이다. 파라셀수스는 광부들이 만성적으로 앓는 다양한 증상을 묘사했는데, 가장 두드러진 것은 지나친 침 분비, 구강 궤양, 손 떨림 등이었다. 건강을 위해 하루 작업 시간을 8시간에서 6시간으로 줄이는 조치가 1665년에 취해진 것 외에는 광부들의 곤경을 덜어 줄 수 있는 방법은 딱히 없었다. 이드리자 광산 수은의 피해자는 광부들만이 아니었다. 1803년에 진사를 얻기 위해 파낸 셰일에 들어 있던 기름 때문에 광산이 불길에 휩싸였다. 수은 기체가 수갱을 통해 빠져 나왔고, 주변 농촌 지역이 오염되어 사람 900명과 가축들이 해를 입었다.

과거에는 채굴된 수은의 거의 전부가 결국 바람에 날려 갈 운명이었고, 실제로 그랬다. 통화의 기본인 동시에 성물, 장신구, 부자들의 식기 제작에 쓰였던 금을 추출하고 정련하는 데 대부분의 수은이 사용되었다. 수은은 금을 녹이는 능력이 탁월해서 침사로부터 금을 걸러 내는 도구로 알맞았던 것이다. 이렇게 형성된 아말감을 가열하면 수은은 날아가고 순수한 금만 남았다. 날아가는 수은을 응축시켜 재활용할 수도 있었지만 어쨌든 절반 정도는 공기 중으로 사라지게 마련이었다.

1500년대부터 신대륙에서 금을 추출하기 시작한 에스파냐 인들은 알마덴 광산 덕분에 재료 걱정은 하지 않아도 되었다. 아메리카 대륙에서 유럽으로 수송되는 금이나 은이 1톤이라면 반대 방향으로 전달되는 수은은 1톤하고도 반이었다. 엄청난 양의 수은이 배로 운반되었다. 예를 들어 1765년 12월 7일에 카디스를 떠난 엘 누에보 콘스탄테호의 선적 목록을 보면, 각기 2플라스크씩 담을 수 있는 상자 1,300개에 수은 85톤이 실렸고, 배는 1766년 2월 27일에 멕시코 베라크루스 항에 도착했다. (이 배는 그해 5월에 은괴를 싣고 에스파냐로 돌아오다 폭풍을 만나 침몰했다.)

조금 지나 페루에서도 수은 매장지가 발견되었다. 우앙카벨리카 광산은 남아메리카의 금은 추출에 필요한 수은 대부분을 공급하게 되었다. 남아메리카에 비해 금광 개발이 늦게 이루어진 북아메리카의 경우 캘리포니아 주 산타클라라 군의 뉴알마덴 매장지가 수은을 제공했다. 뉴알마덴 광산은 1820년에 멕시코 출신 이주자들이 발견한 매장지로서 실제 채굴은 1845년에 시작되었다. 1849년에 불어 닥친 캘리포니아 골드 러시 덕분에 광산은 수요를 걱정할 필요가 없었고, 광산의 공급량은 금광꾼들의 필요량을 만족시키고도 남았다. 아메리카 대륙의 수은 채굴 400년 역사 중 자연으로 날아간 수은의 양은 총 25만 톤 정도로 추정된다.

1980년대와 1990년대에 아마존 강은 소규모 금광들 때문에 심각한 수은 오염을 겪었다. 1994년의 추산에 따르면 약 1,200톤의 수은이 강 지류에 버려졌다. 금광꾼들은 비스듬히 경사지게 설치한 사금 채취통으로 강 바닥이나 강둑의 침사를 길어 올렸는데, 채취통에 띄엄띄엄 박혀 있는 나무 턱이 물살의 속도를 늦추어 금이 담긴 모래 입자들을 가라앉혀 주는 단순한 방식이었다. 하루 일이 끝나면 광부들은 채취통에 수은을 부었고, 그러면 금과 수은이 아말감을 형성했다. 이 아말감을 얕은 철제 그릇에 넣고 가열하면 수은은 증발하고 금이 남았다.

1990년대 초에 이 문제를 알아차린 유럽 연합이 수은 배출을 예방하는 사업을 후원하기로 했고, 런던의 임페리얼 칼리지에 진행을 맡겼다. 임페리얼 칼리지의 사업단은 독일에서 개발된 두 가지 간단한 기구를 광부들에게 소개했다. 두 가지 기구를 모두 사용하면 수은 소실을 95퍼센트까지 줄일 수 있었다. 하나는 기울기가 더 완만하고 바닥에 물이 고일 공간이 있는 채취통을 써서 수은이 강으로 쓸려가는 것을 막는 방법이고, 다른 하나는 아말감을 가열할 때 응축기가 달린 밀폐식 도가니를 써서 수은을 회수하는 방법이었다. 둘 다 제작이 쉬울 뿐더러 회수한 수은을 재활용함으로써 단 며칠 만에 제작비를 뽑을 수 있는 도구들이다.

수은의 다양한 용도

인류는 수백 년 동안 1,000여 가지 다양한 용도로 수은을 사용해 왔다. 오늘날은 대부분 폐기된 용도들이지만, 20세기 후반까지 살

아닌은 작업들도 있었다. 온도계, 자동 온도 조절 장치, 기압계, 자외선 램프, 형광등, 접촉 스위치, 전지, 의약품, 소독제, 살균제, 종자 보존용 화학 약품, 기폭제 등이 금속 형태의 수은이나 수은 화합물을 사용하는 물건이었다. 화합물 중 하나인 풀민산수은[9]은 충격을 받으면 쉽게 폭발하므로 기폭제로 알맞았다. 풀민산수은은 1799년에 영국 화학자 에드워드 하워드(Edward Howard)가 처음 만든 물질로, 하워드는 먼저 논문을 제출한 뒤 1800년에 런던의 왕립 연구소에서 폭발 시범을 보였다. 곧 풀민산수은은 총이나 폭탄의 뇌관에 쓰이게 되었다. 염화수은(II) 역시 상업성이 큰 화합물이었다. 존 하워드 키안(John Howard Kyan, 1774~1850년)이 1832년에 염화수은을 목재 보존제로 쓰는 기법에 대해 특허를 냈다. 이렇게 처리한 목재는 선박 제조나 항구 건설에 주로 쓰였고, 런던의 몇몇 유명한 건물들을 짓는 데에도 사용되었다. (키안 기법은 나중에 크레오소트(콜타르 증류액 — 옮긴이)를 사용하는 더 싼 기법으로 대체된다.)

요즘의 일반 전지나 형광등에는 예전에 비하면 정말 적은 양의 수은이 쓰이지만, 완전히 사라진 것은 아니다. 전지의 경우 보청기 같은 몇몇 소형 전자 기기의 전지에만 수은이 사용된다. 이런 전지는 아연으로 만든 껍데기가 양극 역할을 하고, 내부에 든 수산화아연과 산화수은 혼합물이 철로 된 작은 음극을 감싸고 있다. 이런 전지의 장점은 작동 기간 내내 1.35볼트의 전압을 안정적으로 공급한다는 것이다. 형광등의 경우 1미터 길이의 관에 수은이 10밀리그램 정도 들

---

9 화학식은 $Hg(CNO)_2$이다.

어 있다. 과거의 형광등에는 35밀리그램 넘게 들어 있었다.

  수은은 높은 안정성이 요구되는 스위치나 정류기 등의 전기 장치에도 계속 쓰이고 있으며 화학 산업에서는 염소와 수산화나트륨 생산 과정에서 액체 전극으로 쓰인다. 그러나 염화나트륨 용액을 전기 분해하는 이 기법은 수은을 쓰지 않는 다른 기법들로 대체되고 있다. 한편 곰팡이병을 막기 위해 종자용 옥수수에 수은 처리를 하는 관행도 아직 사라지지 않았다. 하지만 선진국 사람들이 수은에 가장 쉽게 접하는 경로는 치아용 아말감 충전재일 것이다. 온도계, 펠트 생산, 도금, 무두질, 염색, 의약품 등의 오래된 용도들은 모두 폐기된 상태다.

  20세기 중반의 미국에서만 3만 명 이상이 수은에 직접 노출되었던 것을 보면 정말 많은 노동자들이 수은에 노출되었던 모양이지만, 치료가 필요할 정도로 관련 질병을 앓은 사람의 수는 상대적으로 적었다. 미국보다 피해자의 수가 적었던 영국에서는 수은 중독으로 공식 확인되는 경우가 1년에 평균 5명 정도에 불과했다. 종사자들에게 수은 피해를 입히는 것으로 악명 높은 직종이 몇 있었는데, 유난히 눈에 띄는 것은 모자 제조업이었다. 모자 제조업 종사자들이 보인 직업병 증상은 영국에서는 '모자 제조공의 떨림', 미국에서는 '댄버리 떨림'이라고 불리며 유명세를 떨쳤다. 미국 모자 산업의 중심지는 코네티컷 주 댄버리 시였고 영국에서는 현재 모자 박물관이 있는 체셔의 스톡포트였다.

  1941년에 미국의 모자 제조공 544명을 검사한 결과, 59명이 만성 수은 중독 기미를 보였다. 원인은 작업장의 공기였다. 언뜻 생각하기에 모자 만들기에 수은이라니, 어울리지 않는 조합인 것 같다. 모자는 1960년대에 인기가 떨어지기 전까지 장장 수백 년 동안 남녀를 가리지 않는 패션용품으로 사랑받았다. 모자는 주로 펠트로 만들었는데, 펠트는 집토끼나 산토끼, 사향뒤쥐, 비버 등 털이 매끄럽고 탄력 있는 짐승의 모피를 이용해 만들었다. 그게 문제였다.

펠트를 만들려면 털을 압축시켜 서로 엉기게 해야 하는데, 이를 위해서 질산수은 산성 용액으로 화학 처리를 했다. 모자 제작 산업에서 이 공정 이후를 담당하는 사람들은 누구나 수은에 노출되었다. 처음에 모피를 가공하는 사람부터 마지막에 모자 모양을 잡는 사람까지 말이다. 펠트는 여러 단계를 거쳐 가공되었고(털 불어넣기, 형성, 경화, 풀칠, 형성, 다림질, 받침 대기, 방수 가공, 굽기, 압착) 매 단계마다 천에서 나온 먼지가 작업장을 오염시켰다. 어떤 작업장에서는 공기 중 수은 농도가 1세제곱미터당 5밀리그램이나 되었다. 모피 재단 담당자 중 40퍼센트가 만성 수은 중독에 걸린 것으로 확인된 경우도 있었다. 이들은 전형적인 수은 중독 증상들을 보였다. 성마른 태도를 보이고, 남이 자기를 감시한다는 망상에 시달리고, 주절주절 말이 많아지고, 비합리적인 행동을 했다. '모자 제조공처럼 미친'이라는 오래된 영어 표현은 이 때문에 생긴 것이다.

역시 수백 년의 역사를 지닌 직업인 도금사도 수은에 쉽게 노출되었다. 금, 은, 주석이 섞인 수은 아말감으로 도금을 하기 때문이다. 이들은 주로 단추나 거울, 가끔은 건물의 돔도 도금했다. 1800년대 초에 지어진 러시아 상트페테르부르크의 성 이삭 성당의 돔을 도금할 때는 구리판 위에 금을 100킬로그램이나 덮었다. 역시 금-수은 아말감을 이용한 작업이었고, 일꾼 60명이 수은 중독으로 목숨을 잃었다.

도금사들은 단추에 금을 입히거나 거울에 주석을 입히는 작업 중에 수은 증기에 노출되었다. 단추를 도금할 때는 금-수은 아말감(금과 수은 비율이 1대 10)이 담긴 용기에 단추를 굴려 아말감을 씌운 뒤 철사 틀에 담아 가열해 수은을 날렸다. 그러면 단추에 금만 남고 최소 20퍼센트 정도의 수은이 주변 환경으로 사라졌다. 도금 단추는 육해군의 군복에서 빠질 수 없는 부속이었고, 이런 식의 도금은 20세기까지 계속되었다. 금 1그램으로 단추 500개를 도금할 수 있다는 게 큰 장점이었다. 이 일에 종사하는 사람들은 이른바 '도금사의 마비'라는 증상을 겪었고, 공장 근처 주민들도 수은에 노출되었다. 1800년대 초 버밍엄에서는 공장 주변 거리의 도랑에까지 수은이 고이고는 했다. 사업장 연통에서 수은을 처리하는 기술이 개발되었지만, 어쨌든 이런 식의 도금은 전기 도금법이 등장하는 1840년까지 널리 행해졌다. 영국 해군과 상선들은 전기 도금이 등장한 뒤에도 100년 이상 구식 기법으로 도금한 단추를 선호했다. 그 편이 더 내구성이 높았기 때문이다.

거울 만드는 사람들은 19세기 중반까지 은 아말감을 썼으므로 역시 수은 중독을 겪었다. 독일 화학자 유스투스 폰 리비히(Justus von Liebig, 1803~1873년)가 액체 수은 없이도 화학적 은 도금을 할 수 있다는 사실을 발견하고서야[10] 수은이 쓰이지 않게 되었다. 그 전에는

---

10 리비히는 질산은과 암모니아가 든 용액에 아세트알데히드를 섞으면 화학 반응이 일어나 유리 플라스크 벽에 은 거울이 덮인다는 사실을 발견했다. 이후 사람들은 이 화학 반응을 이용해 거울을 만들었다.

은 아말감 아니면 주석 아말감이 쓰였다. 주석 아말감을 쓸 때는 대리석 판 위에 얇은 주석 박편들을 깔고 그 위에 수은을 부어 아말감을 만들었다. 다시 그 위에 공기가 갇히지 않게 주의하며 유리판을 덮은 뒤 무겁게 내리눌러 3주를 두었다. 이 작업을 했던 사람들이 심각한 중독을 겪은 것도 무리가 아니다. 독일에서는 퓌르트와 뉘른베르크 지방이 거울 생산으로 유명했는데, 이 도시 남자들은 하나같이 이가 없다는 말이 있었다. 수은 중독 때문이었다.

한때는 온도계 제조에도 연간 수톤의 수은이 사용되었다. 1650년대에 처음 만들어진 수은 온도계가 병원에서 널리 쓰이기 시작한 것은 1866년에 영국 요크셔 소재 리즈 종합 병원의 토머스 올벗(Thomas Allbut, 1836~1925년) 박사가 눈금 범위가 제한된 임상용 온도계를 발명하고 나서였다. 수은 온도계는 1990년대 초까지 병원에서 사용되었고, 병상 1,000개 규모의 큰 병원이라면 매년 약 2,000개의 온도계를 새로 주문했다. 온도계가 쉽게 깨지고는 했기 때문이다. 1985년에 영국 보건부가 신생아 중환자실들의 공기를 검사해 보았더니, 수은 온도계에서 나온 수은 증기 농도가 기준 이상으로 높았다. 1992년에 스웨덴이 처음으로 수은 온도계 사용을 금지했고, 요즘은 거의 모든 나라의 의사와 간호사들이 전자 온도계로 체온을 잰다.

깨진 온도계가 전혀 의외의 산업에 생각지도 못한 도움을 준 일도 있다. 1830년에 루이 다게르(Louis Daguerre, 1789~1851년)는 감광성 아이오딘화은을 입힌 구리판을 가지고 사진술을 연구하고 있었다. 은판에 찍힌 영상은 그다지 선명하지 않았다. 어느 날, 다게르는 노출을 마친 사진 은판을 찬장에 넣어 두었는데 찬장 안에 깨진 온도계가 있다는 사실은 몰랐다. 다음 날 은판을 꺼내 본 다게르는 영상이 훌륭하게 현상된 것을 보고 깜짝 놀랐고, 원인이 무엇인지 조사한 끝에 수은 증기 때문임을 깨달았다. 다게르는 기존의 기법을 수정해 다게레오타입(은판 사진)이라는 사진술을 개발했고, 인물 사진과 풍경 사진을 찍기 시작했다. 이 초기의 사진들은 오늘날 애호가들의 수집 대상이 되는 작품들이다.

깨진 온도계 이야기가 하나 더 있다. 1890년대 독일의 합성 인디고 염료 생산에 관한 일화다. 아돌프 바이어(Adolf Bayer)는 실험실에서 인디고 염료 합성에 성공했지만 기법을 상업적으로 적용하는 데 어려움을 겪고 있었다. 공정의 첫 단계로 나프탈렌을 프탈산 무수물로 전환시키는 과정이 있는데, 이때 사용되는 산화제가 너무 비싸거나 위험했던 것이다. 가령 뜨거운 황산 증기 같은 것이 사용되었으니 말이다. 그러던 중 반응 과정의 온도 측정에 사용하던 온도계가 깨져 수은이 혼합물에 섞이는 사고가 발생했는데, 갑자기 반응 속도가 마법에 걸린 듯 빨라졌다. 수은이 탁월한 촉매 역할을 한 것이었다. 이로써 값싼 인디고 염료와 청바지가 탄생하게 되었다는 이야기다. (수은 촉매는 이후 바나듐과 타이타늄 산화물로 만든 촉매로 대체되었다.)

선진국의 병원들은 더 이상 수은 온도계를 쓰지 않지만 개발 도상국의 병원에서는 아직 진단이나 환자 관찰에 수은 온도계를 요긴하게 사용하고 있다. 수은 온도계 제조가 지역에 환경 문제를 일으킨 적도 있다. 인도 남부 코다이카탈에 위치한 유니레버 인도 법인 공장이 그랬다. 이 공장은 대규모로 수은 온도계를 제조해 수출했는데, 2001년 3월, 환경 단체 그린피스 인도 지부에 의해 공장의 느슨한 폐기물 처리 실태가 드러났다. 공장은 어느 폐품업자에게 폐기물을 팔아 처분했는데, 폐품업자는 깨진 온도계들을 무려 10톤 이상 마구잡이로 쌓아 두고 있었다. 유니레버의 과학자들이 폐품장의 공기를 조사했더니 수은 농도가 1세제곱미터당 최대 0.02밀리그램까지 검출되었다. 유럽 연합의 규제 기준인 0.05밀리그램보다는 낮았지만 꽤 높은 수치였다. 공장 노동자들에 대해서는 회사가 정기적으로 검사를 하고 있었으므로 피해가 없었지만, 수은에 대한 자체 감사가 이루어질 때까지 온도계 생산은 일시 중단되었다.

오늘날 가장 큰 규모로 수은을 사용하는 곳은 염소-알칼리 산업이다. 화학 산업의 필수품인 수산화나트륨과 염소 기체를 만드는 공정이다. 2003년 12월에 미국에서 발효된 새 대기 오염 방지법은 염소-알칼리 시설의 수은 방출량을 연간 220킬로그램으로 줄이는 것을 목표로 삼았다. 오래된 설비들이 수명을 다함에 따라 수치는 앞으로 더욱 낮아질 것이다. 과거에는 이런 설비들이 연간 200톤 이상의 수은을 '잃어버렸고', 한때 미국에는 이런 공장이 최대 35개까지 가동되었다. 현재는 9개만 남았고 이들이 약 3,000톤의 수은을 사용하며, 여전히 매년 약 60톤의 수은을 추가로 주문한다.

선진국에서 오래된 염소-알칼리 공장들이 속속 문을 닫자 화학 산업은 남아도는 수은을 처리하는 문제에 직면했다. 유럽에서는 에스파냐 정부가 소유한 수은 생산 회사인 알마덴 광업 회사가 폐기 수은을 다시 사들인다. 미국에서도 방대한 양의 수은이 재판매 시장에 나온다. 어떤 사람들은 이것을 중국이나 인도 같은 개발 도상국에 파는 대신 미국 정부가 사들여 4,000톤에 이르는 국방부 수은 비축

고에 넣어 두어야 한다고 주장한다. 한때 핵무기 제조를 위한 우라늄 농축에 수은이 사용된 적이 있었기 때문에 미국 국방부는 1950년대와 1960년대에 걸쳐 수은을 비축해 두었다.

상당히 무신경한 방식으로 수은 폐기물을 처리하는 것이 관행이던 때에는 몇몇 화학 회사들이 문제에 휘말리기도 했다. 영국의 토르 화학은 마게이트에 위치한 공장에서 수은을 재가공했는데, 그곳 노동자들이 법적 기준 이상으로 수은에 노출된 것이 밝혀지자 토르 사는 마게이트의 공장을 닫고 남아프리카공화국 나탈 주에 비슷한 공장을 세우는 것으로 대응했다. 그리고 그곳에서도 몇 년 뒤에 수은 중독 때문에 분란이 일었다. 지금은 문을 닫은 미국 조지아 주 브런즈윅의 린던 케미컬 앤드 플라스틱 사는 도저히 친환경적이라고는 말할 수 없는 방식으로 염소-알칼리 공장 폐기물을 처리했다. 조수 간만이 있는 습지로 흘러 들어가는 근처 하천에 곧장 폐수를 투기했던 것이다. 회사는 수년간 150톤가량의 수은을 이런 식으로 버렸다. 이밖에도 환경 보호를 위한 거의 모든 법령을 위반했던 린던 사는 1994년에 운영을 그만두게 되었고, 후에 파산 신청을 했다. 회사가 남긴 오염을 뒤치다꺼리하는 데 5000만 달러 이상이 든 것으로 추정된다. 공장 책임자였던 72세의 크리스티안 한센 주니어가 9년 징역을 받았고 다른 임원 6명도 형을 살았다.

유기 수은

앞장에서는 금속 형태의 수은, 수은 기체, 수은 무기 화합물의 영향을 살펴보았다. 그런데 가장 악독한 형태의 수은은 유기 수은이다. 유기 수은의 정의는 염화메틸수은이나 다이메틸수은처럼 수은에 1~2개의 탄소 원자가 직접 결합된 것이다. 뒤에 말하겠지만 메틸수은은 심각하게 걱정해야 할 정도로 이동성이 높다. 환경에서 순환하며 먹이 사슬 위로 올라가는 능력이 높고, 인체 내에서 제멋대로 돌아다니는 능력도 높다. (메틸기는 탄소 원자 1개와 수소 원자 3개로 이루어진 것, 즉 CH_3이다.)

다이메틸수은으로 인한 최초의 사망 사고들 가운데 하나가 1865년에 런던에서 있었다. 그해 1월, 왕립 연구소의 에드워드 프랭클랜드(Edward Frankland, 1825~1899년) 교수 실험실에서 두 조수가 나트륨-수은 아말감을 아이오딘화메틸과 반응시켰다. 다이메틸수은을 만들려던 것인데, 두 사람은 그게 얼마나 위험한 일인지 미처 몰랐다. 30세의 독일인 울리히 박사는 2월 3일에 세인트바솔로뮤 병원에 입원해 10일 뒤에 숨졌고, 23세의 슬로퍼는 3월 25일에 입원해 1년을 투병했으나 끝내 숨졌다. 언론은 저명한 프랭클랜드 교수에게 사고의 책임을 돌려 비난했으나 알고 보니 조수들은 윌리엄 오들링(William Odling) 교수의 감독 아래 작업하던 중이었다. 울리히 박사가 친구에게 한 말을 보아도 엄연한 사고였다. 박사가 다이메틸수은이 든 밀폐 관을 깨뜨려 내용물이 쏟아졌고, 두 사람이 난장판을 치우는 과정에서 증기를 흡입했다는 것이다.

이 사고에도 불구하고 사람들은 다이메틸수은을 의학 치료에 사용하길 멈추지 않았다. 1887년에는 다이메틸수은을 매독 치료제로 주사하는 실험이 시행되었다. 1퍼센트 용액 1밀리리터를 주입하는 요법이었는데, 두 번 이상 주사를 맞은 환자는 없었다. 개를 대상으로 실험한 결과 너무나 위험한 물질이라는 사실이 드러나 실험이 중단된 것이다.

최근에도 다이메틸수은 때문에 한 여성 화학자가 목숨을 잃은 사고가 있었다. 피해자는 미국 뉴햄프셔 주 다트머스 대학의 교수였던 캐런 웨터햄(Karen Wetterham)으로, 그녀는 1997년 6월 8일에 49세로 사망했다. 웨터햄은 핵자기 공명법(NMR, 용어 해설을 참고하라.)으로 화합물들을 분석하는 작업에서 다이메틸수은을 다루었다. 그녀는 수은 이온이 DNA 수선 단백질과 상호 작용하는 방식에 대해 연구하던 중이었는데, 수은 용액과 단백질 용액을 각각 만들어 핵자기 공명법으로 조사하려던 참이었다. 그녀는 보안경과 라텍스 장갑을 착용하고 후드 안에서 물질을 다루는 등 일반적인 안전 조치를 모두 취했으나, 운명의 날인 1996년 8월 14일, 약병에서 다이메틸수은을 피펫으로 조금 덜어내다가 장갑 위에 몇 방울 떨어뜨리고 말았다. 웨터햄은 장갑이 보호해 주었으리라 생각하고 즉각 장갑을 벗지 않았다. 하지만 다이메틸수은은 라텍스 장갑으로 즉시 스며들어 피부까지 닿았다.[11]

웨터햄이 수은 중독 증상을 드러내기 시작한 것은 1997년 1월이 되어서였다. 손발가락이 따끔거리고, 발음이 뭉개지고, 걸음걸이가 불안정해지고, 시야가 흐려졌다. 그녀는 1월 28일에 수은 중독 진단을 받았다. 혈액의 수은 농도는 1리터당 4밀리그램으로서 기준량의

---

11 다이메틸수은을 다룰 때는 원칙적으로 라텍스 장갑을 낀 위에 두꺼운 보호 장갑을 한 켤레 더 껴야 한다.

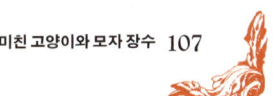

50배가 넘었다. 그녀는 2주 뒤에 혼수상태에 빠졌고 다시 깨어나지 못했다. 머리카락 분석 결과 그녀는 8월에 메틸수은을 흡수한 것으로 확인되었다. 독성 효과가 드러나는 데 어째서 그렇게 오랜 시간이 걸렸는지는 지금도 알 수 없다. 어쨌든 하루에 1퍼센트쯤 메틸수은을 배출할 수 있는 인체의 정화 속도는 그녀가 피해를 면하기에는 너무 느렸다.

메틸수은이 특히 위험한 이유는 시스테인이라는 아미노산의 황 원자와 결합하기 때문이다. 수은이 붙은 시스테인은 다른 아미노산인 메싸이오닌과 구별이 거의 불가능할 정도로 비슷하므로, 메싸이오닌을 필요로 하는 인체 세포들이 시스테인을 받아들인다. 이런 교묘한 방식으로 수은은 몸속을 자유롭게 돌아다니며, 혈뇌장벽이나 태반까지 뚫고 들어간다. 뇌에 들어간 메틸수은은 메틸기를 떨어뜨려 수은 원자를 내놓음으로써 유기 수은에서 무기 수은으로 바뀐다. 이 수은이 다시 뇌 밖으로 나올 수 있는 방법은 없다. 메틸수은이 아기나 어린아이의 뇌에 들어가면 뇌의 세포 분열이 멎고 세포 내 미세소관 생성이 차단됨으로써 영구적 뇌 손상이 일어난다.

메틸기 외에도 수은에 붙을 수 있는 다른 유기기들이 있다. 가령 탄소 원자가 2개인 에틸기 같은 것인데, 에틸수은 역시 사람을 죽일 수 있지만 메틸수은보다는 덜 위험하다. 화학 산업은 1920년대에 이런 화합물들을 생산하기 시작했다. 방부제, 종자 소독제, 살균제, 제초제 등으로 쓰기 위해서였다. 1960년대에는 에틸수은 화합물이나 페닐수은[12] 화합물에 기초한 특허 제품이 150개 이상 판매되었다. 주

---

12 페닐기는 다른 원자나 분자에 결합한 벤젠 고리를 가리키는 이름이다.

로 소독제로서 작물의 곰팡이병 확산을 막는 데 쓰였고, 메틸수은 화합물들보다 훨씬 안전한 것으로 여겨졌다. 그 후 메틸수은 거의 쓰이지 않았다. 효과가 뛰어난 종자 소독제의 예로는 염화에틸수은 2퍼센트 용액인 세레산 같은 것이 있었다. 세레산은 작물을 시들게 해 농부의 생계를 망치는 각종 곰팡이병을 예방해 주었고, 세레산이 작물 생산량을 크게 늘려 주는 것을 확인한 전 세계 농부들은 세레산 처리 종자를 열심히 구입했다. 세레산 처리 종자로 밀, 보리, 귀리, 옥수수를 길러도 곡물에는 수은이 거의 흡수되지 않았다.

그러나 슬프게도 소독된 종자 때문에 대량 수은 중독이 일어난 사례들이 있었다. 주로 개발 도상국의 시골 사람들이 약품 처리된 낟알로 빵을 만들어 먹어서 생긴 사고였다. 이라크에서는 1956년과 1960년에 이런 낟알이 일반 시장에 풀려 밀가루를 만드는 데 사용됨으로써 많은 사람들이 병을 앓았다. 1971년 1월과 2월에는 이보다 심각한 사고가 발생해 6,500명 이상이 병원 치료를 받고 460명이 죽었다. 파키스탄과 과테말라에서도 규모는 작지만 비슷한 사고들이 있었다. 1942년에는 캐나다 캘거리의 한 창고에 고용된 비서 2명이 죽는 일이 있었다. 그들의 책상 근처에 보관되어 있던 9,000킬로그램 상당의 다이에틸수은 화학 물질 때문이었다. 그들은 직접 물품을 취급한 적이 없었는데도 그저 드럼통에서 피어 오른 증기를 쐰 것 때문에 수은 중독으로 죽었다. 후에 확인해 보니 공기 중 수은 농도가 1세제곱미터당 3밀리그램 가까이 되었다. 그전에 이미 유기 수은 화합물들의 위험성에 대한 경고가 발표된 적이 있으나 다들 무시했던 것이다.

최초의 경고는 1940년에 발표되었는데, 아서 H라는(의학 기록에 성

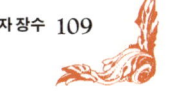

은 밝히지 않는다.) 총명한 16세 영국 소년에게 벌어진 일이 계기였다. 소년은 기술 학교에 진학해 좋은 성적을 거둔 뒤 수은 종자 처리제를 만드는 회사에 취직했다. 일을 시작하고 5주가 지나지 않아 소년은 손발가락이 얼얼해진 것을 느꼈다. 몇 주 더 지나자 소년은 행동이 부자연스러워졌고 똑바로 서 있을 수 없었다. 성격도 바뀌어 싸움을 잘 일으켰고 입버릇이 사나워졌다. 필체도 괴발개발 지저분해졌다. 급기야 수은 중독 진단을 받고 입원했지만, 의사들은 소년의 상태가 악화되는 것을 속수무책 지켜볼 수밖에 없었고, 소년은 하루 종일 나른하게 침대에 누워 있었다. 말도 못하고 거의 먹지도 못했다. 다행스럽게 차도를 보이기 시작했으나 다시 걷기까지는 6개월이, 사람들과 의사소통할 수 있기까지는 9개월이 걸렸다. 2년 뒤에는 충분히 회복해 부축 없이도 계단을 오르게 되었지만 말은 아직 어눌했고 글쓰기도 낙서 수준이었다. 그는 15년 뒤까지도 불편을 겪었다. 움직임이 안정되지 못하고 손이 떨렸는데 심지어 25년 후까지 그랬다. 그는 다시는 정규직을 갖지 못했다.

유기 수은 화합물은 인체에서 천천히 나쁜 짓을 시작한다. 1954년 4월에 한 남자 간호사가 겪은 일을 보면 알 수 있다. 그는 줄기곰팡이에 감염된 토마토를 살리기 위해 인산에틸수은을 만졌다. 첫 증상은 12월에나 나타났다. 증상은 두통과 구토로 시작되었고 다음 해 5월에는 사지 감각 마비로 발전했다. 상태가 계속 악화된 끝에 그는 1955년 7월에 죽었다.

유기 수은과 자폐증

자폐증은 참으로 애처로운 질환이다. 어린아이 1만 명 중 5명 꼴로 자폐증을 보이는데 남녀 비율은 4 대 1이다.[13] 정상으로 보이던 아기가 자폐증에 걸리는 이유는 아직 밝혀지지 않았지만 미국에서는 수은이 원인이라고 믿는 사람들이 많다. 1990년대 말에 수은이 주의력 결핍 장애, 말더듬이, 그리고 자폐증을 일으킨다는 주장이 있었기 때문이다. 티메로살이라는 물질이 범인이라고 보는 이들도 있다. 티메로살은 수은을 함유한 살균제로서 백신 보존에 쓰이는 약품이다. 미국 질병 통제 예방 센터는 역학 조사를 통해 티메로살과 어린아이 정신 발달 사이의 연관을 입증했다고 발표했으나, 후에 분석에 흠이 있었음을 인정했다. 어쨌든 의회 보고서로 제출된 그 연구 때문에 미국에서는 2000년부터 점차 티메로살 사용을 줄였고, 지금은 백신 보존에 티메로살이 아예 사용되지 않는다. 일본과 대다수 서유럽 국가에서도 마찬가지다.

티메로살은 유기 수은 화합물의 한 종류다. 수은 원자에 어떤 유기기가 붙느냐에 따라 갖가지 엇비슷한 화합물들이 만들어지는데, 그 중 메틸수은 같은 것들은 과거에 사람들에게 널리 해를 입혔다. 한편

---

13 1990년대 들어 자폐증 발생 빈도가 증가하고 있다는 통계 결과가 발표되었다. 그러나 2004년, 이것은 과거에 다른 질병으로 진단되었던 사례들이 이제 정확하게 자폐증으로 진단됨으로써 일어난 현상일 뿐임이 밝혀졌다. 보스턴 대학교 의학부의 허셀 직은 미국 아이들의 행동 장애 관련 통계를 분석한 결과 자폐증 진단이 늘어남에 따라 다른 질병들에 대한 진단은 줄어들었다는 것을 확인하고 이와 같이 주장했다.

에틸수은 화합물이기 때문에 한결 안전한 것으로 믿어졌던 티메로살은(티메로살에 대한 추가 정보는 용어 해설을 참고하라.) 엘리 릴리 제약 회사가 1930년대에 선보인 물질로서, 원래 가축용 백신 보존제로 쓰이다가 사람의 백신에도 쓰이게 되었다. 그러나 그때 사람에 대한 안전성을 적절히 검사하지 않았다는 비판이 있다.

영국은 미국보다 오래 티메로살을 사용했다. 안전하지 않다는 확실한 증거도 없었기 때문이다. 하지만 부모가 자녀에게 백신 주사를 맞힐 때 수은 보존제를 쓰지 않은 백신을 요청할 수 있었다. 사실 1988년에서 1997년 사이에 템스 지역에서 출생한 아이 10만 명의 병력을 추적해 본 결과 자폐증과 티메로살 노출 사이에는 연관 관계가 없었다. 1990년에서 1996년 사이에 태어난 덴마크 아기 46만 7450명을 대상으로 한 조사에서도 마찬가지였다. 백신 하나에 들어 있는 티메로살의 양은 5마이크로그램이 못 되므로 일반적으로 위험하다는 수준에 한참 못 미친다. 물론 아기의 몸무게 중량당 농도로 환산하면 임산부 및 수유기 여성에게 적용되는 한계치에 가까운 농도가 되지만 말이다. 그렇게 보면 미국 환경 보호국의 기준을 넘어선다.[14]

그러던 중 한 가지 놀라운 연구 결과가 발표되었다. 자폐 진단을 받은 아기들의 머리카락을 분석해 보았더니 머리카락 속 수은 농도가 정상 아동보다 오히려 훨씬 낮았던 것이다. 이 연구를 수행한 미국 루이지애나 주의 에이미 홈스(Amy Holmes)는 연구를 시작할 때 정확히 반대의 결과를, 즉 자폐 아동의 수은 농도가 높은 결과를 예상

---

14 영국 보건부는 2004년 8월에 티메로살을 백신에 사용하지 못하도록 규정했다.

했다. 홈스는 자폐 아동들의 부모에게 연락해 아이의 출생 직후 처음 자른 머리카락을 갖고 있는지 물었다. 몇몇 부모들이 보관하고 있던 머리카락을 홈스에게 보내 주었고, 그것들을 분석했더니 수은 농도가 아주 낮게 나왔다. 홈스는 대상자 수를 늘려 자폐 아동 94명을 조사한 뒤 정상 아동 45명의 결과와 비교했다. 정상 아동들의 평균 수은 농도는 3.6피피엠인 반면 자폐 아동들은 0.47피피엠이었다. 게다가 수은 농도가 낮을수록 자폐 정도가 심했다. 가장 장애가 심한 아이의 머리카락 중 수은 농도는 평균 0.2피피엠에 불과했다.

이 발견을 어떻게 해석해야 할까? 수은을 자폐의 원인으로 보는 사람들은 이렇게 설명한다. 자폐를 보이는 어린아이들은 유전적 결함으로 인해 인체에서 수은을 제거하는 기능에 문제가 있고, 그래서 수은이 다른 곳에 축적되는 대신 모조리 뇌에 모여 해를 끼친다는 것이다.

그들의 주장이 옳을지도 모른다. 자폐는 부모의 무관심, 유전자 이상, 질병, 물리적 뇌 손상 등 여러 요인들이 복합적으로 작용한 결과이기 쉬우므로, 자폐의 진짜 원인을 밝혀내기 전까지는 수은도 한 가지 해석으로서 무시하지 말아야 한다. 그렇지만 세상에 태어나는 모든 아기는 어느 정도의 수은을 갖고 있다. 모든 사람의 식단에 수은이 들어 있게 마련이고 임산부는 어쩔 수 없이 그것을 태아에게 전달한다. 극미량의 수은이 두려워 아기에게 백신 접종을 시키지 않는다면 아기의 건강을 더 큰 위험에 노출시키는 일일 것이다.

물고기 속의 수은: 재앙의 전조

비타민 B_{12}는 메틸코발라민이라는 조효소 형태를 취한다. 이 메틸코발라민은 수은에 메틸기를 붙이는 능력이 있다. 수은 이온(Hg^{2+})이든 금속 형태의 수은이든 가리지 않는다. 이렇게 생성된 메틸수은 이온(CH_3Hg^+)은 수용성이다. 플랑크톤이 이 이온을 흡수하고, 작은 물고기 같은 다른 생물들이 플랑크톤을 먹고, 큰 물고기가 작은 물고기를 먹음으로써 수은 이온은 먹이 사슬을 타고 올라간다. 그리고 각 단계마다 수은 농도는 증가한다. 이른바 생물 농축, 즉 꼭대기로 갈수록 재앙이 커진다는 원리 때문이다.

어떤 조류(藻類)는 물속 수은 농도의 100배 가까이 수은을 농축시킬 수 있다. 이런 조류를 먹고 사는 생물들도 수은을 축적하게 되어, 물고기의 체내 수은 농도가 0.12피피엠에 달하는 경우도 있다. 일본의 미나마타 만에서는 그 200배에 해당하는 24피피엠 농도의 물고기가 발견되었고, 35피피엠의 게도 발견되었다. 수은 농도가 높은 생물이라고 사람들이 먹지 않는 것도 아니었다.

2001년에 미국 질병 통제 예방 센터는 미국 여성 10퍼센트가 태아에게 영향을 줄 만한 수준의 수은이 체내에 있다는 조사 결과를 발표했다. 2003년 12월, 식품 의약청 산하 식품 자문 위원회도 환경 보호국과 나란히 물고기의 수은 농도에 대한 새로운 경고 기준을 발표했다. 가임기의 여성은 상어나 황새치를 먹지 말고, 그밖의 생선이라도 1주일에 340그램, 낚시로 잡은 고기라면 그보다도 적은 170그램까지만 먹도록 권고했다. 가장 섭취량이 많은 생선인 참치의 경우 신선한 생선은 1주일에 한 번으로 제한하되 통조림 참치는 두 번까지 괜찮다고 했다.

고래 고기, 특히 둥근머리돌고래 고기는 덴마크 패로 제도의 전통적인 단백질 공급원이었다. 하지만 1990년대 초에 그곳 아이들의 체내 수은량이 상대적으로 높은 것이 고래 고기 때문이라는 의견이 제기되었다. 세계 보건 기구가 1,000명의 신생아를 검사한 결과 20퍼센트가 국제 화학 물질 안전 계획이 규정한 체내 안전 기준량을 넘었다. 덴마크 보건 당국은 임산부들에게 고래 고기를 먹지 말라는 경보를 발표했다.

연구자들은 여러 물고기의 체내 메틸수은 농도도 수년간 조사했다. 2002년에 발표된 보고서에 따르면 상어가 가장 높아서 1.5피피엠이고 황새치가 1.4피피엠이었다. 신선한 참치는 0.4피피엠 미만이고 통조림 참치는 절반 수준인 0.2피피엠이었다. 통조림 참치의 농도가 신선한 생선의 절반인 것은 통조림 가공 과정에서 기름이 많이 빠져나가 수은도 함께 버려지기 때문이다. 다른 바다 물고기들을 보면 대구는 0.07피피엠, 가자미는 0.06피피엠, 북대서양 대구는 0.04피피엠이다. 흔한 생선은 아니지만 왕고등어, 옥돔, 청새치 등도 1피피엠이 넘어서 섭취가 권장되지 않는다.

프랑수아 모렐(Francois Morel)이 이끈 프린스턴 대학교 연구진은 2003년에 《환경 과학 및 기술(Environmental Science and Technology)》에 발표한 보고서에서 하와이 산 황다랑어의 수은 농도는 지난 26년 동안 일정했다고 주장했다. 1998년에 잡은 고기와 1971년에 잡은 고기를 비교한 분석 결과였다. 즉 같은 기간 동안 대기 중 메틸수은 농도가 3배 증가했지만 그것이 해양 먹이 사슬에는 영향을 주지 않았다는 것이다. 모렐은 심해 열수구에 사는 황 환원 박테리아들이 내뿜는 메틸수은이 물고기들에 수은을 공급한다고 생각한다.

미나마타 만의 참사

유기 수은으로 인한 대형 중독 사건 중 가장 혼란스러웠던 것은 **자연적으로** 생성된 메틸수은 화합물로 인한 사고였다. 수은 자체는 공장에서 방출된 것이었지만 말이다. 1950년대에 미나마타 만에서 발생한 참사가 그것이다. 미나마타 만은 일본 규슈에 있는 시라누이 해의 동쪽 해변이다. 1907년, 준 노구치가 나중에 일본 질소 비료 주식회사가 되는 화학 회사를 설립하고 이곳 미나마타에 공장을 세웠다. 공장은 폐수를 미나마타 만으로 방류했다.

1920년대에 폐수로 인한 어업 피해가 발생하자 회사는 지역 어부들에게 배상금을 지불했다. 회사는 1932년부터 화학 산업의 주요 원재료인 아세트알데히드를 생산하기 시작했는데, 그 과정에 수은이 사용되었다. 수은은 대부분 공장에 갇혀 있었으나 아주 일부가 바닷물로 흘러나와 토사에 축적되기 시작했다. 1932년에서 1968년 사이에 미나마타 만에 방류된 수은의 양은 약 80톤으로 추정된다. 토사의 수은 농도는 최대 2,000피피엠이었고 그곳의 박테리아들은 상당한 양의 메틸수은을 만들어 먹이 사슬에 전달하기 시작했다.

재난이 임박했다는 징조는 1952년 초에 나타났다. 죽은 물고기들이 바다에 떠다니기 시작한 것이다. 더욱 눈길을 끈 것은 그 물고기를 먹은 바닷새들의 행동이었다. 이상한 모양새로 날아다니는가 하면 하늘에서 떨어지는 녀석들도 있었다. 다음에는 만 주변의 고양이들이 기묘한 행동을 보였다. 술 취한 것처럼 비틀거리고, 질질 침을 흘리고, 경기를 일으키다 죽어 갔다. 바다로 뛰어들어 익사하는 고양이도 있었다. 해변에서 놀던 아이들은 무엇에라도 홀린 듯 무기력한 문어나 오징어를 맨손으로 바다에서 건져 내고는 했다. 개와 돼지도 이 이상한 광기에 감염된 듯했고, 급기야 사람들에게도 문제가 발생했다. 아무도 몰랐지만 그들이 즐겨 먹는 해산물 속 메틸수은이 원인이었다. 숭어의 농도는 11피피엠, 감성돔은 24피피엠, 게는 35피피엠이었다.

어부 가족들은 거의 매일 생선을 먹었다. 사람마다 겨울에는 매일 300그램 정도를, 여름에는 400그램 정도를 섭취했다. 숭어 300그램을 먹으면 메틸수은 3.3밀리그램을 섭취하는 셈이었다. 메틸수은이 50밀리그램 이상 쌓이면 사람은 제대로 일을 할 수 없는 상태가 되고, 200밀리그램이 쌓이면 죽음에 이른다. 물론 모든 물고기들이 최고 농도를 갖고 있던 것은 아니므로 한동안은 아무 탈이 없는 듯 보였지만, 일단 몸속에 들어간 메틸수은이 몸에 좋은 일을 할 리는 없었다.

처음에 사람들은 수은 중독인 미나마타 병을 키뵤(奇病), 즉 '기이한 질병'이라고 불렀다. 상태가 심각한 환자들은 치사율이 40퍼센트에 달했으므로 몹시 두려운 병이었다. 키뵤의 증상은 처음에는 손발가락의 무감각, 손 조정 능력 상실, 특히 젓가락질의 어려움, 건들거리는 듯한 걸음걸이, 느려진 말투 등으로 드러났다. 병이 진행되면 증상도 심각해져 마비, 기형, 음식물 섭취 장애, 경련, 사망에 이르렀다. 이 과정에 몇 달이 걸리기도 했다. 부검을 해 보면 뇌의 일부가 구조적으로 손상되어 있었다.

1956년 4월, 심각한 증세를 보이던 6세 소녀가 질소 비료 주식회사의 미나마타 공장 병원에 입원했다. 소녀는 걸을 때 절뚝거렸고 똑바로 말하지 못했다. 몇 주 뒤에는 소녀의 여동생도 같은 증상을 보이기 시작했고, 한 동네에 사는 다른 사람들도 잇달아 발병했다. 5월 1일, 공장 병원의 원장인 호소카와 하지메(細川一) 박사는 미나마타 보건 당국에 사례들을 보고하며 정체 모를 중추 신경계 손상 질병이 발생했다고 표현했다. 그해 여름은 메틸수은 중독이 대규모로 발발한 첫 해였다. 52명이 심한 손상을 입었고 그중 21명이 사망했다. 점점 많은 사람들이 병에 걸리자 보건 당국은 일대에 발생한 최근의 사망 사례들을 점검해 보았고, 그 결과 뇌염이나 매독이나 알코올 중독이나 유전병 등으로 오진된 이상한 사례들이 많았음을 확인했다.

1956년 8월, 구마모토 의대의 도움으로 미나마타 질병 연구반이 구성되어 사건을 조사하기 시작했다. 연구반은 10월에 발표한 보고서에서 미나마타 만의 오염된 물고기 및 갑각류를 섭취한 데 따른 중금속 중독이라고 했다. 실험 결과 만에서 잡은 물고기를 고양이에게 먹이면 고양이는 곧 앓기 시작했고, 7주 동안 그것만 먹으면 키뵤를 드러냈다. 아직 정확히 어느 금속이 원인인지는 몰랐지만, 연구반은 질소 비료 주식회사의 폐수를 범인으로 지목했다. 폐수에는 수은, 탈륨, 비소, 셀레늄, 구리, 납, 망간이 들어 있었는데 연구반은 처음에는 망간을, 다음에는 셀레늄을, 그 다음에는 탈륨을 의심했으나 이 금속들은 고양이에게 키뵤 증세를 일으키지 않았다.

메틸수은이 범인으로 지목된 것은 1958년 9월이 되어서였다. 다케우치 타다오 교수가 영국 의학 잡지에 실린 한 논문에서 1940년에 다이메틸수은 중독에 걸린 어느 공장 노동자들의 증상을 읽었는데, 그 내용이 키뵤 증상과 비슷했다. 구마모토 연구반은 고양이에게 메틸수은을 먹여 보았고, 질병이 일어나는 것을 확인했다. 만의 물을 채취해 분석해 보니 메틸수은 농도는 우려할 만한 수준으로 높았다. 폐수 방류구 근처에서는 무려 2,000피피엠이었고 물고기 중에는 20피피엠이나 되는 것도 있었다. 키뵤로 죽은 고양이의 내장 기관을 분석한 결과, 간에서 최대 145피피엠, 털에서 최대 70피피엠이 검출되었는데, 대조군인 정상 고양이의 경우는 각각 4피피엠과 2피피엠이었다. 키뵤로 죽은 사람의 장기도 수은 농도가 높았다. 특히 간과 신장이 그랬고, 뇌 조직에서도 20피피엠까지 검출되는 경우가 있었다. 입원 환자들의 머리카락도 수은 농도가 높아서 최대 700피피엠이 기록되었다. 머리카락은 수은 노출 정도를 확인하기에 알맞은 대상이다. 지역 주민 중에는 키뵤 증상을 전혀 드러내지 않으면서도 머리카락 수은 농도가 100피피엠인 사람도 있었다.

미나마타 병 환자에 대한 치료는 BAL이나 EDTA(용어 해설을 참고하라.) 같은 킬레이트제(리간드라 불리는 이온이나 분자가 어떤 금속과 한 자리 이상에서 결합해 고리 모양을 형성한 착화합물을 킬레이트라 하고, 그렇게 킬레이트를 형성하는 리간드를 킬레이트제라고 한다. ―옮긴이)를 투여해 수은과 단단히 결합하게 한 뒤 배출시키는 것이었다. 환자의 반응이 괜찮으면 다음으로 비타민 B를 다량 투여해 아직 손상되지 않은 신경 조직을 최대한 보전했다. 하지만 이런 치료법에는 한계가 있었다. 환자가 회복하더라도 심각한 장애를 입는 경우가 많았고, 평생 지녀야 할 심한 기형을 갖게 되기도 했다. 중추 신경계의 세포들은 한 번 손상되면 절대 회복되지 않는다. 희생자들은 몸이 떨리고, 거동이 불편하고, 쉬이 피로해지고, 불면을 겪고, 부분적으로 시력을 잃은 삶에 만족해야 했다. 시간이 갈수록 나아지는 경우도 몇 있었지만 대부분은 서서히 더 나빠졌다.

1958년에도 다시 병이 발발해 121명의 환자가 발생했고 그중 46명이 죽었으나, 다음 해에는 정말 재앙이 끝난 듯했다. 그러나 미나마타에서만 문제가 있었던 것이 아니었다. 1965년에는 니가타 현에서 비슷한 사고가 일어나서 500명이 메틸수은에 중독되었다. 원인은 만에서 상류 64킬로미터 지점에 위치한 쇼와 전공의 공장이었다. 이 사건이 주목을 받게 된 것은 한 의대생 덕분이었다. 미나마타 사건에 대한 강의를 듣던 학생이 니가타 대학교 병원에 같은 증상의 환자가 있다는 사실을 교수에게 알렸던 것이다. 다른 나라에서도 해양 생물의 수은 중독 사고가 있었다. 1970년에 미국 식품 의약청은 세인트클레어 호수에서 잡은 물고기의 수은 농도가 1.4피피엠이라고 밝혔다. 오염되지 않은 호수의 물고기는 약 0.01피피엠에서 0.1피피엠 수준이었다. 세인트클레어 호수의 수은은 캐나다 사니아에 위치한 한 화학 공장에서 온 것이었다. 다행히도 지역 주민들은 호수의 물고기를 그다지 많이 먹지 않는 편이었다.

한편 질소 비료 주식회사의 경영진은 참사에 대한 책임을 인정하지 않았다. 지역 주민들은 회사의 태도에 분개했고, 어부와 농부 3,000여 명이 공장에 밀어 닥쳐 지역 경찰과 일전을 벌이기도 했다.

주동자 몇 명이 체포되어 재판에 회부될 정도로 격렬한 시위였다. 결국에는 정치 압력에 못 이긴 회사가 성인 1인당 100파운드(20만 원), 어린아이는 1인당 30파운드(6만 원)에 해당하는 배상금을 지불하기로 합의했다. 단 법정 소송을 제기하지 않겠다는 내용의 각서에 수령인이 서명하는 조건이었다.

회사도 사태에 전적으로 무관심하기만 한 것은 아니었다. 최소한 공장 폐수를 정화할 정화기를 설치하기는 했다. 미나마타 만의 물고기에 판매 금지가 내려졌고, 서서히 상황은 정상으로 돌아왔다. 1962년에는 만 내 조업 금지 조치가 해제되었다. 공장은 여전히 같은 공정으로 아세트알데히드를 생산하고 있었지만 수은은 거의 모두 폐수 처리 단계에서 걸러졌다. 그런데 진짜 문제는 새롭게 만으로 흘러 들어가는 수은에 있는 게 아니라 이미 토사에 축적된 수은에 있었다. 이들이 바닷물로 계속 메틸수은을 내보내니 물고기는 여전히 오염되었고, 주민들의 식탁도 여전히 오염되었다.

공장은 아직도 1년에 몇 톤씩 수은을 소비했다. 계산에 따르면 공장이 미나마타 만에 방출한 총 수은량은 600톤 가까이 된다고 한다. 안타깝게도 회사는 질병을 조사하는 연구자들에게 비협조적이었다. 폐수 시료를 채취하는 것도 막을 정도였다. 회사는 1968년까지 아세트알데히드 생산 쓰레기를 만에 방류했다. 방류를 그만 둔 것도 환경을 고려해서가 아니라 공정의 경제성이 사라졌기 때문이다. 나중에 밝혀진 바에 따르면 회사도 1950년대 말에 미나마타 병의 원인에 대한 자체 조사를 수행했는데, 아세트알데히드 공정의 쓰레기 침전물을 고양이에게 노출시켰더니 키뵤 증세가 발생했다고 한다.

미나마타 주민들의 수은 중독 재앙은 쉽게 끝나지 않았다. 환경 운동가들의 조사에서 드러난 피해 주민의 수는 엄청났다. 어떤 마을에서는 주민의 4분의 1이 증상을 보였다. 만 일대가 안전하다는 평가를 받은 것은 10년이 지난 뒤였다. 시라누이 해 인근에 살았던 주민 10만 명 중 약 3,000명이 질소 비료 주식회사에 배상금을 청구하기에 충분할 만큼 심하게 중독되었다.

1996년에 미나마타 병 피해자 3,000명은 배상금 8000만 달러(1996년 환율 기준 한화 640억 원)를 받는 조건으로 질소 비료 주식회사에 대한 소송을 취하했다. 한 사람당 약 2만 5000달러(1996년 환율 기준 한화 2000만 원)의 현금이 지불되는 셈이었다. 피해자들을 돕기 위해 설립된 자선 기관들에 추가로 4500만 달러(1996년 환율 기준 한화 36억 원)가 전달되었다. 원래 배상을 신청한 사람은 1만 4000명가량이었으나 공식적으로 수은 중독을 인정받은 사람은 3,000명이었다. 오사카에서는 평균 연령 75세인 피해자 58명이 소송 취하를 거부하고 계속 싸웠다. 2001년 4월, 오사카 고등 법원은 일본 정부가 이들에게 250만 달러(1996년 환율 기준 한화 20억 원)를 추가로 지불해야 한다는 판결을 내렸다.

미나마타 메틸수은 중독 사건에서 가장 참담했던 대목은 여성들이 받은 고통이었다. 중독이 심각한 여성은 불임이 되었다. 그보다 덜한 여성은 임신하더라도 유산을 하거나 사산을 했다. 살아서 태어난 아기들도 기형을 보이거나 뇌 손상을 겪었다. 미나마타 만뿐만 아니라 시라누이 해안 전역에서 선천성 메틸수은 중독 아기들이 태어났다. 아기들은 심신 양면으로 장애를 입었고 몇 년 이상 오래 산 아이는 40명가량에 불과했다. 일본에는 아기의 탯줄을 보관하는 풍습이 있는데, 그 탯줄로 출생 시의 수은 농도를 분석했더니 정상 아기들보다 높은 평균 수치가 나왔다. 태아는 출생 몇 달 전에 이미 손상을 입었을 가능성이 높다. 수은은 태반을 통해 아기에게 전달되므로, 산모가 오염된 생선을 먹을 때마다 아기도 조금씩 메틸수은에 노출되었을 것이다. 출생 후에는 모유를 통해 아기의 몸에 메틸수은이 들어갔을 것이다.

형사의 직업병

약제사들은 수은에 다른 고체 물질들을 섞은 뒤 절구로 잘 빻아서 이른바 그레이 가루, 그리고 블루필이라는 것을 만들었다. 그레이 가루는 곱게 간 수은을 백악(백색이나 담황색의 부드러운 석회질 암석 — 옮긴이)과 섞은 것으로서 우유에 타서 마시는 약이고, 블루필은 수은을 설탕과 섞은 것으로서 알약이었다. 둘 다 변비에 즉효약으로 여겨졌는데 사실 원래는 매독 치료제로 개발된 것들이었다.

그레이 가루는 진혀 외의의 직업 종사자들에게 직업병을 일으켰다. 직업적으로 그레이 가루 먼지를 맡았던 것은 바로 형사들이었다. 20세기 초반에 범죄 현장에서 지문을 수색하는 일을 했던 사람들은 대개 수은 중독을 앓았으나, 정확한 진단을 받지 못했다. 그레이 가루는 여기저기 찍힌 지문을 드러내는 가루로 안성맞춤이었다. 형사는 지문이 있을 것으로 짐작되는 자리에 마구 가루를 뿌렸는데, 좋은 결과를 얻으려면 가루막을 아주 얇게 입히는 게 중요했다. 이는 가루

대부분을 공기로 날려 보내야 하고, 형사가 그 먼지를 흡입하게 된다는 것을 의미한다. 이런 식으로 몸에 들어간 수은은 폐에 붙어 흡수되었다.

지문을 찾아 사진 찍는 일을 직업으로 하던 형사와 법의학자들은 만성 수은 중독 증상을 드러내기 시작했다. 지나친 침 분비, 복통, 불면, 떨림, 초조함, 우울증 등이었다. 수은이 원인이라는 사실을 오랫동안 아무도 깨닫지 못했다. 형사들이 만성 수은 중독을 겪고 있다는 사실이 알려진 것은 1940년대에 들어서였다.

4 독살당한 시인

수은은 독살 재료로 특별히 알맞은 원소는 아니다. 하지만 금속성 맛을 잘 감출 수만 있다면 염화수은(II)을 먹여 사람을 처치할 수는 있다. 1800년대에는 염화수은(II), 즉 승홍 용액이 소독제나 빈대 잡는 살충제로 널리 쓰였고, 쉽게 구할 수 있었다. 덕분에 보건 당국에 보고되는 승홍 중독 사례가 수천 건에 달했다. 대개 사고이거나 낙태를 하려고 일부러 먹은 경우였지만 말이다. 수은을 이용한 독살 사건이 많지 않았던 이유는 희생자가 독의 존재를 알아차리기가 너무 쉽기 때문이다. 수은은 거의 항상 극심한 구토를 유발하기 때문에 구토가 시작되면 금세 의심할 수 있었다. 금속성 맛도 알아차리기 쉬운 편이었고, 간단한 분석 기법들로 존재가 쉽게 확인되는 편이었다.

수은을 선택한 독살자들은 다량을 한 번에 적용해 하루이틀 안에 희생자를 죽여야 했다. 이런 어쩔 수 없는 결점에도 불구하고 역사 속에는 수은을 이용한 독살자들이 몇 명 있었다. 이 장에서 만나 볼 세 살인자 가운데 둘은 다량을 한 번에 먹이는 방법을 선택했고, 세 번째 살인자는 여러 차례 나눠 먹이는 방법으로 목표를 달성했다. 특히 이 세 번째 살인자는 희생자가 유명인사인 데다 독살로 인한 정치적 반향이 컸기에 몹시 악명을 떨치게 되었다. 또한 최후의 결정적 분량을 주입한 방식이 끔찍했던 것으로도 유명했다.

요크셔의 마녀

메리 베이트먼(Mary Bateman)의 별명은 요크셔의 마녀였다. 그녀는 치사량의 수은을 희생자들에게 먹여 감쪽같이 죽이겠다는 계획을 세웠지만 뜻을 이루지 못하고 자신이 교수대에 올랐다. 범죄를 저지를 당시에 베이트먼은 요크셔의 리즈에 살았다. 점을 봐주고 어수룩한 고객들에게 사기를 쳐 재물을 뜯어내는 게 생계 수단이었다. 그녀는 자신이 미스 블라이스라는 영매로부터 초자연적 정보를 받는다고 주장했다. 미스 블라이스의 영이 씌운 베이트먼의 입에서 나오는 조언은 언제나 고객들에게 돈이나 값나가는 물건을 내놓으라고 이르는 내용이었다. 미스 블라이스가 시키는 대로 하면 행운이 찾아와서 바친 것 이상을 얻게 된다고 구슬렀다.

1806년, 38세의 베이트먼에게 의류 상인인 윌리엄 페리고(William Perrigo)와 아내 레베카(Rebecca)가 찾아왔다. 윌리엄은 심계항진(두근거림)을 걱정하고 있었다. 미스 블라이스는 곧 증세가 사라질 것이라고 안심시켰고, 놀랍게도 실제로 그렇게 되었다. 철석 같이 베이트먼

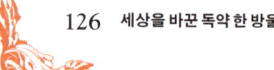

을 믿게 된 부부는 다음 몇 달간 여러 차례 조언을 구하러 왔고, 가진 돈 대부분과 귀중품 몇 가지를 그녀에게 넘겼다. 한번은 베이트먼이 그 대가로 꽁꽁 싸맨 무거운 봉지 하나를 윌리엄에게 주었다. 부를 약속하는 부적인데 절대 열어 보면 안 된다고 했다. 잘 감췄다가 긴급할 때만 사용하라고 했다. 부부는 시키는 대로 했다. 부인이 봉지를 매트리스 아래에 잘 꿰매어 붙였다. 그곳은 한때 저금을 숨겨 두던 장소였지만 돈은 이미 베이트먼에게 몽땅 상납한 뒤였다.

1807년 봄, 요크셔의 마녀는 페리고 부부에게서 더 짜낼 것이 없다는 사실을 눈치챘다. 빈한해진 부부가 봉지를 열어 보기라도 하면 제 정체가 들통날 게 분명했다. 다시 부부가 찾아오자 베이트먼은 숫자가 적힌 가루약 봉지를 6개 주면서 1807년 5월 11일 월요일부터 엿새 동안 한 봉씩 밥에 섞어 먹으라고 했다. 미스 블라이스의 눈에 끔찍한 불행이 다가오는 것이 보이니, 마술의 가루로 액운을 떨쳐야 한다고 했다. 사실 6개의 가루 봉지야말로 부부에게는 불행의 원인이었다. 가루가 승홍이었기 때문이다. 곧 부인이 앓아누웠고, 결국엔 죽었다. 가루를 조금만 먹었던 남편은 살았다.

가엾은 레베카는 한동안 꾸준히 독을 먹었던 것 같다. 시체 상태를 볼 때 그랬다. 그녀의 시신은 거뭇한 괴저 상처들로 뒤덮여 있었고, 냄새도 어찌나 심한지 시체를 다루는 사람들이 담배를 물고 일해야 했다. 상황이 그런데도 윌리엄은 계속 요크셔의 마녀에게 조언을 구했다. 베이트먼은 아내 잃은 윌리엄을 위로하며 부인이 가루의 효과를 약화시킬 만한 무언가를 함께 먹은 것 같다고 설명했다. 윌리엄은 설명을 받아들였고, 심지어 베이트먼에게 아내의 옷가지까지 주었다.

그러나 결국엔 그도 베이트먼의 능력에 대해 믿음을 잃었다. 어느 날 베이트먼은 윌리엄에게 계속 돈을 가져오지 않으면 장님이 될 거라고 협박했고, 윌리엄은 더 이상은 안 되겠다고 결심했다. 그는 집으로 와서 매트리스 아래 달아 둔 봉지를 열어 보았다. 그 안에는 납 조각들과 신문 한 부가 들어 있을 뿐이었다. 그는 당국에 자초지종을 신고했고, 베이트먼은 체포되었다. 베이트먼의 집을 수색한 결과 염화수은(II) 용액이 담긴 병 하나와 비소가 섞인 꿀단지 하나가 발견되었다.

베이트먼은 1809년 3월에 재판에 부쳐졌고 같은 달 20일에 교수형에 처해졌다. 사형을 구경하려고 몰려든 군중들은 그녀를 약삭빠른 살인마가 아니라 박해받는 신비술사로 간주했다. 처형자들은 그녀의 시신을 동강낸 뒤 몇 푼씩 요금을 받고 대중에게 구경거리로 보여 주었다. 그렇게 모금한 돈은 지역 자선 단체에 보내기로 했다. 나중에는 시체에서 피부 껍질까지 벗겨 조각내어 부적이랍시고 팔았다.

우편으로 배달된 독약

사이안화수은[15]은 최고로 치명적인 두 독극물의 결합으로 보인다. 사이안은 효과가 빠르고 치명적인 독이므로 사이안화수은의 독성은 수은보다 사이안에서 나오리라고 생각할 만도 하다. 하지만 수은과 사이안기 사이의 화학 결합이 매우 강하기 때문에 둘 중 어느 것이 희생자를 죽일 것인가는 희생자 위의 산성도에 따라 결정된다. 미

---

15 화학식은 $Hg(CN)_2$이다.

국에서는 사이안화수은이 두 사람의 목숨을 앗아간 유명한 독살 사건이 있었는데, 한 명은 수은 때문에 죽었고 다른 한 명은 사이안 때문에 죽었다. 독살자는 미국 남북 전쟁의 이름 높은 장군 에드워드 레슬리 몰리뇌(Edward Leslie Molineux)의 아들이자 뉴욕 사교계의 일원이었던 32세의 롤랜드 버넘 몰리뇌(Roland Burnham Molineux)였다. 높은 사회적 지위에도 불구하고 살인자가 된 그는 목표 인물들에게 우편으로 사이안화수은을 배달했다. 어찌 보면 성패를 전적으로 운에 맡긴 셈이었다. 첫 시도는 성공이었지만 두 번째 시도는 완벽한 실패였고 무고한 사람을 죽이는 결과만 낳았다.

1898년 10월 말, 뉴욕 신사 헨리 바넷(Henry Barnett)은 우편으로 쿠트노우 가루 샘플을 받아 조금 먹었다. 쿠트노우 가루는 캘리포니아의 칼즈배드 광천수를 증발시켜 얻은 것으로서 각종 위 장애에 효과가 좋다고 알려져 있었다. 바넷은 곧 구토와 심한 설사를 시작했다. 이후 전형적인 수은 중독 증세들을 드러냈고 특히 입과 신장이 크게 손상되었다. 하지만 그를 진찰한 의사는 디프테리아로 진단했다. 공짜 쿠트노우 가루를 삼킨 뒤 12일째인 1898년 11월 10일, 바넷은 숨을 거두었다. 몰리뇌가 바넷을 제거한 동기는 질투였다. 두 남자는 블랑쉬 체스버러(Blanche Cheseborough)라는 아가씨의 환심을 사려는 경쟁자였던 것이다. 바넷이 죽고 난 후 11일 만에 몰리뇌는 그녀와 결혼했다.

후에 바넷이 받았던 쿠트노우 가루를 분석했더니 사이안화수은이 48퍼센트 함유되어 있었다. 매장 몇 달 만에 바넷의 시신을 꺼내 몇몇 기관들을 분석했는데, 신장(56피피엠), 간(20피피엠), 장(20피피엠),

뇌(미량)에서 수은이 검출되었다. 바넷이 사이안 중독을 일으키지 않았던 까닭은 무엇일까? 그가 마신 용액이 산성이 아니어서였을 수도 있고 그의 위 내용물이 산성이 아니어서였을 수도 있다. 위가 산성을 띠지 않는 것은 상당히 드문 경우지만 아주 없는 일도 아니다. 악명 높은 러시아 수도승 라스푸틴도 1916년에 사이안화칼륨을 먹었을 때 그런 이유로 목숨을 건졌다. 사이안기가 치명적인 독성을 지니려면 사이안화수소(HCN)가 되어야 하는데, 그러려면 산이 필요하다.

완전 범죄를 저질렀다고 생각한 몰리뇌는 두 번째 독살에 나섰다. 이번에는 에머슨 브로모셀처 탄산수로 위장한 용액을 해리 코니시(Harry Cornish)에게 보냈다. 코니시는 매디슨 로와 45번 가가 만나는 지점에 있는 유명한 니커보커 체육 클럽의 체육 감독이었다. 예쁜 은제 케이스에 담긴 용액은 크리스마스 이브에 배달되었고, 코니시는 그것을 미망인인 캐서린 애덤스(Catherine Adams) 이모에게 선물했다. 이모가 비슷하게 생긴 은제 장식품들을 가지고 있는 걸 본 기억이 나서였다. 코니시는 센트럴 파크 근처에 위치한 이모 집에서 이모와 함께 살고 있었다. 12월 28일 아침에 이모가 두통을 가라앉히기 위해 브로모셀처 탄산수를 마셨을 때도 코니시는 이모 곁에 있었다. 그녀는 바로 비명을 지르며 고통에 겨워 하다가 30분 만에 죽었다. 나중에 용기의 내용물을 분석했더니 사이안화수은이 42퍼센트 포함되어 있었다.

브로모셀처 탄산수의 여러 성분 중에는 타타르산이 있었다. 물에 녹은 타타르산은 사이안화수은과 반응을 일으켜 사이안화수소를 발생시킨다. 이것이 애덤스를 즉사시킨 물질이었다. 그렇다면 누가 브로모셀처 용액에 사이안화수은을 넣었을까? 화학 약품을 쉽게 구할 수 있는 사람일 것이었다. 살인자는 어떤 의도에서 두 희생자를 골랐을까? 두 독물 모두 니커보커 클럽 회원들에게 보내졌다는 공통점이 있었다. 바넷 역시 클럽의 활발한 회원이었다. 클럽 임원들은 경찰에게 몰리뇌가 수상하다고 말했다. 몰리뇌는 클럽의 대표 체육인이었지만 1898년 3월에 코니시, 바넷과 다투고 나서 자리에서 물러났다. 형사들은 몰리뇌가 페인트 제조 회사 실험실에서 화학자로 일한다는 사실을 알고는 심증을 굳혔다. 사이안화수은을 비롯한 화학 약품들에 쉽게 접근할 수 있었을 것이기 때문이다.

수사를 마친 경찰은 몰리뇌를 체포했다. 몰리뇌는 1899년 12월 4일에 재판에 회부되었고 1900년 2월에 살인죄를 선고받았다. 하지만 정황 증거뿐이었다. 1901년에 몰리뇌는 상소를 했고 뉴욕 상소 법원은 애초의 판결을 뒤집어 다시 재판할 것을 명했다. 1902년 10월, 두 번째 재판이 열렸고 몰리뇌는 무죄 방면되었다. 감옥에서 풀려난 몰리뇌는 옛날 직장으로 돌아가는 대신 소설가가 되었다. 구치소 생활을 소재로 한 희곡도 썼다. 그의 작품 중 몇몇이 호평을 받기도 했으나, 몰리뇌는 결국 정신 이상 판정을 받고 1917년에 정신 병원에서 사망했다. 정신병의 원인은 그가 만났던 여러 매춘부들 중 하나에게서 옮은 매독이었다. 아내 블랑쉬와는 몇 년 전에 이미 이혼한 상태였다.

몰리뇌는 왜 사이안화수은을 골랐을까? 훨씬 흔하게 구할 수 있는 사이안화칼륨을 써도 되었을 텐데 굳이 이 독약을 고른 것은 좀 특이한 일이다. 어쩌면 반드시 독살에 성공하기 위해 2배의 보장이 필요했는지도 모르겠다. 만약 몰리뇌가 사이안화칼륨을 썼다면 바넷은 목숨을 건졌을 가능성이 크니, 그의 입장에서는 옳은 선택이었을지도 모르겠다.

토머스 오버베리 경 독살 사건

수은으로 저지른 살인 사건들 중 가장 유명한 것은 시인 토머스 오버베리(Thomas Overbury, 1581~1613년) 독살 사건이다. 오버베리는 네 차례의 독살 시도를 견뎌 냈으나 다섯 번째에 승홍이 함유된 관장제를 투여받고 몇 시간 만에 사망했다. 과거에 수은 때문에 즉사하는 경우가 간간이 있었다. 수은 함유 의약품을 복용한 뒤 심장이 멎어 죽는 등 수은에 유달리 민감한 사람이 있는 것이 사실이다. 하지만 오버베리는 그런 경우가 아니었다. 오버베리는 최소한 한 번 이상 수은 치사량을 먹고도 이겨냈고, 수은이 조금씩 첨가된 식사를 여러 차례 먹었다.

1613년 4월 21일, 토머스 오버베리 경은 제임스 1세 왕의 명령에 따라 런던탑에 구금되었다. 왕의 '총신'인 로버트 카(Robert Carr)의 막역한 친구였는데도 말이다. 일설에 따르면 세 남자 모두 동성애 성향이 있었으며, 실제로 왕과 카, 카와 오버베리 사이에 성적 관계가 있었을 가능성이 있다. 하지만 왕과 카는 이성애 관계도 맺을 수 있었고 둘 다 여인과의 사이에서 아이를 낳았다. 다만 오버베리가 여성과 성관계를 맺은 적이 있는지에 대해서는 아무런 자료가 없다.

토머스 오버베리는 1581년에 글로스터셔의 버턴온더힐에서 태어났다. 고향의 그래머 스쿨(영국의 인문계 중등학교 — 옮긴이)에서 공부

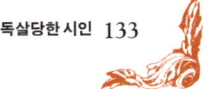

작가 오버베리

오버베리의 대표작은 『사람들(Characters)』이라는 책이다. 이 책은 오버베리의 사후에 출간되어 당대에 베스트셀러가 되었다. 서로 다른 77가지 인간 유형에 대해 짧게 스케치한 글들을 모은 것인데, 몇몇은 오늘날에도 공감하며 읽을 만하다. 가령 「어처구니 없는 말 사냥꾼」은 오늘날의 중고차 판매상을 떠올리게 하고, 악의 섞인 소문에 열광하는 「헛소리하는 궤변가」는 요즘도 낯설지 않은 인물상이다. 오버베리가 제일 아낀 인물은 단순미와 타고난 덕성을 갖춘 「우유 짜는 여인」이었다. 「경호원」, 「교도관」, 「죄수」는 오버베리가 1613년에 런던탑에 갇혔을 때 쓴 글이다. 한편 「아내」라는 글은 굉장한 논란을 불러 일으켰다. 완벽한 동반자가 갖춰야 할 품성을 정리한 글이지만, 그 품성들이 후에 로버트 카의 부인이 될 여성에게서는 찾아볼 수 없는 것들뿐이었으니 정치적인 메시지를 노골적으로 드러낸 글이 아닐 수 없었다. 그리고 그 여성이 바로 오버베리를 죽인 살인자였다.

한 뒤 1595년 가을에 옥스퍼드 퀸스 칼리지에 진학했다. 그는 1598년에 문학사 학위를 받고 졸업해 런던의 미들템플로 이사했다. 당시의 미들템플은 오늘날처럼 그저 변호사들의 회합 장소가 아니라 시인과 궁정 조신들이 모이는 곳이기도 했다. 오버베리는 산문과 시를 써서

어느 정도 성공을 거두었으나 문학보다는 정부 관료로서의 경력에 관심이 있었다. 그는 결국 재무상 사무실에 자리를 얻었다. 1601년 여름, 오버베리는 당시 스코틀랜드 왕이었던 제임스 6세에게 중요한 편지를 전달하는 임무를 띠고 에든버러로 파견되었다. 그리고 그곳에서 급사로 일하던 14세의 로버트 커를 처음 만났다. 커와 오버베리는 함께 런던으로 돌아왔고 이후 자주 연락을 하며 지냈다. (커는 런던으로 이사한 뒤 성을 카로 바꿨다.)

1603년 3월 24일, 엘리자베스 여왕이 죽자 스코틀랜드 왕 제임스 6세가 영국 왕좌(제임스 1세)를 계승했다. 이 변화로 가장 큰 영향을 받은 것은 하워드 가문이었다. 하워드 가문은 가톨릭을 믿는 것 때문에 줄곧 곤경에 처해 있었는데, 이제 새로운 왕 치하에서는 마음껏 활개를 칠 수 있었다. 특히 노샘프턴 백작인 63세의 헨리 하워드(Henry Howard), 그의 조카이자 서퍽 백작인 42세의 토머스 하워드(Thomas Howard)에게는 더할 나위 없는 호기였다. 토머스 하워드는 캐서린과 결혼해 아름다운 딸 프랜시스를 두고 있었다. 1606년, 프랜시스는 13세의 어린 나이로 15세의 에식스 백작과 결혼했다. 대단한 두 집안을 묶어 주는 정략 결혼이었다. 신부가 너무 어렸기에 신방은 마련되지 않았다. 어차피 에식스 백작도 공부를 마쳐야 했다. 부부가 떨어져 있는 동안 프랜시스는 대부분의 시간을 궁정에서 보냈다. 그녀는 왕위 계승자인 헨리 왕자와 연애를 했고, 남편이 런던으로 돌아온 1610년 1월 무렵에는 이미 왕이 총애하는 카와 사랑에 빠져 있었다.

카와 왕의 관계는 3년 전인 1607년 3월 24일에 시작되었다. 왕의 즉위 4주년을 축하하는 마상 시합 대회에서였다. 카는 왕에게 방패를 전달하는 역할을 맡았는데, 달려오다 말에서 떨어져 다리가 부러졌다. 왕은 훤칠하게 잘 생긴 20세 청년에게 대번 마음이 끌렸고, 경기가 끝나자마자 카가 쉬고 있는 방으로 찾아갔다. 주치의 마예른을 불러 부러진 다리를 살펴보게까지 했다. 다음 몇 주 동안 왕은 청년 카를 자주 방문해 함께 시간을 보냈다. 라틴 어를 가르쳐 준다는 핑계였지만 누가 알겠는가.

스승과 제자 사이에 무슨 일이 있었는지는 몰라도, 좌우간 카는 왕의 총신이 되었다. 카는 이제 오버베리를 도울 수 있는 위치에 있었고, 친구에게 연봉 600파운드의 수입과 왕의 식사 시중 자리를 마련해 주었다. 덕분에 왕의 식후 한담을 귀동냥할 수 있게 된 오버베리는 왕이 종교, 정책, 남성의 미덕, 군주로서의 책임 등에 대해 뱉는 말들을 적어 두었다. 그 내용은 오버베리가 죽고 몇 년이 지난 뒤 『제임스 왕의 식탁에서 떨어진 부스러기들(Crumbs Fallen from King James's Table)』이라는 제목으로 출간된다. 1607년 크리스마스이브에 카는 기사 작위를 받고 왕의 침실 시종이 되었다. (6개월 뒤인 1608년 6월 19일에는 기사에 봉해졌다.) 1608년을 거치며 카와 오버베리의 영향력은 점차 커졌다. 카는 왕의 친밀한 조언자가 되었고, 오버베리는 조언할 내용을 공급해 주는 역할이었다.

1610년과 1611년은 오버베리에게 만족스러운 시기였다. 오버베리는 왕비를 포함해 몇몇 궁정 인사들의 화를 돋우는 일을 저지르기도 했지만 카의 보호 덕분에 안전했다. 왕에 대한 카의 영향력은 갈수록 커져서, 카는 1611년 3월 25일에 로체스터 자작이, 2개월 뒤에는 가터 훈작사가 되었다. 그해 6월에는 옥새까지 맡았으니 사실상 제임스

1세의 개인 비서가 된 셈이었다. 이제 중요한 공문서들이 카와 오버베리의 손을 거치게 되었다. 극비 사항을 다루는 문서들, 가령 왕비의 막대한 빚에 관한 문서 같은 것도 카의 손에 들어왔고, 카는 그것들을 오버베리에게 다 보여 주었다. 오버베리는 주워들은 것을 다른 사람에게 떠벌렸고, 소문을 들은 왕비는 재무상에게 불평했다. 결국 9월에 오버베리는 궁정에서 쫓겨났다. 명목상으로는 공식 업무 수행을 위해 프랑스로 보내진 것이었다. 오버베리는 프랑스에서 5개월 머물다 왕비의 빚이 다 처리되고 사태가 진정된 1612년 5월에 런던으로 돌아왔다.

이때쯤 오버베리는 궁정에 꼭 필요한 존재가 되어 있었다. 카가 중요한 서한이나 문서들을 작성하는 일을 도와야 했기 때문이다. 바야흐로 오버베리 최고의 시절이 펼쳐질 마당이었지만, 다시 돌아온 궁정은 이미 미묘한 변화를 겪고 있었다. 그 변화는 오버베리를 파멸로 몰고 갈 것이었다. 그렇지만 당분간은 오버베리가 다시 찾은 권력과 영향력을 맘껏 즐길 수 있었다. 오버베리는 교만하게 전횡을 일삼는 것으로 유명해졌다. 카에게도 그런 태도를 보였다. 왕의 총신이 자신에게 얼마나 깊이 의존하고 있는지 잘 알았기 때문이다.

오버베리와 카는 왕위 계승자인 헨리 왕자와도 앙숙이었다. 그러나 1612년 10월에 왕자는 장티푸스[16]에 걸려 11월 6일에 죽고 말았다. 월터 롤리 경이 만든 유명한 영약을 처방받았는데도 말이다. 그 영약은 모든 열병을 치료하되 다만 독에 의한 것은 고치지 못한다고 알려져 있었고, 그래서 왕비는 카와 오버베리가 왕자를 독살했을 것이라는

---

16 왕자의 증상에 대해 연구했던 빅토리아 시대의 의사들이 1885년에 장티푸스로 결론내렸다.

자신의 생각을 공공연히 말하고는 했다. 왕은 왕비의 말을 믿지 않았지만 왕비의 의심이 아주 근거 없는 것만은 아니었다. 헨리 왕자와 카는 프랜시스 하워드를 놓고 겨루는 사이였기 때문이다. 프랜시스와 왕자가 먼저 연애를 했으나 최근에 그녀가 카에게 마음을 빼앗겼다는 것이 널리 퍼진 소문이었다. 오버베리는 프랜시스에게 보낼 연애편지를 카 대신 써 주기도 했다. 오버베리는 아마 그것이 순진한 연애 사건에 불과하다고 생각했을 것이다. 프랜시스는 이미 결혼한 몸이고 당시는 이혼이 불가능한 시대였으므로 복잡한 일이 벌어지기야 하겠느냐고 생각했을 것이다. 그러나 그것은 그의 착각이었다. 프랜시스는 불가능을 이뤄내려 하고 있었다. 남편과 아내로 3년을 살고도 신방에 들지 않을 때는 결혼을 무효로 할 수 있다는 사실을 이용할 생각이었다. 프랜시스는 이런저런 핑계를 대며 젊은 남편 에식스 백작을 피했고, 그가 강력하게 동침을 주장해도 어떻게 해서든 접근을 막았다.

프랜시스는 앤 터너(Ann Turner)라는 여인에게 도움을 청했다. 터너 부인은 어느 성공한 런던 의사의 아내로, 사교계에서 이름 난 인물이었다. 풀 먹인 노란 주름 깃에 대해 특허를 내고 이것을 당대 최고의 패션 액세서리로 유행시킨 여성이었다. 공식적으로는 궁정 드레스 제조공이자 디자이너였지만, 마당발을 이용해 다른 일들도 처리해 준다고 알려져 있었다. 터너 부인은 프랜시스에게 유명 점성술사 사이먼 포먼(Simon Forman)[17]을 소개했다. 포먼은 갖가지 주술을 알

---

17 포먼은 자신의 죽음을 미리 예견했다고 한다. 1611년 9월 1일에 사람들과 저녁 식사를 하던 중 지금부터 이레 뒤에 자신이 죽으리라 말했다는 것이다. 실제로 그는 그날 템스 강에서 배를 타고 노를 젓던 중 심장 발작을 일으켜 사망했다.

려 주었는데, 작은 남자 인형의 성기를 가시로 찔러 에식스 백작에게 저주를 거는 주술, 남녀 인형을 성관계하는 모양으로 끼워 맞춰 카의 사랑을 얻는 주술 등이었다. 나중에 오버베리 추문이 터졌을 때 포먼은 이미 죽은 뒤였고, 터너 부인은 포먼 부인을 찾아가서 프랜시스가 보냈던 은밀한 편지들을 되찾아 왔다. 하지만 포먼 부인은 정황을 여실히 드러내는 두 장의 편지를 몰래 숨겨 두었다. 프랜시스가 쓴 편지 한 장과 터너 부인이 쓴 편지 한 장이었다.

언제쯤 아내와 섹스를 할 수 있을까 절망한 에식스 백작은 프랜시스를 런던에 남겨 둔 채 1612년 여름에 시골 영지로 떠났다. 남편을 시야에서 치운 프랜시스와 카의 은밀한 연애는 한껏 뜨거워졌다. 그러나 그해 12월, 에식스 백작이 마지막으로 시도해 보겠다는 결연한 태도로 돌아왔다. 크리스마스에 부부는 한 침대에 누웠으나, 아무 일도 벌어지지 않았다. 이것은 프랜시스에게 몹시 중요한 일이었다. 다음 달인 1613년 1월이면 결혼이 성적으로 완성되지 않았다는 이유로 무효 신청을 할 수 있었기 때문이다.

오버베리는 그제야 사태를 파악했다. 프랜시스가 이혼을 하고 카와 결혼하면 카는 하워드 가문에 편입될 것이고 더 이상 오버베리의 조언이나 도움을 필요로 하지 않을 것이다. 오버베리는 프랜시스와 프랜시스의 어머니를 비방하기 시작했고, 급기야 프랜시스는 천하고 음탕한 여자이며 프랜시스의 어머니는 뚜쟁이라고 욕했다. 하지만 이런 비난은 오히려 악영향을 미쳤다. 카와 오버베리는 다투기 시작했다. 어느 날 밤, 카가 집에 돌아와 보니 오버베리가 기다리고 있었고, 두 사람은 엄청난 싸움을 벌였다.

"이 시각까지 어디 있다 오는 거지?" 오버베리는 카가 어디에 다녀오는지 잘 알면서도 이렇게 물었다. 그리고 고함을 지르며 협박했다. "그 천한 여자를 당장 떠나지 못하겠어? 내가 너를 버리면 너는 혼자 서야 하는 처지가 될 텐데!" 그러자 카가 대답했다. "내 다리는 혼자 설 수 있을 만큼 튼튼하니, 걱정 마시지!"

그날 밤엔 이렇게 헤어졌지만 오버베리의 말이 옳았다. 카는 오버베리의 도움 없이는 산더미 같은 업무를 처리할 수 없었다. 카는 왕만 읽도록 제한된 편지조차 오버베리에게 보여 줄 정도로 오버베리에게 의지하고 있었다. 당연히 오버베리는 카를 협박할 만한 입장이었고 카도 그 사실을 깨달았다. 며칠 만에 두 친구는 화해했고 겉으로는 평화가 찾아온 것 같았다. 하지만 카는 이제 골칫덩이가 된 오버베리를 자기 앞길에서 치워 버릴 궁리를 본격적으로 하기 시작했다.

프랜시스는 프랜시스대로 오버베리에 대한 계획을 세워 두었다. 그녀는 오버베리에게 개인적 원한을 갖고 있는 것으로 알려진 데이비드 우드(David Wood) 경이란 인물에게 접근해, 1,000파운드를 줄 테니 오버베리를 한밤에 급습해 죽여 달라고 했다. 우드는 오버베리를 죽인 뒤 결투 사고였다고 주장하면 카가 보호해 준다는 조건으로 응했다. 하지만 첫 번째 계획은 실패로 돌아갔다.

두 번째 계획은 더 교묘했고 확실히 오버베리를 없앨 수 있는 기회인 듯했다. 일단 카가 왕을 설득해 오버베리를 먼 나라에 대사로 보내야 했다. 왕은 카의 말을 들었고, 그리하여 4월 21일 수요일에 작전이 개시되었다. 꿈에도 이 사실을 모르는 오버베리는 바로 그날 아침에 한 동료에게 "나의 행운과 야망이 이보다 더 좋을 수는 없다."라고 말했으나, 오후 6시에 체포되어 런던탑에 갇혔다.

사건의 시작은 이랬다. 오버베리는 캔터베리 대주교인 조지 애벗(George Abbot)이 만나자고 한다는 전갈을 들었다. 애벗은 오버베리에게 모스크바 특사 자리를 제안했지만 오버베리는 일언지하에 거절한 채 카에게 달려가서 제안을 취소시켜 달라고 부탁했다. 엄밀히 말해 왕이 하사한 자리이므로 오버베리가 직접 거절할 수는 없었던 것이다. 카는 모스크바 자리를 취소시키고 다른 자리로 대체해 보겠다고 약속했다. 그날 오후에는 대법관이 이끄는 왕의 대리인단이 오버베리를 찾아왔고, 모스크바 대신 암스테르담이나 파리 대사관 중 하나를 고르라고 했다. 오버베리는 둘 다 거부했다. 오버베리의 답을 들은 왕은 마침 개회 중이던 추밀원 회의에 이 문제를 안건으로 상정했다. 추밀원은 오버베리에게 당장 회의장에 나타나라고 명령했고, 오버베리는 오후 6시에 모습을 드러냈다. 그러고도 오버베리가 계속 임명 수락을 거부하자 추밀원은 모욕죄로 그를 런던탑에 가뒀다.

오버베리가 갇히자 프랜시스는 세 번째 계획을 가동시켰다. 독약을 먹여 마치 자연사인 듯 위장하는 계획이었다. 나중에 프랜시스가 체포되었을 때 그녀의 소지품 중에는 독약 목록을 적은 쪽지가 있었다. 오버베리에게 쓸 작정이었던 것들이 분명했다.

계관석

아쿠아 포르티스(강수)

흰 비소

승홍

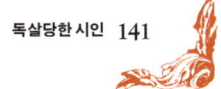

다이아몬드 가루

청금

큰 거미

칸타리스

계관석은 황화비소, 아쿠아 포르티스는 질산, 흰 비소는 삼산화비소, 승홍은 염화수은(II), 청금은 수산화칼륨, 칸타리스는 속칭 스페인파리라 불리는 리타 베시카토리아라는 곤충을 말린 가루를 말한다. '큰 거미'가 무엇인지는 정확히 모르겠지만 아마 그냥 말린 거미 가루였을 것이다.

런던 시 증권 거래소 뒷길에는 제임스 프랭클린(James Franklin)이라는 요크셔 출신 약제사가 살았다. 키가 크고 건장한 사내로 붉은 머리카락을 길게 길러 등에 늘어뜨리고는 '내 헝클어진 머리카락'이라 부르며 소중하게 여기는 사람이었다. 사내는 얼굴을 뒤덮은 수두 자국 때문에라도 인상이 좋지 못했다. 수상쩍은 명성을 지닌 이 사내에게 프랜시스 하워드와 터너 부인이 찾아왔다. 목록에 적힌 독들을 구입하기 위해서였다. (프랭클린은 아내를 독살했다는 의심을 받고 있었다.) 프랭클린은 아쿠아 포르티스를 팔았다. 두 여인이 그것을 고양이에게 먹였더니 고양이는 "고통에 겨워 이틀간 딱하게 울어대다 죽었다." 이렇게 반응이 늦어서야 소용이 없었다. 다른 고양이에게는 다이아몬드 가루를 먹였는데 아무 효과가 없었다.

그러자 프랭클린은 계관석을 건네주었다. 이것은 고양이를 즉사시켰고 두 여자는 오버베리에게 이 약을 쓰기로 했다. 하지만 작은 문제가 하나 있었다. 오버베리는 런던탑 총감의 감독 아래 철저하게 격리되어 있었다. 총감은 오버베리에게 하인을 붙여 주지 않았고 손님을 만나거나 편지를 주고받는 것도 금지했다. 그러나 5월 6일에 이 장애물이 제거되었다. 총감이 저버스 엘웨스(Gervase Elwes) 경으로 바뀐 것이다. 카의 추천을 등에 업고 2,000파운드를 상납해 자리를 산 엘웨스가 총감이 되어 처음으로 한 일은 오버베리에게 하인을 허락한 것이었다. 한때 터너 부인의 하인이었던 리처드 웨스턴(Richard Weston)이 오버베리의 하인으로 소개되었다. 웨스턴은 오버베리에게 몰래 서신을 전달해 주겠다고 말했고, 오버베리는 카에게 편지를 썼다. 오버베리는 카와의 우정이 아직 끝나지 않았고 카가 자신의 석방을 도와줄 것이라고 믿었다. 카는 최선을 다하겠다는 답장을 보냈지만 사실은 전혀 그러지 않았다.

첫 번째 독살 시도

오버베리에 대한 독살 시도는 엘웨스가 런던탑의 새 총감이 된 바로 그날 이루어졌다. 프랜시스는 터너 부인에게 계관석으로 만든 프랭클린의 독약 병을 건넸고, 터너 부인은 그것을 웨스턴의 아들에게 주며 아버지에게 전달하게 했다. 5월 6일 저녁, 웨스턴은 오버베리의 감방으로 가던 길에 엘웨스와 마주쳤다. 웨스턴은 한 손에 수프 그릇을, 다른 손에 약병을 든 채 이렇게 물었다. "이걸 지금 그에게 줘도 될까요?" 엘웨스는 문제에 얽히고 싶지 않았던지 수프에 그 물질을 타는 일은 관두라고 말렸다. 그래서 웨스턴은 3일 뒤인 5월 9일에야 오버베리의 죽에 약을 섞었다.

웨스턴이 터너 부인에게 보고한 바에 따르면 독약을 먹은 오버베리는 구토와 설사를 하며 몹시 앓았지만 곧 회복했다. 터너 부인은 더 많이 섞으라고 지시했고, 이번에도 오버베리는 심하게 앓았지만 죽지는 않았다. 사실 오버베리는 자기가 아프면 카가 왕의 마음을 누그러뜨려 석방을 끌어내기 쉬울 것이라 생각했고, 그런 내용의 편지를 카에게 썼다. 물론 카는 아무 행동도 취하지 않았다. 답장에는 왕이 상당히 화가 난 상태라 달래기 어렵다는 말뿐이었다. 카는 아들의 구금 소식에 런던으로 달려온 오버베리의 부모를 만나고도 꿈쩍하지 않았다. 물론 부모에게는 최선을 다하겠다고 거짓으로 약속했다.

오버베리는 계속 심하게 앓았다. 6월 14일에는 의사 진료가 허락되었다. 의사는 체력 고갈이라는 진단을 내리고 값비싼 만능약인 아우룸 포타빌레(마실 수 있는 금)를 처방했다. 6월에는 다른 두 의사가 추가로 오버베리를 진찰했다. 그중 하나는 왕의 주치의인 마예른이었다. 오버베리의 아버지가 왕에게 직접 탄원한 결과였다. 마예른은 여러 처방약을 지시하고 런던탑 근처에 사는 약제사에게 조제를 맡겼다. 그 약제사는 6월 23일 금요일에 조수 윌리엄 리브(William Reeve)를 대동하고 약을 배달했다. 조수 윌리엄 리브의 이름은 나중에 다시 듣게 될 것이다.

두 번째 독살 시도

오버베리가 그렇게 아픈데도 석방은 이루어지지 않았다. 추밀원은 7월 6일에 회합을 가질 예정이었고, 오버베리는 왕이 참석할 이 모임에서 석방 조치가 내려지길 희망했다. 그는 카에게 편지를 써서 말하

기를 구토제를 먹어 병세를 더 확연히 드러내고자 하니 약을 보내 달라고 했다. 오버베리의 독살자에게 다시 기회가 찾아온 셈이었다.

프랜시스와 터너 부인은 웨스턴에게 흰 비소를 보냈다. 후에 웨스턴이 자백한 바에 따르면 7월 1일 목요일에 웨스턴은 비소를 카가 보낸 구토제에 섞었다. 다음 나흘간 오버베리는 굉장히 심하게 앓았다. 우리가 아는 정보로 판단하건대 그는 비소 중독 증세를 보였던 것 같다. 쉴 새 없이 토하고 설사를 했으며 웨스턴에 따르면 50~60번쯤 장을 비웠다고 한다. 사람들은 의사를 불렀고, 펄펄 끓는 오버베리를 본 의사는 찬물 목욕을 지시했다. 그래도 고열과 극심한 갈증은 사라지지 않았다. 오버베리는 7월 5일 목요일에 카에게 쓴 편지에 이런 말을 적었다.

> 오늘 아침에도 (어제까지 굶었는데도) 온몸에서 엄청나게 열이 나고 여전히 갈증이 심하고 음식은 거들떠 보기도 싫다네. 이상할 정도로 소변이 많이 나와…… 이런 열기를 겪고 보니 정말로 심각한 열병에 걸린 게 아닌가 걱정되네. 이렇게 쇠약해진 몸에 그런 열병이 온다면 난 곧 죽고 말 걸세. 솔직히 말하면 더 이상 악화되는 건 싫다네. 옷가지 하나도 걸칠 수가 없고 그저 물만 마실 수 있을 뿐이니 말이야.

다음 날이면 추밀원이 구금을 해제해 주지 않을까 하는 오버베리의 희망은 무위로 돌아갔다. 나쁜 징조였다. 오버베리는 깨닫지 못했지만 좋은 징조도 있었다. 자신이 다량의 비소를 섭취하고도 닷새를 버텼으니 죽음의 고비는 넘겼다는 사실이었다. 7월 둘째 주에 오버베리는 서서히 건강을 되찾았다. 달리 말하면 이번에도 프랜시스의 실패였다. 사실 그녀는 당분간 독살 계획을 미뤄야 할 형편이었다. 7월 안에 처리해야 할 더 급한 문제가 있었기 때문이다. 7월 17일 토요일에 프랜시스는 처녀인지 아닌지 확인하는 부끄러운 검사를 받아야 했다. 결혼 무효가 선언되려면 프랜시스가 반드시 처녀여야 했다. 프랜시스는 두터운 베일로 얼굴을 가린 채 여러 숙녀들이 (창피해서 정확히 들여다보지 못하지만) 합석한 자리에서 산파들의 검사에 응했고, 산파들은 그녀가 처녀라고 판단했다. 프랜시스의 평판상 말도 안되는 결과였기에 곧이곧대로 믿는 사람은 거의 없었다. 산파들이 뇌물을 받았다고 주장하는 사람도 있고, 검사받은 사람이 프랜시스가 아니라 바꿔치기한 다른 처녀라고 주장하는 사람도 있었다. 왕의 명령으로 소집된 이혼 심사 위원회도 이 명백해야 마땅한 증거에 그다지 감동 받지 않았다. 10명의 위원은 정확히 반씩 찬반으로 나뉘었고, 가장 중요한 인물인 캔터베리 대주교는 반대 입장이었다.

다음 날 왕이 직접 위원들에게 이혼을 허가해야 마땅하다고 언질까지 했지만, 5 대 5의 투표 결과는 바뀌지 않았다. 왕은 급기야 9월 16일까지 결정을 유보하기로 하고, 위원 2명을 추가로 임명했다. 물론 찬성 쪽에 투표할 것이 확실한 사람들이었다.

오버베리의 부모는 갈수록 위기감을 크게 느끼며 아들의 석방을 위해 백방으로 뛰었다. 다시 한번 카에게도 호소했다. 카는 최선을 다하고 있노라 말하며 오버베리가 최고의 치료를 받도록 하겠다고 약속했다. 카는 오버베리의 처남이 7월 21일 수요일에 오버베리를 면회하도록 조치해 주었다. 하지만 그때는 이미 오버베리가 세 번째로 독을 먹은 뒤였다.

세 번째 독살 시도

비소는 실패였다. 프랜시스는 승홍을 사용하기로 결정했다. 7월 19일에 프랜시스는 터너 부인이 구운 타르트 속에 승홍을 넣어 런던탑의 웨스턴에게 보냈다. 엘웨스에게 전하는 편지가 동봉되어 있었는데, 타르트든 젤리든 절대 맛을 보지 말고 가족에게 주지도 말라고 단단히 이르는 내용이었다. 음식 속에 '편지'가 들어 있으니 반드시 오버베리만 맛보아야 한다고 했다. 공모자들이 후에 자백한 바에 따르면 '편지'는 독을 뜻하는 암호였다. 이렇게 일러두어야 했던 이유는 오버베리가 먹기 싫은 음식을 종종 총감 부부에게 주었기 때문이다. 프랜시스의 편지 내용은 이랬다.

> 귀하, 이 음식을 저녁 식사에 맞춰 전달해 주시길 바랍니다. 일전의 타르트 대신 새로 드리는 이것들로 바꾸어 주세요. 그에게 전달하라고 하는 젤리가 제게 있으니 그것도 4시에 보내겠습니다. 타르트든 젤리든 경계서는 맛보시면 안 됩니다. 하지만 포도주는 드셔도 됩니다. 포도주에는 편지가 들어 있지 않다고 하거든요. 이 점을 저녁에 지켜 주시길 간곡히 바랍니다.

독 섞은 타르트와 젤리의 효과는 대단했다. 비소 중독에서 갓 벗어난 육체에 그런 것이 들어갔으니 당연하다. 독을 먹은 날짜에 대한 증거는 프랜시스의 편지 말고도 또 있다. 런던탑의 토머스 불(Thomas Bull)이 쓴 7월 20일자 편지를 보면 "오버베리가 아직 이곳 감옥에 있는데, 철저히 격리되어 있고 몹시 아픈 상태다."라는 말이 있다. 다음 날, 오버베리의 병세가 악화되었다는 소식을 들은 처남 존 리드코트(John Lidcote) 경은 유언장 작성을 위해 면회를 허락해 달라는 청을 추밀원에 넣었다. 그리하여 7월 21일 수요일에 리드코트는 죄수를 만났고, 그가 "몹시 아픈 상태로 침대에 누워 있으며, 손은 바싹 말랐고, 말할 기운이 없는" 것을 보았다. 면회 조건상 총감이 죽 입회해 있었지만 리드코트는 용케 오버베리와 사적인 말을 몇 마디 주고받을 수 있었다. 오버베리는 친구 카가 자신을 "갖고 노는" 것이냐고 물었다. 리드코트는 자신이 아는 한 카는 친구를 저버리지 않았다고 대답했다. 그런데 총감이 이 짧은 대화를 알아채고 보고하는 바람에 리드코트의 면회 허가는 다시 취소되었다.

비로소 리드코트는 상황이 심상치 않음을 느꼈다. 그리고 카가 한때의 친구를 배신했다는 사실을 알아냈다. 리드코트는 어찌어찌 그 내용을 오버베리에게 전하면서 하워드 가문의 유력한 인사들에게 도움을 청하는 회유적인 편지를 쓰라고 권유했다. 오버베리는 리드코트의 조언을 따라 헨리 하워드에게 편지를 썼다. 과거의 일들을 깊이 사과하고, 자유의 몸이 되면 "마치 각하의 수족인 양 충실하겠다."고 약속하는 내용이었다. 사실 이 편지에서 눈에 띄는 점은 그 내용이 아니라 구불구불한 낙서 수준으로 전락한 오버베리의 필체다. 전형적인 수은 중독 증상이다.

오버베리는 프랜시스의 아버지인 서퍽 경에게도 편지를 썼다. 역시 화해를 청하는 내용이었다. 역시 본문 내용보다 더 눈에 띄는 점이 따로 있으니, 추신이다. "친애하는 경께, 현재 제가 쇠약해 글씨에 얼룩이 많음을 양해해 주십시오." 모두 소용없는 일이었다. 8월 27일 금요일에 총감은 모든 서신 교환을 금지시키고 죄수를 더 작은 감방으로 옮겼다. 이제 웨스턴만 오버베리를 볼 수 있었고, 생명을 노린 마지막 독살 시도가 오버베리를 기다리고 있었다.

마지막 시도

9월 초, 급박해진 오버베리는 마지막으로 한번 더 카에게 도움을 청하기로 했다. 오버베리는 긴 글을 썼다. 자신이 카를 위해 했던 일들을 일일이 열거하고, 카의 "또 다른 성격"에 대한 비밀을 공개하겠다고 협박하는 내용이었다. 그는 편지 말미에 9월 7일 화요일에 "장문의 고백서"를 써서 카와 자신 사이에 벌어졌던 모든 일을 기록했으며, 그것은 카에게 엄청난 피해를 입힐 것이라고 썼다. 고백서를 6개의 봉랍으로 봉한 뒤 한 친구에게 보내 자신이 죽은 후에 열어 보도록 지시했다고 했다. 오버베리는 이런 말로 편지를 맺었다. "그러니 자네가 나를 이토록 사악하게 다룬다면, 내 다짐하건대, 내가 살아서건 죽어서건 영원히 자네에게 수치를 안길 것이고, 자네가 세상에서 가장 악독한 인물로 기억되도록 만들 것이네."

카가 이 편지를 받은 것은 분명하다. 하지만 오버베리가 언급한 고백서가 무엇이었는지는 확실치 않다. 오버베리가 정말 그런 폭로문을 썼을까? 아닐 것이다. 설령 썼다 해도 웨스턴의 도움 없이는 제삼자에게 편지를 전달할 방도가 없었다. 오버베리는 그저 엄포를 놓은 것이었다. 그러나 독살 공모자들에게는 이제야말로 그의 입을 영원히 닫을 때가 온 것 같았다. 그들은 오버베리에게 또 한번 승홍을 먹일 계획이었다. 이번에는 즉사시킬 정도로 많은 양이어야 했고, 관장제의 형태로 주입할 셈이었다.[18] 웨스턴은 타워힐에 위치한 화이트라이온 술집에서 프랭클린을 만나 독살 계획을 들었다. 프랭클린은 약제사의 젊은 조수인 리브가 20파운드를 받는 대가로 독이 든 관장제를 삽입할 것이라고 말했다. 리브 같은 젊은이에게 20파운드는 실로 대단한 금액이었다. 오늘날의 2만 달러 가까이 되었으니 말이다.

1613년 9월 13일 월요일과 14일 화요일에 벌어진 사건은 꽤 상세히 기록되어 있다. 월요일, 총감 엘웨스는 또 한번 오버베리를 잠재우는 시도가 벌어지리라는 사실을 귀띔으로 들었다. 총감은 그만 계획을 미리 알았다는 사실을 드러내는 실수를 저질렀고, 순진하기까지 한 이 실수는 2년 뒤에 벌어진 재판에서 결정적인 증거가 되었다. 런던탑에서 죄수가 죽으면 죄수가 묵었던 감방의 소지품이 총감의 것이 되는데, 엘웨스는 오버베리가 작은 감방으로 옮길 때 값비싼 옷가지를 비롯한 소지품을 큰 감방에 놓아두었던 것을 기억하고, 그날 그 물건들을 작은 감방으로 옮겼다. 다음 날이면 모두 자신의 소유가 되도록 말이다.

이날, 리브가 방문해 직접 조제한 관장제를 오버베리에게 투여했다. 저녁부터 오버베리의 상태는 악화되었다. 밤이 되자 신음을 내뱉

---

18 오버베리가 「죄수」라는 글에서 썼듯이, 만성 변비는 감방 생활에 반드시 뒤따르는 결과였다. 오버베리는 이렇게 썼다. "과거의 안색이 어떠했든, 죄수의 얼굴은 성마르거나 매우 침울한 표정으로 바뀐다. 변을 보려면 한 시간이나 용을 써야 하는데, 변은 (죄수의 현실마냥) 몹시 더럽고, 부패했고, 너무나 딱딱하다. 장을 비울 때마다 다섯 번이나 여섯 번쯤 심한 변통을 느끼게 되고, 그 후에 죄수의 몸은 몹시 연약해진다."

으며 몸을 전혀 가누지 못했고, 새벽 무렵에는 급속히 위독해졌다. 아침 6시 45분, 그는 맥주 한 잔을 청했고, 웨스턴이 맥주를 가지러 간 사이에 숨을 거뒀다.

총감은 노샘프턴 백작에게 오버베리의 죽음을 알렸다. 백작은 시체가 "더러우면" 즉시 묻어 버리고, 봐줄 만하면 리드코트를 불러 보여 주라고 했다. 총감은 일단 검시관을 불렀고, 검시관은 교도관 6명과 죄수 6명을 검시 배심원단으로 세우고 시체를 검사했다. 시체는 뼈와 거죽만 남은 상태였고 고약한 냄새가 났다. 그들은 시체의 어깨뼈 사이에 검은 궤양이 있고, 왼쪽 팔에 아물지 않은 상처가 있고, 한쪽 발바닥에 고약이 붙어 있고, 배에 호박처럼 누런 콩알만 한 물집들이 잡힌 것을 확인했다. 검시 배심단의 평결은 자연사였다. 오버베리의 시체는 죽은 지 채 9시간도 지나지 않은 오후 3시 30분에 신속히 땅에 묻혔다. 당일인 화요일에는 연락이 닿지 않아 다음 날에야 런던탑에 도착한 리드코트는 오버베리의 시신이 이미 매장되었다는 사실에 크게 충격을 받고 매장 비용을 내지 않겠다고 했다.

단죄

프랜시스로 말할 것 같으면, 전망은 장밋빛이었다. 지긋지긋한 오버베리가 죽었을 뿐만 아니라 오버베리가 죽은 주의 토요일에 열린 이혼 위원회 회의에서 에식스 백작과의 지긋지긋한 결혼이 무효화될 가능성이 높았다. 왕은 위원들에게 찬성인지 반대인지만 간단히 말하라고 함으로써 시끄러운 토론이 벌어질 가능성을 원천봉쇄했다. 투표 결과는 찬성이 일곱 표, 반대가 다섯 표였다. 드디어 프랜시스는 자유의 몸이 되었다. 3개월 뒤인 1613년 12월 26일에 이제 서머싯 백작이 된 카와 프랜시스는 왕족들을 모시고 호화로운 결혼식을 올렸다. 같은 달에 오버베리의 시집 『아내(*The Wife*)』가 런던에서 처음 출간되었다. 책은 대번에 매진됐고 그해가 가기 전에 무려 다섯 쇄를 더 찍었다.

하워드 일가에게 1614년의 시작은 순조로웠다. 그들의 세력은 어느 때보다 강했다. 곧 예상치 못한 타격들이 닥쳐 운이 다하리라고는 누구도 짐작하지 못했다. 3월에 헨리 하워드와 교황이 주고받은 반역적 내용의 편지가 공개되어 그의 정치 생명이 끝장나는 일이 있었지만, 어차피 그는 허벅지 수술에 따른 감염으로 육체의 생명 자체가 끝나가고 있었다. 헨리 하워드는 3월에 사망했다. 하워드의 사망 이후 공직이 재편되는 과정에서 서퍽은 재무장관이 되었고, 카는 시종장관을 맡았다. 왕의 총신은 권력의 정점에 올라 있었다. 한편으로 오버베리의 『아내』는 인쇄가 따라잡지 못할 정도로 날개 돋친 듯 팔려나갔고, 사람들은 오버베리의 석연찮은 죽음에 대해 숙덕거리기 시작했다.

아직 프랜시스나 카가 살인범으로 지목될까봐 걱정할 시점은 아니었다. 그보다는 더 심각한 다른 문제가 움트고 있었다. 조지 빌리어스(George Villiers)라는 미청년이 왕의 사랑을 받기 시작한 것이었다. 1614년에 빌리어스는 서서히 카를 몰아내고 총신의 자리를 차지했다. 그리고 18개월이 지난 1615년 6월, 오버베리 사건을 다시 수면으로 떠오르게 하는 극적인 일이 벌어졌다. 관장제를 집행했던 리브가 범죄를 고백하기로 결심한 것이었다. 리브는 약제사의 아들 드 로벨(de Lobell)의 도움으로 네덜란드 블리싱겐으로 건너가 살다가 병에 걸렸는데, 곧 죽으리라는 생각에 고백할 마음을 먹었다. 리브의 고백은 브뤼셀의 영국 영사를 통해 런던의 국무 장관 랠프 윈우드(Ralph Winwood) 경에게 전해졌다.

임신 3개월째던 프랜시스와[19] 카는 이런 사실을 까맣게 모르고 친구들과 함께 시골에 머물고 있었다. 터너 부인도 함께였다. 그들은 런던으로 돌아오자마자 리브의 고해 내용을 듣고 위험이 닥친 것을 깨달았다. 카는 오버베리를 시중들었던 하인에게 사람을 보내 대가로 30파운드를 지불하고 자신이 런던탑의 오버베리에게 보냈던 편지들을 되찾아 왔다. 한편 총감 엘웨스는 8월에 열린 한 파티에서 만취해 자신이 오버베리의 독살을 줄곧 알고 있었음을 털어놓았다. 마침 파티에 참석했던 윈우드가 이 사실을 왕에게 알렸고, 왕은 엘웨스에게 진술서를 쓰게 했다. 엘웨스의 진술서는 9월 10일에 작성되었다. 왕은 수석 재판관 코크를 수장으로 하는 위원회를 꾸려 사건을 조사하게 했고, 곧 연루 의혹을 받는 자들이 체포되었다.

10월 19일, 웨스턴의 재판이 런던 시 청사에서 열렸다. 처음에 웨스턴은 소송을 포기하겠다고 했다. 그 말은 배심원이 평결을 내릴 기회가 없다는 것이었다. 런던 주교가 면담을 통해 설득하는 등 사람들이 웨스턴에게 물리적, 정신적 압박을 가해 10월 23일에 웨스턴은 재판을 받는 데 동의했다. 웨스턴은 유죄 판결을 받았고 이틀 뒤에 타이번에서 교수형에 처해졌다. 처형이 진행되는 중에 리드코트와 그

---

19 그들의 딸은 12월 1일에 태어났다.

친구들이 말을 타고 교수대에 올라 대중 앞에서 유죄를 시인하라며 웨스턴을 다그치는 해프닝이 있었다. (이 일로 리드코트 일행은 벌금을 물었다.)

11월 7일에는 터너 부인의 재판이 열렸다. 여기서 포먼의 흑마술이 공개되었다. 성교하는 인형 부적과 포먼이 유명인사들의 연애사를 꼼꼼히 기록해 둔 비밀 문서도 드러났다. (소문에 따르면 코크 판사의 아내 이름도 목록에 들어 있어서 판사가 이 문서를 증거로 채택하지 않았다.) 터너 부인은 11월 14일에 교수형에 처해졌다. 교수형 집행인은 종이로 만든 노란 주름 장식을 목과 소매에 둘렀다. 터너 부인 자신이 유행시킨 패션이었다. 이런 조롱을 제안한 사람은 코크 판사였다고 한다. 11월 16일에는 엘웨스의 차례였다. 엘웨스도 유죄 선고를 받고 11월 20일에 타워힐에서 교수형에 처해졌다. 다음은 독약을 공급했던 프랭클린 차례였다. 프랭클린은 11월 27일에 재판을 받고 12월 9일에 교수형에 처해졌다.

프랜시스와 카의 재판은 5월 24일과 25일에 웨스트민스터 홀에서 열렸다. 이미 1월에 자신의 범행을 자백한 프랜시스는 재판에서 유죄를 시인했고 교수형 판결을 받았다. 반면 무죄를 주장한 카에 대한 재판은 5월 25일 하루 내내 진행되었다. 카가 재판정에서 자신의 사생활을 폭로할지도 모른다고 걱정한 왕은 카의 양 옆에 두꺼운 망토를 든 남자들을 세워 여차하면 언제든 입을 막을 수 있도록 했다. 사실 불필요한 조치였다. 기소를 맡은 것이 그 유능한 프랜시스 베이컨 경이었던 것이다. 베이컨은 카의 입을 막을 필요조차 없도록 능란하게 고발을 진행했다. 그래도 재판에는 13시간이나 걸렸다. 입추의 여

지없이 들어찬 홀에서 많은 사람들이 기절했으나, 카는 상당히 꿋꿋하게 고난을 이겨냈다. 카의 변호인은 베이컨의 매끄러운 기소를 당해 낼 재간이 없었고, 카는 유죄 판결과 사형 선고를 받았다.

그러나 프랜시스와 카는 범죄에 대한 궁극의 대가를 치르지 않을 운명이었다. 그들은 대신 런던탑에 구금되었다. 프랜시스는 1616년 7월 13일에 사면되었고, 카는 1625년에 사면되었다. 두 사람은 1621년까지 런던탑에 살다가 이후에도 함께 산다는 조건으로 풀려났다. 두 사람은 그 약속을 지켰지만 서로 거의 말을 하지 않았다고 한다. 프랜시스는 1632년에, 카는 1645년에 사망했다.

오버베리에게 치명적인 독약을 주입했던 젊은이는 어떻게 되었을까? 자신이 죽을지도 모른다고 생각했던 리브의 판단은 착각이었다. 그는 건강을 회복했고, 이후 영국으로 돌아왔다고 하지만 기소되지는 않았다.

자, 오버베리 독살 음모를 실제로 꾸민 자가 누구라고 봐야 할까? 오버베리의 죽음을 바란 사람은 한둘이 아니었다. 후대의 작가들도 이들 중 누구의 의도가 가장 악랄했는가에 대해서는 의견이 일치하지 않는다. 『놀랍도록 흔한 착각들(Extraordinary Popular Delusions)』을 쓴 찰스 매케이(Charles Mackay)는 카가 죄인이라고 본다. 『겁쟁이의 무기(The Coward's Weapon)』를 쓴 테렌스 맥러플린(Terence McLaughlin)은 왕비에게 책임을 돌린다. 왕비가 왕실 의사 마예른을 시켜 오버베리에게 치명적 관장제를 주입했다는 것이다. 맥러플린은 여러 재판에서 마예른이 한 번도 증인으로 나서지 않은 점에 주목한다. 구린 데가 있기에 그랬으리라는 것이다. 『온 기독교계에서 최고로 똑

똑한 바보(*The Wisest Fool in Christendom*)』를 쓴 윌리엄 맥엘위(William McElwee)는 심지어 왕의 연루를 의심한다. 모든 책들 가운데 가장 조사가 철저하고 뛰어난 것은 앤 서머싯(Anne Somerset)의 『부자연스러운 살인: 제임스 궁정의 독약(*Unnatural Murder: Poison at the Court of James*)』이다. 서머싯의 결론은 프랜시스가 범인이기는 하지만 분명히 카의 사주를 받아 움직였다는 것이다. 가장 의심 가는 피의자가 프랜시스인 것도 사실이고, 프랜시스가 자신의 범행을 털어놓은 것도 사실이다. 카는 틀림없이 사전 공모를 나눈 공범이었을 것이다. 카의 태도를 살펴보면 오버베리를 독살하고 싶어 했던 점이나 연인에게 그 일을 부추긴 점에서 일관성이 있다. 프랜시스는 너무 쉽게 그의 의도에 휘둘렸던 것인지도 모른다.

5 사방에 비소가 있다

비소 원소에 대한 더 전문적인 정보에 대해서는 용어 설명을 참고하라.

비소는 역사가 길면서도 불명예스러운 족보를 갖고 있다. 비소라는 이름조차도 입에 담아서는 안 될 무엇처럼 느껴진다. 비소를 처음 분리한 것은 알베르투스 마그누스였던 것 같지만 이것이 하나의 원소로 확인된 것은 그로부터 수세기가 지나서였다. 『옥스퍼드 영어 사전』에 따르면 arsenic(비소)이라는 단어를 처음 사용한 기록은 1310년에 등장했다. 14세기 말 무렵에는 상당히 널리 사용되었던 것이 분명하다. 1386년에 씌어진 초서의 『캔터베리 이야기(Canterbury Tales)』(그중 자유농민의 노래)에도 등장하기 때문이다.

전부 일일이 열거할 필요도 없다오,
발적한 물, 황소의 담즙,

> 비소, 암모니아 염, 브림스톤.
> 내가 정말 당신의 시간을 뺏으려 든다면
> 허브 종류도 얼마든지 늘어놓을 수 있다오.

발적은 붉은색을 띤 것을 뜻하고, 암모니아 염은 염화암모늄을, 브림스톤은 유황을 말한다. 시의 후반에는 연금술의 네 가지 주정 중 하나로 웅황(황화비소, As_2S_3)이 언급되기도 한다. 비소가 치명적 물질이라는 사실도 잘 알려져 있었다. 가공의 인물 바실리우스 발렌티누스(57쪽 참고)가 1604년에 쓴 것으로 알려진 아래 시를 보면 알 수 있다.

> 나는 사악하고 악독한 뱀,
> 하지만 솜씨 좋은 손재주와 기술로
> 내가 지닌 독을 제거해 버린다면,
> 나는 사람과 동물을 치료하는 것이 되기도 하지.
> 무시무시한 질병으로부터 그들을 구할 수도 있지.
> 하지만 정확하게 준비하고 조심스럽게 다루고
> 나에게서 눈을 떼지 말고 감시하는 게 좋을 걸.
> 그러지 않으면 나는 독이 되어, 아마도
> 수많은 사람들의 심장을 꿰뚫을 테니까.

고대 로마 인들은 비소 화합물에 대해 알고 있었다. 고대 중국과 인도인들도 마찬가지였다. 중국인들은 파리나 쥐를 잡는 데 비소를 썼고, 인도인들은 종이에 벌레가 꼬이는 것을 막는 용도로 썼다. 로

마의 작가 디오스코리데스(Dioscorides, 40~90년)는 『약물에 대해(*De Materia Medica*)』라는 책에서 주로 약초들을 사용한 많은 처방을 소개하면서 광물 종류도 조금 다루었는데, 천연 황화비소물인 웅황과 계관석도 언급했다. 디오스코리데스는 웅황을 아세니콘이라고 불렀고 "이상 증식", 즉 사마귀 등의 피부 발진을 억제하는 데 쓸모가 있다고 했다. 하지만 머리카락이 빠지는 부작용이 있다는 경고도 잊지 않았다. 계관석은 산다라체라 불렀고, "침에 불결한 물질이 섞여 나오는 사람"에게 추천했다. 로진(송진에서 테레빈유를 증류시키고 얻은 황갈색의 천연 수지 — 옮긴이)과 섞어 가열한 뒤 거기서 피어나는 연기를 마시면 기침이나 천식이 치료된다고 했다.

요즘은 비소가 우리 건강에 위협이 되는 일이 거의 없다. 하지만 과거에는 많은 사람들의 생명에 비소가 영향을 미쳤다. 얄궂게도 비소가 몸에 좋은 물질이라는 생각이 팽배하던 시기가 있었기 때문이다. 강장제 삼아 정기적으로 비소를 섭취하는 사람들이 있을 정도였다. 의사들은 갖가지 질환에 비소를 처방했으나, 점차 마구잡이로 사용되는 실태에 우려를 품기 시작했다. 1880년에 런던 의사 협회는 당시의 상품들 가운데 비소 염료가 사용된 것이 얼마나 있는지 조사해 목록으로 발표했다. 정말 아주 많았다. 예를 들어 사람들이 카드 놀이를 하며 저녁 시간을 보내는 방을 상상해 보자. 카드에 비소가 함유된 것은 물론이고 초록 베이즈 천이 덮인 카드 테이블도, 벽지도 비소 염료로 인쇄되었을 것이고, 창문의 블라인드나 커튼도 그랬을 것이다. 바닥의 리놀륨도, 아이들이 갖고 노는 장난감도, 옆의 탁자에 놓인 화병 속 조화 이파리들도 초록색 비소 염료로 칠해진 것이었다.

비소는 어디에나 있었다.

인체 속의 비소

비소가 제거된 사료를 먹고 자란 닭들은 정상적으로 성장하지 못한다. 그걸 보면 비소는 동물 성장에 모종의 역할을 하는 것 같다. 최소한 닭의 경우는 확실하고, 사람에 대해서도 그럴 가능성이 높다. 그렇다고 해도 우리에게 필요한 양은 극히 소량이다. 훨씬 많은 양을 섭취하고도 견딜 수는 있지만 사람의 1일 비소 필요량은 0.01밀리그램 정도에 불과하다. 몸무게가 70킬로그램인 사람이라면 체내 비소 함유량이 7밀리그램쯤 될 것이다. 0.1피피엠 수준인 셈이다. 혈액 속 농도는 이보다 낮고, 골격 속 농도는 이보다 높으며, 머리카락 속 농도는 일반적으로 1피피엠 가까이 된다.

약간의 비소가 우리 몸에 꼭 필요하고 일상의 식단에서 비소를 피할 수 없다고 해도, 많은 비소가 해롭다는 사실에는 변함이 없다. 우리가 증상을 느끼지 못할 때라도 그렇다. 그리고 지나치게 많은 비소는 당연히 치명적이다. 다행스럽게도 우리 몸은 잉여의 비소를 독소로 인식하고 신속히 내보낸다. 하지만 어떤 수준을 말하는 건가? 인체가 증상을 드러내지 않고 참아내는 비소의 양은 얼마나 될까? 얼마나 먹으면 아프게 될까? 얼마나 먹으면 죽을까? 이 질문들에 대한 답은 사람에 따라 다르다. 아이는 당연히 어른보다 적은 양에도 영향을 받고, 몸이 약한 사람은 건강한 사람보다 더 영향을 받는다. 대부분의 성인에게 치사량은 250밀리그램 정도고 그 반으로도 사망한 예가 있지만 500밀리그램을 먹고도 탈이 없는 사람도 있다. 평소에 몸이 비소를 견디도록 단련한 경우라면 말이다.

간은 일상적인 1일 비소 섭취량 정도는 충분히 배출해 내게끔 신속하게 비소를 제거한다. 하지만 갑자기 많은 양이 들어오면 문제가 된다. 몸이 보이는 첫 반응은 구토와 설사를 통해 가급적 빨리 장을 비우는 것인데, 엄청나게 격렬한 수준의 구토와 설사가 일어날 수도 있다. 환자는 극심한 탈수 상태가 되고, 피부가 차고 축축해지며, 곧 혼수상태에 빠졌다가 하루 이틀 만에 심장이 멎어 죽는다. 치사량에 못 미치는 양이라면 이런 증상들 중 일부만 일으킬 것이고, 환자는 중독을 극복하고 결국 회복할 것이다. 다량을 섭취하고도 해독제를 맞아 살아나는 경우도 있다. 해독제에 대해서는 용어 해설을 참고하라.

비소는 피부, 폐, 위를 통해 흡수된다. 이중에서 독살자가 사용할 수 있는 경로는 위를 통한 것뿐이다. 비소는 위를 통과해 혈관으로 들어간 뒤 온몸을 돌아다니고, 빠른 속도로 간, 신장, 비장, 폐에 쌓인다. 결국에는 온몸의 조직에 침투하고 뼈, 머리카락, 손톱에도 들어간다. 머리카락에서는 케라틴 분자들 속의 황 원자와 화학 결합을 하므로 정상인의 머리카락도 비소 농도가 높은 편이다. 머리카락을 분석하면 얼마만큼 비소에 노출되었는지 비교적 정확하게 파악할 수 있다.

정상인이 치사량의 비소를 먹었을 때 보이는 첫 증상은 구토다. 위의 음식물 양에 따라서 15분 안에 시작될 수도 있고 몇 시간 뒤에 시작될 수도 있다. 안타깝게도 구토가 시작되었다면 몸에 흡수된 비소를 내보내기에는 너무 늦었다. 아직 소화되지 못한 채 위에 남은 잔여물 정도는 구토를 통해 몰아낼 수 있겠지만 말이다. 첫 구토가 끝나도 한숨 돌리긴 이르다. 곧 다시 구토가 시작되고, 환자는 입과 목의 통증과 갈증을 호소하고 음식을 삼키기 어려워할 것이다. 음료를 마셔도 갈증은 가라앉지 않고 오히려 구토가 심해진다. 위통이 심해지고 위를 살짝만 눌러도 아파한다.

다음으로 인체는 장을 비워서 독을 몰아내려 한다. 약 12시간 뒤에 설사가 시작되고, 설사는 점차 묽어지며, 결국에는 배뇨 후 뒤무직이라는 상태에 다다른다. 이것은 더 이상 배설할 것이 없는데도 계속 배설하고 싶어 하는 상태를 말한다. 인체는 신장과 소변을 통해서도 비소를 제거하려 하지만 이 배출 과정은 간헐적이다. 따라서 소변 검사를 한 번만 해서는 비소 중독인지 아닌지 확실히 판단할 수 없고, 두 번 이상 시료를 채취해야 정확히 판단할 수 있다. 혈관으로 들어간 비소는 인체에 엄청난 위협이 되는데, 대부분은 소변을 통해 배출된다. 소량이라면 섭취 후 이틀 안에 모두 빠져나가지만 다량이라면 몸에 축적된다. 그 결과로 생기는 증상 중 두드러진 것은 근육 경련, 특히 종아리 근육 경직이다. 인체에서 비소가 완전히 빠져나가는 데는 14일쯤 걸리지만 1주일이면 대부분 빠져나간다.

급성 중독이면 환자는 전형적인 쇼크 증상을 보이며 급격히 악화된다. 맥박이 빨라지는 동시에 약해지고, 피부가 차고 축축하고 창백해진다. 보통 12~36시간 만에 죽음에 이르지만 어떤 가엾은 영혼들은 4일까지 고통받기도 한다. 즉사한 사람의 간에는 최대 120피피엠까지 많은 양의 비소가 남지만 환자가 하루 이상 버텼다면 10~50피피엠 정도로 훨씬 적은 양이 남는다. 8장에서 소개할 한 희생자는 치사량을 먹고도 3일을 버텼는데, 시체의 간 속 비소 농도는 상대적으로 아주 낮았다.

비소를 치사량보다 적게 먹었을 때는 확실히 비소 중독이라고 판별할 만한 증상들이 드러나지 않는다. 구토, 설사, 위통, 갈증, 혀의 백태 등 평범한 식중독으로 인한 속 부대낌 현상으로 보일 만한 증세들만 보이기 때문이다. 그래서 의사들은 비소 중독을 정확히 진단하지 못했고, 살인자들은 비소를 완벽한 독약으로 보게 되었다. 물론 화학이 살인자들의 흥을 깨기 전의 이야기다.

직장에서 비소 증기나 먼지에 오랫동안 노출되었거나 소량의 비소 약품을 여러 차례 섭취해 만성 중독이 된 경우에는 우선 피부에 변화가 온다. 잠깐 동안은 오히려 혈색이 좋아지지만 나중에는 얼룩덜룩한 갈색 침착이 생긴다. 손발바닥 피부가 두터워지는데 이것이야말로 만성 비소 중독의 독특한 증상이다. 피로감, 초조함, 식욕 부진과 몸무게 감소, 축축하게 충혈된 눈 등이 장기간 비소를 섭취했을 때 생기는 현상인데 다만 처음에는 정반대의 효과가 일어나서 마치 비소가 강장제 역할을 하는 듯 보일 수 있다. 실제로 소량의 비소는 세포에 에너지를 공급하는 화학 반응을 빠르게 하는 자극제로 작용한다. 경주마의 속도를 높이는 데에도 쓸 수 있다. 부도덕한 조련사들이 말에게 비소를 먹여 우승 확률을 높이고는 했다. 하지만 말의 소변에서 비소가 50피피비 이상 검출되면 확실히 약물을 투여했다는 증거가 된다.

비소 화합물들도 신진대사를 활성화하는 강장 효과를 갖고 있다. 가령 삼산화비소 이온(AsO_3^{2-})은 산화 과정을 빠르게 해 주는 비소 분자를 형성함으로써 인산화 반응을 촉진한다. 비소를 섭취한 사람은 몸무게가 느는 경향을 보이는데, 이 점에 착안해 돼지나 가금류에게 록사르손(페닐비소산[20])을 먹여 고기 생산량을 늘리는 기법이 20세기에 사용되었다. 도축하기 1주일 전부터는 사료에서 록사르손을 뺌으로써 고기에 남은 비소가 배출될 시간을 주었다.

식물과 식품 속의 비소

미국 환경 보호국에 따르면 인체가 겉으로 아무 영향을 드러내지 않고 견딜 수 있는 1일 비소 섭취량은 몸무게 1킬로그램당 14마이크로그램이다. 몸무게 70킬로그램의 성인이라면 매일 1,000마이크로그램쯤 되는 셈이다. 일반적인 식단에 포함된 비소량은 이보다 훨씬 적어서 하루에 12~50마이크로그램이고, 매일 몸에서 배출되는 양도 이 수준이다. 하지만 일본인의 평균 섭취량과 배출량은 1일 140마이크로그램을 넘는다. 비소 함유량이 높은 생선과 갑각류를 많이 먹기 때문이다. 그래도 환경 보호국 기준보다는 한참 아래다.

바닷물의 비소 농도는 0.024피피엠에 불과하다. 하지만 어떤 해양 생물들은 몸에 상당히 많은 양의 비소를 농축시킨다. 해양 먹이 사슬에 처음으로 비소를 끌어들이는 것은 비소를 메틸화할 줄 아는 조류와 시아노박테리아다. 이들이 새우 같은 생물에게 먹히고, 새우가 물고기에게 먹히고, 물고기가 사람에게 먹힌다. 먹이 사슬의 높은 곳으로 갈수록 비소의 함유량이 줄어들지만 그래도 어떤 종들은 놀랄 만

---

20 화학식은 $C_6H_5AsO_3H_2$이다.

큼 높은 농도를 보인다. 굴은 약 4피피엠, 홍합은 120피피엠, 참새우는 175피피엠이다. 이들을 먹고 사는 물고기 중에도 비소 농도가 높은 것들이 있는데 가령 가자미는 4피피엠이다. 그러나 대부분의 물고기는 아주 적은 양을 흡수할 뿐이다. 해초에도 비소가 많이 들어 있다. 노스로널지라는 스코틀랜드의 먼 섬에는 해초만 먹고 사는 양들이 있는데, 그래도 생장에 아무 문제가 없는 듯하다.

비소가 있으면 더 잘 자라는 식물도 있다. 고사리의 일종으로 중국 사다리라고도 불리는 프테리스 비타타는 매우 왕성하게 자라는 식물인데, 비소를 잘 흡수한다. 벽돌 벽에서도 자라니 얼마나 튼튼한지 알 수 있다. 이 식물은 중량의 2퍼센트까지 비소를 흡수할 수 있으므로, 비소로 오염된 지역을 정화해야 할 일이 있으면 언젠가 유용하게 쓸 수 있을 것이다. 이 놀라운 능력을 발견한 것은 플로리다 대학교의 토양 화학자 레나 마(Lena Ma)가 이끄는 연구진이었다. 연구진에 따르면 이 식물은 토양 속 비소 농도가 높지 않을 때도 비소를 추출해 흡수했다. 예를 들어 정상 수준인 6피피엠에서도 그랬고, 농도 100피피엠의 땅에서 자랄 때는 비소를 더 많이 흡수하는 데에 그치지 않고 정상보다 40퍼센트 이상 크게 자랐다.

이 고사리의 덕을 볼 지역을 하나만 꼽으라면 영국 콘월 지방이다. 콘월의 토양은 세계에서 비소 함유량이 가장 높은 곳 중 하나인데, 그럴 만한 이유가 있다. 자세한 내용은 다음 장에서 설명하겠다. 어쨌든 이 운 나쁜 지역은 개천 토사의 비소 농도가 900피피엠이나 되고, 정원이나 농장의 흙 속 농도도 비슷하다. (영국 정부의 권장 한계는 40피피엠이다.) 집안 먼지에도 비소가 섞여 있다. 어떤 마을 사람들은 1일 섭취량 중 35마이크로그램을 집안 먼지로부터 흡입한다. 하지만 토양의 비소 농도가 1퍼센트를 넘는다고 해도 식물이 흡수하는 양은 무척 적어서 식품 안전 기준을 충분히 만족시키는 수준이다. 고사리가 필요한 지방을 또 소개하자면 뉴질랜드의 레포라 지구가 있다. 와이오타푸 지열 온천의 남쪽에 위치한 곳으로, 토양과 풀에 많은 비소가 축적되어 가축들이 중독될 정도다. 와이오타푸의 샴페인풀 온천물에도 비소가 풍부하다.

버섯도 비소를 잘 흡수한다. 특히 사르코스파에라 코로나리아라는 종은 건조 중량의 0.2퍼센트인 2,000피피엠까지 흡수한다. 보통의 버섯들은 이보다 1,000배가량 적은 양을 흡수할 뿐이다. 옛날에는 많은 사람들이 폐를 통해서도 비소를 흡수했다. 최소한 흡연자들은 그랬다. 담뱃잎의 살충제로 비소산납이 널리 살포되었기 때문에 일반적인 미국 담배 한 개비에 비소가 40밀리그램쯤 들어 있었던 것이다. 담배에 불이 붙으면 상당량이 공기 중으로 날아갔다. 미시시피에서는 1900년까지 콜로라도감자잎벌레를 처치하는 데 비소산구리를 많이 썼지만 결국 주 법률도 사용이 제한되었다. 1912년에는 비소산칼슘이 농업용 살충제로 도입되었는데, 특히 면 작물에 들끓는 목화다래바구미에 효과적이었다. 프랑스의 포도밭도 비소 제초제를 썼다. 가끔은 너무 지나쳐서 포도와 포도주를 비소로 물들일 정도였다. 1932년에는 프랑스 상선에서 선원 300명이 비소 중독을 일으킨 사건이 일어났는데, 원인이 바로 포도주였다.

비소의 특이한 점이자 수은과 상반되는 점은 유기물이 무기물보다 덜 위험하다는 것이다. 영국 식품 표준청은 유기 비소와 무기 비소를 구별해 식품 속 비소를 조사한 결과를 1999년에 발표했다. 그들은 개별 식품의 비소 농도를 조사하고, 그 식품이 영국인의 식단에 얼마나 많이 포함되어 있는지 알아본 뒤 두 값을 곱하는 방식으로 음식을 통한 영국인의 비소 섭취량을 계산했다. 평균적인 식단 구성에 대해서는 국가 식품 조사 보고서를 자료로 삼았다. 식품 표준청은 음식을 통한 비소 섭취량이 크게 늘지 않았다고 결론내렸다. 이것은 일각의 주장과는 다른 결론이었다. 표준청은 섭취량이 설령 조금 늘었다 해도 음식의 비소 농도나 비소 화합물의 형태가 걱정해야 할 수준은 아니라고 했다. 가장 큰 공급원은 생선으로, 1킬로그램당 평균 3밀리그램의 비소를 함유했다. 그러나 암 발생 위험을 높인다고 알려진 무기 비소는 0.03밀리그램에 지나지 않았다. 생선에 제일 많은 비소 화합물은 아세노베타인이란 유기 분자로서 가장 단순한 아미노산인 글리신에서 유도되는 물질이다.[21]

가금류의 비소 농도는 평균 0.07피피엠이었고 곡류는 0.013, 고기는 0.005, 뿌리채소류도 0.005(감자는 0.002), 빵은 0.004였다. 대개의 식품이 0.001피피엠 미만이었고 거의 전부 유기 비소였다. 달걀, 채소, 과일, 우유, 치즈 등은 0.001피피엠 수준이었다. 종합하면 보통 사람이 하루에 섭취하는 비소량은 50마이크로그램 정도고 그중 무기 비소는 1마이크로그램에 불과하다. 채식주의자이든 아니든 비소 섭취량에는 차이가 없다.

옛날에는 비소 때문에 수천 명이 한꺼번에 중독되는 사고가 간혹

---

21 아세노베타인 분자의 화학식은 $(CH_3)_3As^+CH_2CO_2^-$이다.

있었다. 실수로, 무심코, 또는 고의로 음식물에 비소가 첨가된 경우거나 어쩌다 보니 아무도 비소의 존재를 눈치채지 못한 경우였다. 흥미로운 사실은, 가장 큰 고통을 유발했던 사례는 비소가 몇 피피엠 수준으로 소량 존재해 즉각 눈에 띄는 효과를 일으키지 않은 경우라는 것이다. 다음 장에서 살펴보겠지만 이런 형태의 비소는 심지어 오늘날까지도 수백만 명의 목숨을 위협하고 있다. 반대로 지나치게 많은 양에 노출된 경우에는 몇 시간 만에 중독 사실을 알 수 있다.

1858년 11월에 요크셔 서부 브래드퍼드에서 대규모 급성 중독 사고가 일어났다. 주민 220명이 시장에서 산 싸구려 페퍼민트 사탕과자를 먹고 삼산화비소에 중독된 사건이었다. 그런 사탕의 정석적인 제조법은 설탕 24킬로그램, 식용 껌 2킬로그램, 페퍼민트 농축액 43그램을 섞는 것인데, 닐이라는 약삭빠른 제조업자가 설탕 24킬로그램 대신 훨씬 싼 황산칼슘 12킬로그램을 써도 된다는 사실을 알아내고 그렇게 사탕을 만들었다. 설탕은 1킬로그램당 13페니인 반면 대체물은 1킬로그램당 1페니에 불과했다.

장이 서는 토요일에 앞서 닐은 인근 시플리에 있는 약국으로 심부름하는 소년을 보내 황산칼슘을 사 오게 했다. 그런데 마침 약제사가 앓아눕는 바람에 조수인 18세의 윌리엄 고다드(William Goddard)가 대신 창고로 약을 가지러 갔다. 약제사는 구석에 있는 통에 물건이 들어 있다고 했고, 고다드는 그 말대로 구석의 통에서 흰 가루 24킬로그램을 꺼내 팔았다. 하지만 그것은 삼산화비소였다. 삼산화비소와 황산칼슘이 비슷한 통에 보관되어 있었고 통에 이름표가 없었던 것이다. 사실 이름이 적혀 있었지만 바닥에 적혔으니 무용지물이었다. 재앙이 발생하는 것은 시간 문제였다. 닐이 사탕을 만들었고, 소년이 사탕을 하다커라는 시장 상인에게 배달했다. 그리고 하다커는 운명의 토요일에 사탕을 57그램당 1과 2분의 1페니라는 특별가에 팔았다. 너무나 싼 값에 사탕은 거의 매진되었다.

일요일 아침, 9세 된 일라이자 라이트와 14세의 조지프 스콧이라는 두 소년이 간밤에 갑자기 죽었다는 신고가 브래드퍼드 경찰서에 들어왔다. 아무래도 정황이 의심스러웠고, 원인은 페퍼민트 사탕인 듯했다. 브래드퍼드 경찰서장은 신속히 행동에 나섰다. 부하들을 총동원해 온 시내를 다니며 종을 울리도록 해 사람들에게 독이 든 사탕을 주의시켰다. 그리고 아직 먹지 않은 것이 있으면 내놓으라고 했는데, 이렇게 수거된 사탕 16킬로그램을 나중에 검사해 보니 삼산화비소가 1,000밀리그램이나 든 것도 있었다. 안타깝게도 이미 많은 사람들이 사탕을 먹은 뒤라서 다음 주에 사망자 20명이 추가로 발생했고 200여 명이 병원 치료를 받았다.

맨체스터에서도 1900년에 6,000명이 중독되는 사건이 발생해 70명이 죽었다. 이때는 맥주가 범인이었다. 나중에 확인해 보니 맥주의 비소 농도가 15피피엠이었는데, 5파인트를 마시면 아주 위험한 수준인 40밀리그램 가까이 섭취하는 셈이었다. 남자들은 주중에도 매일 그 정도씩은 맥주를 마셨다. 비소는 맥주 발효에 사용된 글루코스에서 온 것이었다. 삼산화비소산[22]을 1.4퍼센트 포함한 황산으로 제조한 글루코스의 비소 농도는 수백 피피엠 수준이었다. 황산의 원료인 황철

---

22 화학식은 H_2AsO_3이다.

광(FeS_2)의 비소 농도가 높았던 것이 문제였다. 황산을 생산할 때 황철광을 세게 가열해 황을 이산화황 기체로 바꾼 뒤 그것으로 황산을 만드는데, 만약 황철광에 비소가 섞여 있으면 그 역시 삼산화이비소(As_2O_3) 형태로 빠져나와 삼산화비소산을 형성한다.

   맨체스터 사건을 조사하기 위해 왕립 위원회가 소집되었고, 1902년에 위원회 보고서가 나왔다. 그들은 제조 단계에서 황산에 접촉할 가능성이 있는 글리세린, 글루코스, 맥아, 당밀, 맥주의 비소 함유량을 엄격하게 규제하기로 했다. 그런 제품들의 법적 함유량 한계는 1파운드 또는 1갤런당 약 0.01그레인인 0.14피피엠이었다. 위원회는 황산이나 글루코스와 접촉하지 않은 맥아에서도 비소가 검출된 것을 보고 혼란스러웠다. 더 조사해 보니 맥아의 원료인 보리를 다락에서 말릴 때 다락 벽과 천장으로부터 떨어진 먼지가 묻었는데, 그 먼지에 비소가 들어 있었다. 먼지는 난방에 사용된 코크스 연료에서 나온 것이었다.

   1952년에도 비소로 인한 대형 사고가 일어났다. 당시 59세였던 프랑스 화학자 자크 카제니브(Jacques Cazenive)가 제조한 보몰이라는 땀띠약이 아기 73명을 죽이고 270명을 앓게 한 사고였다. 피부에 좋다는 산화아연을 사용해야 할 것을 실수로 삼산화비소를 사용한 게 문제였다. 발병을 조사하던 사람들은 땀띠약을 사용한 아이들의 피부가 손상되고 상처가 난 것을 보고 보몰을 지목했다. 가루를 조사한 결과 비소 농도가 높은 것이 확인되었다.

비소 먹는 사람들

1800년대에 이런 소문이 돌았다. 오스트리아와 헝가리 국경 지역인 그라츠 근처 알프스 산맥에 스티리아(슈티이마르크)라는 동네가 있는데, 그곳 농부들은 치사량을 넘는 삼산화비소를 강장제로 복용한다는 것이다. 그라츠의 의사들이 정말 그런 사람들이 있다고 증언했지만, 사람들은 말도 안되는 얘기라고 생각했고, 의사들도 대부분 믿지 않았다. 실제로 그곳 남자들은 고지대에서 원활하게 호흡하기 위해 비소를 먹었고, 여자들은 당시의 이상적인 외모였던 포동포동한 몸매를 만들기 위해서, 그리고 혈색을 좋게 하기 위해서 비소를 먹었다. (비소는 실제로 뺨을 장밋빛으로 만든다. 이것은 건강이 좋다는 뜻으로 해석되었지만 사실은 표피 혈관이 손상되어 일어나는 일이다.) 남자들은 또 비소가 활력을 주고, 소화를 돕고, 병을 막아 주고, 용기를 북돋우고, 성 능력을 높여 준다고 주장했다.

스티리아 농부들이 처음 비소를 기호 식품으로 먹게 된 것은 일대에서 광업이 시작된 1600년대였던 것 같다. 광물을 정련하는 작은 오두막들의 굴뚝 벽에서 삼산화비소를 긁어낼 수 있었고, 굴뚝에서 흰 비소 연기가 피어오르기도 했다. 주민들은 삼산화비소를 흰 연기라는 뜻의 '히트리히파이틀'이라고 불렀고, 소금처럼 빵이나 베이컨에 뿌려 먹었다.

비소 먹는 사람들이 세간의 주목을 받게 된 것은 1851년에 폰 추디(Von Tschudi) 박사가 그들에 대한 논문을 의학 잡지에 발표하면서부터다. 찰스 보너(Charles Boner)가 그 논문을 《챔버스 에든버러 저널

(Chambers' Edinburgh Journal)》에 다시 실었고, 이로써 일대 반향이 일어 전 세계 30개국 잡지에 논문이 게재되기에 이르렀다. 1855년에는 존스턴(J. F. W. Johnston)이 『현대 생활 화학(The Chemistry of Modern Life)』에서 이들에 관해 언급해 대중의 관심을 끌었다. 1860년에는 헨리 로스코(Henry Roscoe) 교수가 맨체스터 문학 및 철학 협회 모임에서 이야기를 꺼낸 데 이어 1877년에 칼 쇼를렘머(Carl Schorlemmer)와 공저한 유명 교과서 『화학 논문(Treatise on Chemistry)』에서도 언급해 학계에 널리 알렸다.

스티리아 사람들은 주 2~3회 약 0.5그레인(30밀리그램)을 복용하는 것으로 시작해 차차 1그레인, 2그레인으로 양을 늘렸고, 그 복용량을 평생 유지했다. 어떤 남자들은 성인의 치사량을 뛰어넘는 5그레인(300밀리그램)을 먹을 수 있다고 했고, 한 밀렵꾼은 거의 1그램까지 먹을 수 있다고 했다. 농부들은 복용량을 재는 데 능숙했다. 커다란 비소 덩어리에서 필요한 양만 척척 깎아 냈다. 40년 가까이 이런 습관을 유지하고도 겉보기에 아무 해가 없는 사람들이 있었다. 히트리히 파이틀의 덕을 본 것은 사람만이 아니었다. 말을 기르는 이들은 준마에게 비소를 먹이기도 했다. 말의 건강과 외모를 좋게 해 주고 정력도 증강시켜 준다는 이유에서였다.

이 이야기를 들은 사람들은 오늘날 우리가 도시 괴담에 대해 그러듯이 으레 회의적인 반응을 보였다. 물론 그것이 자연스러운 반응이다. 비소 섭취를 과학적으로, 그것도 공개적으로 시연해 보이지 않는 한 깨기 힘든 반응이었다. 결국 1875년에 그라츠에서 열린 제48회 독일 예술 과학 협회 모임에서 공개 시연이 이뤄졌다. 크나프 박사라는 사람이 운집한 군중에게 비소 먹는 사람 둘을 소개했고, 그 자리에서 한 사람은 삼산화비소 400밀리그램을, 다른 한 사람은 웅황(황화비소) 300밀리그램을 먹었다. 다음 날, 두 남자는 다시 군중 앞에 나타나 최상의 건강 상태임을 보여 주었다. 그들의 소변을 검사했더니 정말 다량의 비소가 확인되었다. 비소를 먹어도 괜찮다는 사실, 서서히 복용량을 늘리면 면역력을 키울 수 있다는 사실에는 이제 의심의 여지가 없었다.

비소 복용에는 부작용이 있었다. 비소는 우리 몸의 필수 원소인 아이오딘의 활동을 방해한다. 아이오딘은 갑상선이 티록신 호르몬을 생성하는 과정에 필수적인 재료고, 티록신은 갖가지 신진대사 활동을 관장하는 호르몬으로 체온 유지 등을 담당한다. 스티리아 사람들은 아이오딘 결핍으로 인한 갑상선종을 흔하게 앓았고, 아이들은 크레틴 병(갑상선 호르몬 결핍으로 불구가 되는 병 ― 옮긴이)을 앓았다.

스티리아 사람들의 비소 면역 방법이 알려지자, 변호사들은 재판에 회부된 살인 피의자 고객을 변호할 때 이른바 스티리아 변호법이라는 것을 쓰기 시작했다. 희생자의 몸에 비소가 있는 것은 그(희생자는 보통 남성이었다.)가 정기적으로 비소를 복용했기 때문이라고 주장할 수 있었고, 피의자의 소지품에 비소가 있는 것은 그녀(피의자는 종종 여성이었다.)가 혈색 개선제로 비소를 복용했기 때문이라고 주장할 수 있었다. 1800년대 후반에는 비소의 혈색 개선 효과를 이용한 특허 화장품들이 여럿 선보였다. 가령 심스 박사의 '비소 혈색 개선 웨이퍼' 같은 제품은 "아름답고 투명한" 피부를 만들어 주고, 주름살을 없애 주고, 눈동자를 맑게 해 주고, 기운을 돋워 준다고 선전했다. 스

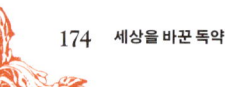

티리아 변호법 이야기는 뒤에도 자주 나올 것이다. 1857년의 매들린 스미스 재판, 1889년의 플로렌스 메이브릭 재판, 1937년에 오스트리아에서 벌어진 마이어호퍼 재판 등에서 사용되었기 때문이다.

의약품 속의 비소

스티리아 사람들처럼 비소를 마구 '먹는' 건 빅토리아 시대 사람들에게도 끔찍한 일이었던 모양이지만, 치료 효과가 있다는 비소를 소량 복용하는 건 그다지 꺼려지는 일이 아니었다. 사실 비소 요법은 역사가 꽤 깊다. 히포크라테스(Hippocrates, 기원전 460~377년)는 붉은 계관석이 궤양에 좋다고 했다. 기원전 200년의 고대 중국 의학 문헌을 보면 웅황과 계관석을 종기나 연주창 치료에 사용했다. 유럽에서는 1110년대부터 삼산화비소가 말라리아(삼일열) 치료제로 쓰였다. 후대의 의사들은 한층 쉽게 구할 수 있는 노란 웅황을 선호했고, 관절염, 천식, 말라리아, 결핵, 당뇨, 성병 등 온갖 질병에 적용했다. 물론 효력은 극히 제한적이었다.

천연 비소 광물들은 수백 년 동안 약제사와 의사들이 갖춰야 할 재료로 취급되었고, 지금도 중국 의약품 중에는 비소 화합물을 함유한 것이 있다. 티볼 또는 허브볼이라고 불리는 민간 의약품도 그중 하나인데, 열을 내리거나 류머티즘 통증을 완화하거나 긴장을 푸는 등의 용도로 널리 사용된다. 용법은 따뜻한 포도주나 물에 녹여 마시는 것이다. 허브볼의 비소 성분이 알려진 것은 1995년의 일이었다. 중국에서 미국으로 수출되는 허브볼 일부에 진짜 코뿔소 뿔이 사용되었다는 제보를 듣고 미국 세관이 압류를 한 것이 계기였다. 알고 보니 코뿔소 뿔은 들어 있지 않았지만 감식을 맡은 화학자들은 그 대신 비소 성분을 확인했다. 어떤 제품에는 삼산화비소가 35밀리그램이나 들어 있었다. 하루 2개씩 복용하라는 지침에 따르면 70밀리그램을 먹게 되는 셈이었다.

영국, 파키스탄, 인도에서도 민간요법의 재료에서 최대 100밀리그램의 삼산화비소가 검출되었다. (황화수은도 들어 있었다.) 1975년에 싱가포르에서도 비소 중독 사고가 발생했는데, 원인을 추적해 보니 삼산화비소 10퍼센트의 물질을 사용하는 전통 치료법 때문이었다.

비소를 소량 복용하는 것은 건강을 크게 해치지 않을 뿐더러 단기간은 오히려 유익한 효과를 낳을 수도 있다. 실제로 강장 효과가 있다고 알려진 용천수에 비소가 들어 있는 경우도 많다. 아마 비소 때문에 강장 효과가 있을 터이다. 저 유명한 프랑스 비시 온천수도 비소 농도가 2피피엠 가까이 되고, 이보다 농도가 높은 곳도 많다. 하지만 통에 담겨 팔리는 요즘 광천수 제품에는 비소가 거의 없거나 아예 없다.

비소가 의학적으로 널리 쓰이게 된 것은 18세기에 파울러 용액이 등장하면서부터였다. 1780년대에 영국 미들랜즈 지방의 스태퍼드 병원에서 일하던 토머스 파울러(Thomas Fowler)는[23] '토머스 윌슨의 오한, 발열용 무미(無味) 용액'이라는 특허 의약품의 성능에 감명을 받았다. 파울러는 병원 소속 약제사인 휴스와 함께 그 약을 분석해 유효 성분이 비소임을 알아냈다. 파울러는 비소를 재료로 자기 나름의

---

23 파울러는 1801년에 요크에서 사망했다.

약품을 개발했고, 1786년에 『오한 다스리기, 열 내리기, 간헐적 두통 완화에서 비소의 효능에 관한 의학적 보고(Medical Reports of the Effects of Arsenic in the Cure of Agues, Remitting Fevers and Periodic Headaches)』라는 제목의 책을 발표했다.

파울러가 만든 약은 삼산화비소산칼륨 용액에 라벤더 물을 조금 섞은 것이었는데, 라벤더 물은 실수로 마시는 것을 막기 위해 들어갔다. 제조법은 삼산화비소 10그램과 탄산수소칼륨 7.6그램을 증류수 1리터에 녹인 뒤 약간의 알코올과 라벤더 오일을 섞는 것이었다. 영국 약전이 권장하는 1회 최대 복용량은 0.5밀리리터로서 비소 5밀리그램을 함유하는 양이었다. 파울러 용액은 신경통, 매독, 요통, 간질, 피부병 등 온갖 질환에 처방되었다. 1주일 동안 하루 세 번 열두 방울씩 마신다면 매일 120밀리그램의 비소를 먹는 셈이었다. 약은 물이나 포도주에 타서 마시라고 했다. 파울러 용액은 1809년에 처음 런던 약전에 실린 뒤 19세기 내내 만능약처럼 각광받았다. 강장제로 처방되는가 하면 최음 효과가 있다는 소문도 돌았고, 회복기에 접어든 환자에게도 처방되었다. 찰스 다윈이 앓았던 정체 모를 질병도 비소 중독이었을지 모른다. 다윈은 손떨림을 치료하기 위해 파울러 용액을 정기적으로 복용했는데, 가끔 과다 복용하기도 했을 것이기 때문이다.

에든버러 왕립 의사 협회의 부회장이자 빅토리아 여왕이 스코틀랜드에 머무를 때 주치의를 맡았던 제임스 벡비(James Begbie) 같은 유명인사가 파울러 용액의 효능을 보증했으니, 인기가 떨어질 수 없었다. 벡비는 1주일 이상 복용하면 목 건조, 잇몸 무름, 메스꺼움, 설사 등의 부작용이 생긴다고 지적했지만 경고를 귀담아 듣는 사람은 많지 않았다. 당시는 몇 년에 걸쳐 복용하는 사람도 흔했는데, 파울러 용액을 규칙적으로 복용한 이런 사람들은 훨씬 더 심각한 악영향에 스스로를 노출시킨 셈이었다. 바로 암이었다.

파울러 용액을 몇 년 동안 복용한 환자 262명을 조사한 결과, 절반은 손발바닥이 두터워지는 각화증이 있었고, 10명 중 1명꼴로 피부암이 있었다. 의사 처방 없이 제멋대로 약을 복용한 사람들도 있었다. 결국 파울러 용액의 치료 효과가 반증되었고 1950년대에는 판매가 금지되기에 이르렀다. 1955년에 손발바닥 피부가 두꺼워지고 갈라지는 증세로 병원을 찾은 39세 남성의 사례가 보고되었는데, 그는 '신경쇠약' 치료용으로 파울러 용액을 처방받은 뒤 무려 12년 동안 하루 세 번씩 복용했다. 맨 처음의 처방전으로 계속 약을 구입했지만 약제사는 한 번도 의문을 제기하지 않았다고 했다.

현대 의학에서는 파울러 용액이 더 이상 사용되지 않는다. 하지만 주성분인 삼산화비소는 다른 곳에서 활로를 찾았다. 이에 대해서는 뒤에 살펴보겠다. 한때는 치과 의사들도 삼산화비소를 사용했다. 곤죽처럼 만든 삼산화비소를 충치 구멍에 집어넣음으로써 이를 때우기에 앞서 신경을 죽였다. 하지만 구멍에서 비소가 흘러나와 아래턱뼈를 손상시키거나 잇몸을 괴사시키는 일이 있었다. 그래도 비소는 여러 세련된 약품들의 구성 성분으로 나름의 역할을 계속 수행했고, 아주 최근까지 사용되었다.

비소를 의학적으로 사용하는 데 있어 놀라운 진전을 이룬 사람을 하나만 꼽으라면 파울 에를리히(Paul Ehrlich, 1854~1915년)일 것이다. 에를리히는 1854년 3월 14일에 슈트렐렌의 부유한 유대 인 집안에서 태어났다. 그곳은 지금은 폴란드에 속하지만 당시에는 독일에 속했던 슐레지엔 지방의 마을이었다. 그는 슈트라스부르크, 프라이베르크, 라이프치히의 의학 학교에서 공부했고 대학 부속 병원에 자리를 얻고 싶어 했다. 1878년에 그는 베를린의 샤리테 병원 연구원 자리를 받아들였지만 1885년에 덜컥 결핵에 걸려 2년 동안 이집트에서 요양을 해야 했다. 1890년에 베를린으로 돌아온 에를리히는 근면하기로 유명한 하인리히 헤르만 로베르트 코흐(Heinrich Hermann Robert Koch, 1843~1910년)와 함께 일하게 되었고, 비록 오래된 빵집을 개조한 곳이었지만 자기만의 연구실도 있었다.

1899년, 에를리히는 프랑크푸르트 암마인에 위치한 국립 실험 치료 연구소의 초대 소장으로 임명되었다. 그곳에서 세상에 이름을 떨칠 발견을 하게 될 터였다. 에를리히는 인체에는 무해하지만 인체 내 병원체들에게는 독소가 되는 화학 물질을 찾고 싶었다. 그가 대상으로 삼은 병원균은 체체파리가 옮기는 편모성 원생동물로서 수면병의 원인인 트리파노소마였다. 가장 유력한 화합물은 아톡실이라는 이름의 비소 화합물이었다. 아톡실은 1859년에 프랑스 화학자 앙투안 베샹(Antoine Bechamp)이 처음 만들었고, 1899년에 영국 의사 토머스(H. W. Thomas)가 수면병에 처방해 약간의 성공을 거둔 물질이었다. 다만 부작용이 심한 게 문제였다. 아톡실을 복용한 환자 중 일부가 시신경 손상으로 실명했다.

에를리히는 1906년에 아톡실을 개량하기 시작했다. 이미 화학식[24]

---

24 아톡실의 화학명은 파라-아미노페닐삼산화비소산나트륨, $Na[H_2NC_6H_4AsO_3H]$이다.

이 밝혀져 있다는 사실이 큰 도움이 되었다. 어떻게 생긴 분자인지 정확히 알고 있으니 그와 비슷하면서 덜 위험한 분자를 고안하는 일이 가능할 것 같았다. 에를리히는 함께 일하기 까다로운 사람이었다. 자신이 정한 실험 지침들을 문자 그대로 엄밀히 따를 것을 요구했다. 그에게는 자신이 지시한 화학 실험을 고분고분 수행할 동료가 필요했지만 동료들은 그러고 싶어 하지 않았다. 에를리히가 정확한 지침을 따르라고 다그치자 몇몇은 사직을 불사했다. 다행히 에를리히에게 보조를 맞출 준비가 된 사람이 딱 한 명 있었다. 알프레트 베르트하임(Alfred Bertheim)이었다. 에를리히는 베르트하임을 보조할 조수들을 구해 주었다.

에를리히는 새로 고안하는 화합물마다 번호를 매기고 조수들에게 어떻게 합성할지 지시했다. 원하는 분자를 제대로 만들었다는 확신이 들면 시험을 해 보았다. 실험은 매독을 일으키는 나선균인 트레포네마 팔리듐에 감염된 토끼를 대상으로 했다. 토끼를 매독에 감염시키는 기법을 발명한 것은 일본 과학자 하타 사하치로(秦佐八郎)였는데, 에를리히는 그를 설득해 자신의 실험실에서 함께 일하도록 했다. 418번 화합물은 매독 치료에 어느 정도 효과가 있는 듯했다. 그러나 희망의 불씨가 진정한 불꽃으로 피어난 것은 베르트하임이 606번 화합물을 합성한 순간이었다.

영광의 그날은 1909년 8월 31일이었다. 에를리히는 음낭에 거대한 매독 궤양이 생긴 수토끼에게 사하치로가 606번 화합물을 주입하는 장면을 지켜보았다. 토끼는 별다른 이상을 보이지 않았다. 그리고 다음 날, 궤양의 체액을 조사해 보니 살아 있는 매독균이 하나도 발견

180 세상을 바꾼 독약 한 방울 1

되지 않았다. 심지어 1개월 만에 궤양이 완전히 나았다. 이제 에를리히는 새 약물을 사람에게 주입해도 될 것인가를 놓고 머리를 싸맸다. 아톡실로 인한 실명 사고를 떠올리지 않을 수 없었기 때문이다. 마침내 젊은 두 조수가 자원하고 나서서 에를리히의 시름을 덜어 주었고, 두 사람 모두 아무런 해를 입지 않았다.

그러나 에를리히는 여전히 주저했다. 그러던 중 상트페테르부르크에 재귀열이 발병하자 에를리히는 그곳의 의사 율리우스 이베르손(Julius Iverson)에게 606을 제공하기로 결심했다. 재귀열은 진드기를 통해 감염되는 열대성 질병이다. 이베르손은 55명의 환자에게 새 약물을 투여했고, 그중 51명이 주사 한 번에 완벽히 나았다고 보고했다. 곧 매독 환자에 대한 시험도 이루어졌다. 그리고 4월 19일, 에를리히는 독일 비스바덴에서 열린 국제 의학 대회에서 새 약품을 공개했다. 에를리히는 606의 일반명을 아르스페나민이라 지었고, 이 물질은 살바르산이라는 상품명으로 시장에 판매되기 시작했다. 실로 전 세계를 떠들썩하게 한 놀라운 소식이었다. 모두가 새 치료제에 대해 이야기했고, 아예 에를리히 606 또는 606이라고 불렸다.

비소를 함유한 제제들이 응당 그렇듯 살바르산도 부작용이 있었다. 에를리히는 쉬지 않고 개량에 매달렸고, 살바르산보다 부작용이 적은 914번 화합물을 만들어 네오 살바르산이라는 이름으로 선보였으며, 이후에도 더 나은 유도체들을 계속 개발했다. 1937년에는 새로 합성되어 시험을 거친 비소 화합물의 수가 8,000개에 육박했고, 그중 몇몇은 아스티놀(발라르센), 아세타르손, 트리파르사미드, 카르바손 같은 약품의 재료로 쓰였다. 이중 트리파르사미드는 아프리카에서 수면병을 치료하는 데 널리 사용되었다. 다만 몇몇 균주들은 이 약에 저항력이 있었고, 피부염이나 시신경 손상 등 몇 가지 부작용이 있었다. 트리파르사미드의 판매 기간 동안 약을 처방받은 사람의 수는 4만 명이 넘었고, 수면병 사망률은 35퍼센트에서 5퍼센트로 극적으로 떨어졌다.[25]

가끔 살바르산 부작용으로 귀가 멀거나, 괴저가 생겨 사지를 절단해야 하는 경우가 있었다. 언론은 에를리히가 매춘부들을 실험용 쥐처럼 부려먹었다는 끔찍한 비방을 퍼부었다. 그런 기사를 쓴 기자들 중 한 명이 감옥에 갇히는 등 사태는 수습되었지만, 에를리히는 그로 인한 우울증을 극복하지 못했다. 에를리히는 1915년 8월 20일에 뇌졸중을 일으켜 사망했는데, 우울증 역시 그의 죽음에 한몫을 했을지 모른다. 어쨌든 그는 살바르산 특허로 백만장자가 되었고 1908년에는 러시아의 배아학자 겸 면역학자 일리야 메치니코프(Elie Metchnikof, 1845~1916년)와 공동으로 노벨 의학상도 받았다. 한편 손수 606을 합성했던 베르트하임은 운이 좋지 못했다. 재물도, 국제적 명성도 얻지 못했고 오히려 우스꽝스러운 비극이라 할 만한 최후를 맞았다. 1914년 8월에 제1차 세계 대전이 발발하자 군대에 지원했는데, 자기 발목의 박차에 걸려 넘어져 계단에서 구르는 바람에 목이 부러져 죽었다.

---

25 할리우드는 「에를리히 박사의 마법의 탄환」(1940년)이라는 전기 영화를 제작해 에를리히에게 경의를 표했다. 에드워드 로빈슨이 에를리히를 연기했다.

비소와 암

1990년대에 미국에서는 비소가 피부암, 폐암, 방광암, 전립선암을 일으킨다는 주장이 제기되었다. 심지어 당뇨, 심장병, 빈혈, 그리고 면역계, 신경계, 생식계 이상에도 연관이 있다고 했다. 면역계 이상이 거론된 이유는 비소가 내분비 교란 물질일 가능성이 높아 보였기 때문이다. 달리 말해 호르몬 작동을 방해하는 것처럼 보였다. 이런 걱정은 대부분 근거 없는 것으로 밝혀졌지만, 사실에 근접한 부분이 한 가지 있었다. 비소는 발암 물질로 분류되어 있다. 직업상 비소에 노출되는 사람은 암에 걸릴 위험이 높아진다고 알려져 있다. 결정적 증거는 아직 없지만, 비소가 폐암을 일으킨 실제 사례가 있다. 비소를 함유한 황화 금속 광석을 정련하는 과정에서 삼산화비소 연기를 쐰 노동자들이 폐암에 걸린 사건이었다. 파울러 용액을 오랫동안 처방받은 사람들 역시 암 발생 위험이 있었다.

비소와 암의 관계를 처음 의심한 사람은 영국의 조너선 허친슨(Jonathan Hutchinson, 1828~1913년)이었다. 1888년에 허친슨은 비소 혼합물로 건선 치료를 받은 환자들이 피부암에 잘 걸린다는 사실을 발견했다. 비소에 장기간 노출되면 만성 피부염을 앓기 쉬웠는데, 이것이 결국 피부암으로 발전하는 것이 아닌지 허친슨은 의심했다. 이제 우리는 허친슨의 직감이 틀리지 않았음을 안다. 정황상 범인은 **무기** 비소였던 것 같다. 즉 산화수가 3인 삼산화비소(AsO_3^{3-})와 산화수 5인 사산화비소(AsO_4^{3-}) 화합물들이다. 무기 비소가 방광암, 폐암, 간암과 상관 관계가 있다는 역학 조사 결과도 있다. 영국 체셔 주 중앙 독물학 연구소의 존 애시비(John Ashby)와 동료들은 1991년에 삼산화비소가 쥐에 유전적 이상을 일으켜 암을 유발할 가능성이 있음을 확인했다. 하지만 웅황은 그런 효과가 없었다.

그렇지만 동물에게 고농도의 삼산화비소를 가했을 때 실제로 암이 발생한 사례는 없었다. 발암 물질에 민감하게 반응하도록 특별 교배된 쥐들을 대상으로 실험해도 마찬가지였다. 그 때문에 비소가 발암 물질이 아니라고 생각하는 사람들도 있다. 2001년에 뉴욕 대학교 의학 센터의 토비 로스먼(Toby G. Rossman)이 발표한 실험 결과도 이 견해를 뒷받침하는 듯하다. 로스먼에 따르면 비소는 DNA와 반응하지 않았고, 따라서 돌연변이를 일으키지 않았다. 로스먼은 피부암에 취약하도록 조작된 쥐들을 대상으로 실험했다. 쥐에게 비소 농도 500피피비의 물을 먹인 뒤 강한 자외선을 쐬게 했는데, 쥐들은 화상을 입었지만 종양을 발전시키지는 않았다.

1988년에 미국 환경 보호국이 비소를 A급 인간 발암 물질로 분류한 이유는 대만에서 비소가 포함된 물을 마신 사람들이 높은 발암률을 보인 사례 때문이었다. 다음 장에서 자세히 살펴볼 테니 간단하게만 설명하겠다. 비소 물로 인한 발암 확률을 수치로 표현할 수 있는데, 미국 국립 연구 위원회에 따르면 음용수의 비소 농도가 3피피비일 경우 방광암과 폐암의 평생 발병률이 1,000명당 1명 꼴로 높게 드러났다. 정상적 암 발생 확률이 1만 명당 1명임을 감안하면 아주 높은 수준이다.

무기 비소가 정말 암을 유발할 가능성도 있겠지만 반대로 암을 물리치는 데에도 사용될 수 있다. 몇 년 전부터 비소가 혈액 형성을 촉

진한다는 사실이 알려져 한때 빈혈 치료제로 쓰였다. 결국에는 사용이 중단되었지만, 비소의 효능이 아주 잊혀진 것은 아니었다. 최근 미국 식품 의약청은 급성 전골수구성 백혈병 치료제로 트리세녹스(삼산화비소)를 인가했다. 트리세녹스는 암적으로 증식한 백혈구들 때문에 정상 혈구의 수가 줄어든 환자의 혈액에서 혈구 생산을 촉진한다. 이렇게 삼산화비소를 다시 도입한 것은 1997년, 슬론 케터링 메모리얼 암센터의 스티븐 수아넷(Steven Soignet)과 레이먼드 워렐(Raymond Warrell)이었다. 두 사람은 중국 과학자들이 이 암에 걸린 환자들에게 삼산화비소를 썼다는 이야기를 읽고 개발에 나섰다. 1996년 6월호 《블러드(Blood)》에 실린 논문에 따르면 중국 과학자들은 다른 항암 치료들로 효과를 보지 못한 환자 16명에게 45일 동안 매일 10밀리그램씩 삼산화비소를 정맥 주사함으로써 병세 완화 효과를 거두었다.

비소의 공급원과 사용처

지각의 비소 광물은 대개 황화물 형태다. 붉은 계관석(As_4S_4), 노란 웅황(As_2S_3), 은색 유비철석(FeAsS), 철회색 황비동석(Cu_3AsS_4) 등이다. 비소를 얻으려고 이들을 발굴하는 일은 없다. 세계에는 이미 필요량 이상의 비소가 존재하기 때문이다. 구리나 납 같은 광석을 정련할 때 부산물로 비소가 나온다. 삼산화비소의 전 세계 생산량은 연간 5만 톤 정도인데 대부분 중국의 산업계에서 쓰인다. 중국은 주요 비소 수출국이기도 하다. 구리와 납 광석에 포함된 비소가 1000만 톤이 넘고, 비소는 늘 남게 마련이므로, 가끔 잉여 비소를 바다에 투기하기도 한다.

비소의 용도는 이것저것 다양하게 개발되어 왔다. 초기에 발견된 용도 중 하나는 납에 비소를 약간(0.4퍼센트) 첨가하면 완벽한 구형 탄알을 만들 수 있다는 것이었다. 삼산화비소구리(패리스그린)는 사과나무의 해충인 코들링나방을 처치하는 등 원예용 스프레이로 쓰였다. 사산화비소납도 같은 용도로 쓰였는데, 1941년에 미국에서 546명의 과수원 노동자들을 검사한 결과 7명이 만성 비소 중독을 앓는 것으로 드러났다. 지금은 이 용도에 비소가 쓰이지 않는다. 한때 감자 수확 전에 고엽제로 삼산화비소나트륨 용액을 뿌리기도 했는데, 이것도 1971년에 금지되었다.

미국에서는 수년간 비소화크로뮴구리(CCA)로 목재를 압력 처리해 부식이나 흰개미 번식을 막았다. 약품 처리된 목재 제품의 70퍼센트가 비소화크로뮴구리로 가공된 것이었고, 가공 산업의 규모는 40억 달러에 달했다. 미국 내 350개 시설에서 연간 1억 5000만 달러어치의 비소화크로뮴구리가 사용되었다. 2003년 12월을 기점으로 미국에서는 비소 보존재가 붕소화구리 화합물로 대체되기 시작했지만 다른 나라들은 아직 사용을 허락하고 있다.

1997년만 해도 미국은 비소 금속 1,200톤과 삼산화비소 3만 톤을 수입했다. 삼산화비소의 경우 1만 6000톤은 목재 보존재로, 5,500톤은 제초제나 동물 사료 첨가제 같은 농업용 화학 제품을 만드는 데 쓰였다. 사료 첨가제는 돼지나 가금류의 질병을 막고 생장을 촉진하기 위해 사용된다. 유리 제조에도 삼산화비소가 800톤 사용되고, 합금 제조에 금속 비소 700톤이 사용된다. 요즘은 옛날에 비해 직업적

비소 중독 사고가 훨씬 적은 편이지만 아주 없지는 않다. 가령 1998년에 미국 유독 물질 노출 감시 시스템에 약 1,400건의 중독 사례가 보고되었고, 그중 3분의 1은 살충제가 원인이었다.

과거에 비소를 쓰던 산업이 대체물을 찾는 동안, 한편에서는 예전만큼 큰 규모는 아니지만 새롭게 비소를 사용하기 시작한 산업도 있다. 우선 전자 산업이 있다. 다이오드, 레이저, 트랜지스터 제조에 비소가 쓰인다. 비소는 실리콘과 게르마늄 반도체에 첨가되어 격자형 결정에 전자를 제공하는 역할을 한다. 최근에는 비소화갈륨 반도체 제조에 비소가 많이 사용된다. 이 반도체는 전류를 레이저로 전환하는 능력이 있어서 소형 전자 공학 분야에서 중요한 부품으로 쓰이는데, 이때는 순수한 수소화비소(AsH_3) 기체가 사용된다. 갈륨이 아닌 다른 물질에 수소화비소 기체가 적용될 때도 있다. 이렇게 첨가된 비소 원자들은 반도체에 전자를 공급하는 전자 주개(도너라고도 한다. ─ 옮긴이) 역할을 한다. 가령 비소화갈륨보다 정교한 비소화인듐(InAs)도 이런 식으로 생산된다.

비소는 우리 주변 어디에나 있다. 환경에 매년 더해지는 양도 갈수록 늘고 있다. 자연 공급원으로는 화산이나 미생물 등이 있는데, 화산은 연간 3,000톤, 미생물은 연간 2만 톤의 휘발성 메틸수소화비소(아르신)를 방출하고, 이렇게 대기로 나온 비소는 결국 비에 씻겨 땅이나 바다에 떨어진다. 화석 연료 연소에서는 연간 8만 톤이 방출된다. 엄청나게 많은 양처럼 보일지 몰라도 지구 전체로는 크게 부담스러운 양은 아니다. 게다가 자연의 비소는 일단 황 원자를 만나 이동성이 낮은 불용성 황화물이 되기만 하면 비교적 안전한 편이다.

전쟁에 사용된 비소

동로마 제국을 계승한 비잔틴 제국의 힘은 그들이 가졌던 경이로운 무기인 그리스 화약에서 나왔다. 기록에 따르면 그리스 화약은 콘스탄티누스 4세 포고나투스(641년에서 668년까지 통치했다.)의 치세에 등장했는데, 아랍 인에게 고향을 점령당해 콘스탄티노플(지금의 이스탄불)로 피난 온 시리아 난민이 발명했다고 한다. 비잔틴 사람들이 500년대부터 썼던 기존의 무기를 개량한 것이라는 의견도 있다. 어떻게 만들어졌든 그 효과가 엄청났던 것만은 분명하다.

그리스 화약은 673년과 717년에 콘스탄티노플을 침략한 아랍 함대를 물리칠 때 결정적인 공을 세웠다. 900년대에 러시아 함대와 싸울 때도 동원되었다. 전함 뱃머리에 화약이 든 대롱을 설치하고 압력을 가해 발사했는데, 오늘날의 화염 방사기와 비슷한 방식이라고 생각하면 된다. 그리스 화약은 저절로 불이 붙었고 물로는 끌 수 없었다고 한다. 이 새로운 무기에 대한 사람들의 두려움은 대단했다. 비잔틴 제국이 1,000년 가까이 번영을 누리는 데 중요한 요인이었다는 평이 있을 정도다.

비잔틴 사람들은 그리스 화약의 비법을 철저히 비밀에 부쳤다. 1453년에 콘스탄티노플이 오스만투르크에 함락되면서 화약에 대한 지식은 모두 사라졌다. 지금 우리는 그 성분이 무엇이었는지, 어떤 화학 물질들이 필요했는지 짐작만 해 볼 수 있을 뿐이다. 주된 가연성 성분은 아마 휘발성 탄화수소였을 것이다. 당시 사람들은 중동 일부 지역에 솟아난 천연 기름 웅덩이에서 등유와 비슷한 나프타 또는 석

뇌유라 불리는 물질을 수거하고는 했다. 그러나 나프타가 잘 타는 물질이긴 하지만 걷잡을 수 없는 불길을 만들려면 추가 성분이 필요하다. 이 목적에 부합하는 것이 황화비소와 질산칼륨(KNO_3)이다. 두 물질이 화학 반응을 일으키면 실로 엄청난 에너지가 발산되기 때문이다. 황화비소는 계관석 형태로 구할 수 있었고 질산칼륨은 변소처럼 대변이 쌓인 곳의 벽에서 초석 형태로 쉽게 수집할 수 있었다. 사람이나 동물의 배설물에 있는 박테리아가 질소 성분을 처리해 초석을 만든다. 빅토리아 시대에는 계관석을 재료로 만든 인도 화약이라는 것이 있었다. 계관석과 질산칼륨을 1 대 12의 비율로 섞은 것으로, 희고 환한 불빛을 내는 화약이었다. 그러니 비잔틴 사람들도 이 혼합물을 만들 줄 알았을 것이다.

이후 몇백 년 동안 무기로서의 비소는 잊혀졌다가 제1차 세계 대전 때 다시 등장했다. 당시에 수백 킬로미터나 뻗은 서부 전선을 돌파하기 위해서 양 진영은 다양한 화학 무기를 동원했다. 독일은 1915년 4월 22일에 염소 가스를 살포했다. 완충 지대를 넘어 참호로 스며든 가스 때문에 무방비 상태의 영국군이 처참하게 당했다. 500명이 죽고 1만 5000명 이상이 영구적 폐 손상을 입었다. 그해 9월에 영국은 황 화합물인 겨자 가스를 보복 살포했다. 하지만 공격은 전혀 효과가 없었다. 이런 화학 무기들의 단점은 아군도 오염된 살포 지역을 장악할 수 없기 때문에 공격을 돕기는커녕 방해하는 꼴이 된다는 것이다. 양국은 더 '나은' 무기를 찾아 나섰다. 바로 이때 루이사이트, 재채기 가스, 애덤사이트 등 비소 화합물들이 등장했다. 각각의 화학명은 2-클로로바이닐다이클로로아르신, 페닐다이클로로아르신, 다이페닐아민클로로아르신이다. 이중 제1차 세계 대전에서 대규모로 사용된 것은 재채기 가스뿐이다. 재채기 가스는 가스 마스크를 뚫고 들어가 호흡기에 참기 힘든 가려움을 유발하는 기체였다.

루이사이트는 훨씬 효력이 셌다. 제라늄 향이 나는 기름인 루이사이트는 화학 무기로 개발되었지만 사용될 틈도 없이 전쟁이 끝났다. 끓는점이 상대적으로 높은 190도라서 휘발성이 낮고, 그래서 기체로 사용될 수는 없지만 증기 형태로 살포할 수는 있었다. 이른바 '죽음의 이슬'이었다. 사람을 죽일 수도 있지만 대개는 무력하게 만드는 데 그쳤다. 이 증기를 들이마시면 폐에 루이사이트 액체가 가득 찼다. 루이사이트의 용도는 군대를 무력화하는 것이었다. 루이사이트는 군복은 물론 고무로 된 보호복까지 뚫을 수 있었고, 피부에 격렬하게 반응해 크고 고통스러운 물집들을 만들었다. 아무런 방호도 갖추지 않은 사람은 눈, 폐, 피부에 타격을 받았고 간도 손상되었다. 죽을 수도 있었다.

루이사이트를 만든 것은 인디애나 주 노트르담 가톨릭 대학 화학부의 줄리어스 아서 뉴런드(Julius Arthur Nieuwland, 1878~1936년)였다.[26] 1904년에 뉴런드는 아세틸렌 기체의 반응을 연구하던 중 아세틸렌과 삼염화비소($AsCl_3$)를 반응시켜 보았다. 처음엔 감감소식이었다. 하지만 뉴런드는 적절한 조건에서라면 반응이 일어날 수도 있다고 생각하고 흔한 촉매인 염화알루미늄을 넣어 보았다. 그러자 즉시 반응이 일어났고 루이사이트가 생성되었다. 보호 장구를 갖추지 않

---

26 뉴런드 신부는 1936년에 자신의 옛 실험실을 방문했다가 심장 발작을 일으켜 죽었다.

앉던 뉴런드는 증기를 약간 들이마셨고, 며칠 동안 병원에서 치료를 받아야 했다. 뉴런드는 이 반응을 다시는 수행하지 않았지만 그렇다고 잊지도 않았다.

제1차 세계 대전에서 독일이 독가스를 쓰고 나서자, 결국 전쟁에 말려들게 되리라고 판단한 미국은 대학의 무기 개발을 지원하는 프로그램을 가동하기 시작했다. 노트르담 가톨릭 대학도 그중 하나였다. 뉴런드의 박사 학위 지도 교수가 화학 무기 개발단의 담당자인 윈포드 루이스(Winford Lewis)에게 그 치명적인 반응과 독가스에 대해 알려 주었다. 루이스는 당장 연구를 시작해서 통제된 조건에서 반응시키는 법을 찾아냈다. 전쟁이 끝을 향해 가던 1918년 11월에 미국은 배를 통해 루이사이트를 유럽으로 날랐다. 미국이 오하이오 주 윌로비의 공장에서 생산한 루이사이트의 양은 모두 합쳐 150톤이었고, 공장 문을 닫을 무렵에는 군 소속 직원들이 매일 10톤씩 생산하고 있었다. 그러나 종전 후 쓸 데가 없어진 치명적 화합물은 대서양 깊은 곳에 버려졌다.

루이사이트 이야기는 그것으로 끝이 아니었다. 다른 나라들이 생산을 시작했기 때문이다. 일본은 1940년에 중국과의 만주전에서 루이사이트를 사용했다. 미국도 생산을 재개해 제2차 세계 대전이 끝난 1945년에는 액체 2만 톤을 축적해 두었다. 전쟁이 끝나자 이것도 바다에 버려졌다. 제2차 세계 대전에 참전한 미국 군인들은 독가스 공격에 대비해 '영국 항루이사이트', 줄여서 BAL(용어 해설을 참고하라.)이라는 이름의 해독제 연고를 지참했다. 다행스럽게도 쓸 일은 없었다.

이라크의 독재자 사담 후세인은 1980년대의 이라크 이란 전쟁에 루이사이트를 사용했다. 그가 수단 정부에 루이사이트를 공급했을 가능성도 있다. 수단 정부는 수단 남부에서 활약하던 인민 해방군과의 전투에 루이사이트를 썼다. 1999년 7월 23일에 루이사이트를 채운 산탄 폭탄 16개가 리이냐와 가아 마을에 부하되었다. 원조 단체인 노르웨이 피플 에이드에 따르면 폭탄에 노출된 민간인들은 전형적인 루이사이트 중독 증상을 드러냈고, 투하 며칠 뒤에 라이냐를 방문했던 유엔 세계 식량 계획 직원들도 피해를 입었다. 정확한 민간인 사상자 수는 알려지지 않았지만 일설에 따르면 2명이 죽었다고 한다. 염소, 양, 개, 새들도 같은 운명이었다.

비소를 활용한 화학 무기는 여전히 유례없는 고통을 일으킬 능력을 갖고 있다. 하지만 앞으로 대규모 국제 분쟁에 사용될 가능성은 없어 보인다. 다만 제조가 쉽기 때문에 소규모 테러에 동원될 가능성은 있어 보인다. 수단이 좋은 예다.

6 죽음을 부르는 벽

1671년, 왕립 학회 소식지에 의사 카롤리 드 라 퐁(Caroli de la Font)이 기고한 「흑사병의 성격과 원인(The nature and causes of the plague)」이라는 논문이 실렸다. 저자는 '비소 발산물'이 공기를 오염시켜 흑사병을 유발한다는 이론을 내세웠다. 물론 옳지 않은 의견이다. 하지만 비소가 대기를 오염시킬 수 있다는 발상 자체는 틀린 것이 아니었고, 150년 뒤인 1821년에 유럽 역사에서 위대한 한 인물이 죽었을 때 실제로 공기 중 비소가 역할을 했을 가능성이 있다. 그 인물은 바로 나폴레옹이다.

앞장에서 보았듯이 비소는 예나 지금이나 쓸모 있는 원소다. 하지만 또한 음흉한 원소이며, 옛날 사람들이 생각했던 것보다 훨씬 이동성이 높은 물질이기도 하다. 우리가 마시는 공기나 물에 비소가 들어가면 상당한 문제가 발생한다. 이 장에서는 옛날에 비소가 대규모 중독을 일으켰던 경로와 현재 일으키고 있는 경로를 알아볼 것이다. 과거의 경로는 벽지에서 새어 나온 것이었고, 현재의 경로는 지하 암반에서 새어 나오는 것이다. 벽지에서 나온 비소는 빅토리아 시대에 수백만 가정의 공기를 더럽혔고, 암반에서 나오는 비소는 방글라데시와 인접한 인도의 여러 주에서 수백만 명의 식수를 더럽히고 있다. 전자로 인한 비극은 결국 통제되었지만 후자의 문제는 아직 해결되지 않았다.

비소 물감

흘러간 그 옛날, 화가의 팔레트에는 세 가지 비소 화합물이 들어 있었다. 밝고 아름다운 색조의 노랑, 빨강, 그리고 특히 멋진 초록 물감이었다. 노랑과 빨강은 천연 안료인 노란 웅황과 붉은 계관석에서 온 것이었다. 둘 다 황화비소지만 웅황의 화학식은 As_2S_3이고 계관석은 As_4S_4이다. 웅황을 뜻하는 orpiment(오피먼트)라는 단어는 라틴 어 아우리(auri, 금)와 피그멘툼(pigmentum, 페인트)에서 왔다. 웅황은 고대에 널리 사용되었고 특히 중동에서 인기가 높았다. 연금술사들에게 인기가 있었던 이유는 금과 관계있을지 모른다는 생각 때문이었을 것이다. 웅황이 유럽에서 널리 쓰이게 된 것은 합성 웅황이 만들어지고 나서부터였다. 웅황은 왕실의 노란색 또는 왕의 노란색으로 불렸고 크로뮴옐로(크로뮴산납)나 카드뮴옐로(황화카드뮴)로 대체되기 전까지 화가들이 가장 선호하는 노란색 물감이었다.

천연 웅황 광맥 속에서 붉은 계관석이 발견되기도 했다. 계관석을 뜻하는 realgar(레알가)는 아랍 어 라지 알 가르(rahj al-gar)에서 왔는데

동굴의 먼지라는 뜻이다. 안료로 쓰일 때는 색조의 깊이에 따라 붉은 웅황, 붉은 비소, 비소 오렌지 등으로 불렸다. 이집트 파라오 시대의 예술가들부터 한참 후인 1600년대의 네덜란드 화가들까지 모두 계관석을 썼다. 루비 황이라는 이름의 합성 계관석도 인기가 많았으나 이것은 태양빛을 쬐면 한층 안정한 상태인 웅황으로 바뀌고는 했다. 그러면 붉은 빛이 퇴색해 오렌지색이 되었다가 결국에는 노란색이 되었다.

웅황 안료도 문제가 있었다. 17세기 네덜란드 화가들이 특히 웅황의 밝은 노랑을 선호했으나, 모든 화가들이 사랑한 것은 아니었다. 웅황에 덧칠을 하면 다른 물감의 색깔이 까맣게 변했기 때문이다. 특히 흰 납을 함께 쓸 경우 웅황 속 황이 납과 천천히 반응해 검은 황화납을 만들었다. 게다가 화가들이 눈치채지 못했던 단점이 한 가지 더 있었다. 세월이 지나면 황화비소가 서서히 산화되어 노란색이 옅어지면서 흰색의 산화비소가 되었다. 또 산화가 진행되면 물감이 캔버스에서 떨어져 나오기도 했다.

초록색 안료로는 공작석이라 불린 탄산구리 등 천연 광물도 몇 가지 있었지만, 화가들은 공기 중에 내버려 둔 구리 표면에 서서히 형성되는 녹청을 주로 활용했다. 파란색과 노란색을 섞어 초록색을 만든 사람도 있었다. 이런 상황은 카를 셸레(Karl Scheele, 1742~1786년)의 이름을 따 셸레그린이라 불린 아름다운 초록색 화합물의 등장으로 완전히 바뀌었다. 그것이 삼산화비소산구리였다.[27] 1775년에 처음

---

27 화학식은 $CuHAsO_3$이다.

이것을 합성한 셸레는 새로운 안료로 팔면 돈을 벌 수 있겠다는 사실을 깨달았다. 셸레그린은 1778년부터 생산되기 시작했다. 하지만 셸레는 한 편지에서 물질의 독성이 걱정된다는 뜻을 내비쳤고, 비소가 들어 있다는 사실을 구매자들에게 알려야 한다고 생각했다. 결국에는 그도 크게 걱정할 필요가 없다는 데에 동의하게 되었다. 아마 워낙 색깔이 생생하니 잘못 쓰일 일이 없다고 생각했을 것이다. 곧 유럽 전역의 화가들이 셸레그린을 구입하기 시작했다. 터너가 1805년에 이 물감을 사용했다는 기록이 있고, 이후 50년 동안 인기가 지속되어 마네는 1860년대까지도 사용했다고 한다.

셸레그린의 제일 가는 경쟁자는 에메랄드그린이었다. 에메랄드그린은 1822년에 만들어진 물감으로서 터너가 1832년까지 썼다고 한다. 에메랄드그린은 아세트산구리를 산화비소산구리와 섞은 것으로, 다양한 색조의 초록색을 만들 수 있었다. 첫 생산은 1814년에 슈바인푸르트의 빌헬름 염료 및 백랍 회사에서 시작되었다. 에메랄드그린은 셸레그린보다 더 인기를 끌었고 곧 종이, 옷감, 심지어 과자류를 염색하는 데까지 쓰였다. 에메랄드그린이라는 이름 외에 슈바인푸르트그린, 패리스그린, 빈그린 등으로도 불렸다. 비밀에 부여졌던 제조법은 1822년에 독일 화학자 리비히에 의해 공개되었는데, 이때 독성도 함께 알려졌다. 제조업자들은 색을 밝게 하는 다른 원료들을 넣는 방식으로 제조 기법을 바꿨고, 속성을 숨기기 위해 이름도 바꿨다. 에메랄드그린은 페인트, 벽지, 비누, 전등 갓, 장난감, 초, 실내 장식용 천, 심지어 케이크 장식에도 쓰였다.

특히 조화의 잎사귀를 물들일 때 여러 가지 초록색 비소 물감들이 많이 쓰였다. 빅토리아 시대 가정에서는 조화가 무척 인기 있는 장식품이었고, 조화 제조업체에 고용된 수백 명의 어린 소녀들은 만성 비소 중독을 겪었다. 더욱 충격적인 사실은 이 물감을 훨씬 위험천만한 방식으로 사용한 일도 있었다는 것이다. 예를 들어 1850년대에 런던에서 열린 아일랜드 연대의 연회에서는 비소 물감을 칠한 설탕 나뭇잎들로 식탁을 치장했다. 식사에 참가한 사람들은 설탕 장식을 집으로 가져가 아이들에게 주었고, 그 때문에 몇 명이 죽었다. 1860년에도 비슷한 일이 있었다. 휘황찬란한 초록색 블랑망즈(차가운 디저트의 일종 – 옮긴이)를 만들고 싶었던 한 요리사가 동네 가게에서 초록색 물감을 구입했다. 그것은 셸레그린이었고, 식사를 한 사람 중 3명이 죽었다.

그처럼 유독한 재료지만 유화 물감으로 사용할 때는 큰 문제가 없었다. 재료를 갈아 물감을 만드는 사람이 먼지를 들이마시지 않는다면 말이다. 화가는 붓을 핥지 않는 이상 거의 아무 문제가 없었고, 완성된 작품을 구입하는 사람은 더더욱 아무 문제가 없었다. 보통은 그림 위에 유약이 덧칠해졌기 때문이다. 진짜 위협은 그 그림이 걸리는 벽에 있었다. 벽에 바른 또 다른 비소 안료에서 심각할 정도로 많은 비소 증기가 방출되었던 것이다.

벽지 속의 비소

셸레그린은 벽지 인쇄용으로 알맞았다. 특히 꽃무늬 벽지의 초록색으로 완벽했다. 벽지 생산량은 1800년대에 꾸준히 증가해, 영국에서는 1830년에 두루마리 100만 개였던 생산량이 1870년에는 3000만 개로 늘었다. 후에 조사해 보니 벽지 다섯 종 가운데 네 종의 꼴로 비소가 함유되어 있었다. 벽지 속의 비소는 실내 공기로 퍼져 나와서 거주자에게 영향을 미쳤다. 사람들은 1815년부터 이 점을 의심했으나 정확히 어떤 원리로 그런 일이 벌어지는지 밝혀낸 것은 1890년대에 접어들어서였고, 방출되는 물질이 정확히 무엇인지 알아낸 것은 1932년의 일이었다.

1815년, 베를린 신문에 벽지 속 비소 물감에 관한 기사가 실렸다. 글쓴이는 당대 최고로 유명한 화학자 레오폴트 그멜린(Leopold Gmelin, 1788~1853년)이었다. 시대를 너무 앞서 간 주장이었지만 어쨌든 독일 사람들은 이때부터 비소 벽지가 실내 공기를 오염시킬 수 있다는 의심을 갖게 되었다. 그멜린은 셸레그린으로 인쇄한 벽지를 바른 방은 조금만 눅눅해져도 퀴퀴한 냄새가 난다는 사실을 발견했다. 그는 비소 화합물이 냄새를 내는 것이라고 짐작했다. 그는 그런 방에서 오랫동안 머무르면 건강에 해롭다고 주장했고 나아가 벽지를 다 뜯어 버리고 셸레그린을 금지해야 한다고 말했다. 그러나 아무도 그의 경고에 귀 기울이지 않았다. 사람들이 그멜린의 말을 듣고 조치를 취했다면 이후 수십 년 동안 수많은 환자들과 적지 않은 수의 사망자들을 구할 수 있었을 것이다.

1861년에 《더블린 병원 가제트(Dublin Hospital Gazette)》에 실린 논문에서 카마이클 의학 학교의 프레이저(W. Frazer)는 자신이 검사한 모든 벽지에 비소가 함유되어 있었다고 보고했다. 그것도 미량이 아니라 프레이저의 판단에 따르면 접촉하지 말아야 할 정도의 양이었다. 그는 벽지에서 나오는 먼지, 특히 털을 넣어 만드는 나사지 벽지의 먼지를 들이마시면 위험할 것이라고 생각했다. 하지만 비소가 실내에 유입되는 경로가 꼭 그것만은 아니라는 사실도 잘 알았다. 그는 축축한 벽지로부터 이르신(수소화비소, AsH_3) 기체나 카코딜[28]이 방출될 것이라고 추측했고, 벽지를 바르는 데 쓰이는 풀에도 어느 정도 책임이 있다고 생각했다. 프레이저는 사람들이 기존의 벽지 위에 새 벽지를 덧바른다는 사실, 안쪽의 벽지가 '부패의 변화'를 일으킨다는 사실, 그런 방에서 나는 특이한 냄새는 비소 기체 때문이라는 사실을 잘 알았다. 비소 증기가 범인이고 풀이 모종의 역할을 한다는 짐작은 정확했고, 카코딜이 문제일지 모른다는 짐작은 정확하진 않지만 얼추 사실에 가까웠다.

1864년, 언론에는 곰팡내 나는 초록 벽지에서 나온 증기 때문에 사망한 아이들의 사례가 속속 보도되었고, 의학 잡지 《란셋(Lancet)》은 비소 안료의 위험을 경고하고 나섰다. 일반 벽지 1제곱미터당 700밀리그램의 비소가 함유되어 있었으니 평균 크기 거실에는 비소 3만 밀리그램이 있는 셈이었다. 이론적으로 100명도 넘게 죽일 수 있는 양이다. 하지만 벽지가 축축해지지만 않으면 비소는 벽에 잘 붙어 있을 것이었다. 당시에는 어떤 비소 화합물이 유독한지 밝혀지지 않았지만, 걱정을 하게 된 사람들은 모든 비소 안료 사용을 금지할 것을 촉구하는 운동을 벌였다. 이것은 비소를 의약품의 일종으로 보고 온갖

---

28 비소의 메틸 유도체다. 카코딜(cacodyls)이라는 이름은 그리스 어로 악취를 뜻하는 카코데스(kakodes)에서 왔다. 비소 원자 2개가 서로 결합해 있고 각각에 메틸기가 붙어 있다. $(CH_3)_2As\text{-}As(CH_3)_2$.

질병의 치료에 효과적이라고 믿던 당시 의료계의 의견에 정면으로 배치되는 일이었다. 게다가 보통 사람들도 침실에 비소 벽지를 바르면 빈대가 눈에 띄게 사라진다는 사실을 알고 있었다. 이것 역시 비소 벽지가 많이 팔린 한 가지 이유였다. 신경성 질환에 효과가 있다는 비소 담배라든지 혈색 개선에 좋다는 비소 화장품도 대유행이었다. 그런데 벽지에서 방출되는 소량의 비소가 위험하다고? 그것은 비논리적인 주장으로 들렸다. 셸레그린과 에메랄드그린은 계속 생산되었다.

1800년대 후반에 역사상 가장 유명한 벽지 디자이너가 등장했다. 미술 공예 운동을 이끈 예술가들 중 하나로 실내 장식에 새로운 바람을 불러일으킨 윌리엄 모리스(William Morris, 1834~1896년)였다. 모리스는 사회주의 신문 《커먼윌(Commonweal)》을 직접 발행할 정도로 활동적인 좌파 운동가였다. 그러나 만인의 복지를 추구했던 그도 자신의 부가 잉글랜드 서부의 비참한 환경에서 생겨났다는 사실에는 크게 개의치 않았던 것 같다. 잉글랜드 서부는 암석에 구리, 주석, 납이 풍부하게 묻혀 있어 청동기 시대부터 발굴이 이루어진 지역이었다. 황화비소철(FeAsS), 즉 유비철석도 많이 발견되었지만 대개 거추장스러운 물질로 여겨졌다. 구리나 주석에 비소가 섞이면 쉽게 부스러지기 때문이다. 광부들은 광석을 화로에서 배소시켜 비소를 제거했고, 삼산화비소가 되어 날아간 비소는 연통에 쌓였다. 광부들은 정기적으로 이것을 긁어내어 쓰레기 더미에 버렸다.

모리스의 아버지는 런던의 성공한 주식 중개인이었다. 가족은 런던 북동쪽 에핑포리스트 근처의 거대한 저택에서 살았다. 모리스의 아버지가 관여했던 온갖 종류의 투자 중 최고의 성공작은 데본셔 합병 광업 회사에 투자한 일이었다. 1844년 11월 4일에 이 회사가 영국에서 가장 큰 규모의 구리 광맥을 발견했다. 모리스 가족은 회사가 발행한 주식 1,024주 중 304주를 갖고 있었고 1주당 1파운드였던 주가는 1년 만에 800파운드까지 뛰었다. 첫 배당금이 주당 71파운드나 되었다. (광산은 배당금으로 총 100만 파운드 이상을 지불했다. 오늘날의 2000억 원이 넘는 돈이다.)

모리스의 아버지는 1847년에 죽었는데, 죽기 직전에 투자에 크게 실패해 가족은 월섬스토의 좀 작은 집으로 이사해야 했다. 가족은 구리 광산 주식을 거의 고스란히 보유했고 미망인은 9명의 자녀에게 1인당 13주씩 나눠 줌으로써 연간 약 700파운드의 상당한 소득을 물려주었다. 오늘날의 10만 파운드(2억 원)쯤 된다.[29] 1853년에 모리스는 옥스퍼드 대학교에 진학했다. 성직자가 될 생각이었지만 대학에서 좌파 지식인과 예술가 집단에 이끌렸고, 이들과 함께 후에 미술 공예 운동을 이끌게 된다.

모리스의 첫 벽지 디자인은 '격자'라는 이름으로 나무 격자에 장미 넝쿨이 기어오르는 모양이었다. 초록색을 풍부하게 쓴 디자인이었고, 초록 물감으로는 삼산화산구리를 썼다. 모리스는 전통 안료와 염료 사용을 강력하게 지지했고 가능한 한 전통 물감들을 썼다. 하지만 그는 대중이 원하는 것은 강렬한 색상이며, 그것은 셸레그린 같은 합성 물감을 사용해야만 얻을 수 있다는 사실도 잘 알았다. '격자' 벽지가

---

29 윌리엄 모리스가 이 광산으로부터 벌어들인 돈이 평생 9,000파운드 정도다. 오늘날의 150만 파운드(오늘날의 30억 원)쯤 된다.

시장에 선보이던 때, 영국의 셸레그린 생산량은 연간 500톤이 넘었다. 벽지가 대성공을 거두자 모리스는 이중으로 돈을 벌게 되었다. 나중에 세계 최대 비소 광산의 대주주가 되었기 때문이다. 모리스는 벽지가 실내 공기를 오염시킬 수 있다는 주장에는 아예 귀를 닫았던 것인지도 모른다. 그러나 이는 잘못된 일이었다. 벽지가 정말 피해를 입힐 수 있었기 때문이다.

  1871년, 모리스는 데본 합병 광업 회사의 이사회에 들어갔다. 회사는 값싼 수입 구리 때문에 가격 경쟁에서 밀려나 위기를 맞았지만, 막 새로운 수입원을 찾아낸 참이었다. 산처럼 쌓인 폐기물을 가공해 비소를 추출하는 일이었다. 그때까지 영국은 독일 작센 지방의 광산에서 부산물로 생산되는 비소를 수입해 썼으나, 이제 갑자기 세계 최대의 비소 생산국 겸 소비국이 되었다. 광산들이 광재를 재가공해 비소를 추출하기 시작하자 생산량은 해가 갈수록 늘어났다. 하지만 그것은 오염이 심한 일이라서 지역 주민들의 반대에 부딪힐 때가 많았다. 잉글랜드 서부 지방의 비소는 질이 좋아 유리나 에나멜 제조업자들이 선호했다. (소량의 비소를 유리에 섞으면 철을 중화시킴으로써 옅은 녹색 빛이 났다.) 곧 살충제 같은 새로운 용도들이 발견되었고, 영국은 수출도 하게 되었다. 비소 가격은 1톤당 1파운드였던 것이 1870년대에는 20파운드까지 올랐다. 데본 합병 광업 회사[30]의 생산량은 1890년

---

30 데본 합병 광업 회사는 다음 세기에 다시 부활한다. 겨자 가스보다 훨씬 불쾌한 발포 기체인 클로로바이닐다이클로로아르신 등의 가스 무기에 비소가 사용되었기 때문이다. 제2차 세계 대전 당시 사우스크로프트 광산의 주석 채굴장에서 이 기체를 만들었다. 그곳은 영국에서 가장 늦게 문을 닫은 주석 광산으로, 1998년 3월에 폐업했다.

대에는 연간 3,500톤까지 치솟았다. 하지만 회사는 이후 다른 금속들을 캐는 시도에 전부 실패해 내리막을 걷는다.

모리스는 이사회에 5년간 참여했지만 다른 일로 바빴다. 비소가 생산자들에게, 생산지 근방에 사는 주민들에게, 비소를 사용하는 산업의 노동자들에게, 나아가 비소가 함유된 제품을 아무 의심 없이 구입하는 대중에게까지 유해한 영향을 미친다는 사실을 모리스가 인정하고 이사회를 사임했다면 참 멋지겠지만 그건 아니었다. 비소에 대한 우려가 커짐에 따라 1895년에는 공장 및 작업장법이 제정되었다. 그래서 이제 공장 책임자들은 비소 중독이 발생할 경우 당국에 의무적으로 보고해야 했지만, 이 법은 비소보다는 납이나 인으로 인한 직업병에 주로 초점을 맞추었다.

새 법 덕분에 작업 환경이 개선된 산업도 있었지만 비소 제조에 종사하는 이들에게는 별 변화가 없었다. 화로 연통에서 비소 섞인 숯을 긁어내는 사람들의 피해가 특히 심했다. 정부는 결국 위원회를 조직해 이 직종의 작업 환경을 조사했는데, 1901년에 발표된 보고서에 따르면 피해는 그야말로 끔찍했다. 하지만 막상 규제 조치는 마련되지 않았다. 그렇지 않아도 비소 산업이 빠르게 쇠락하고 있었기 때문이다. 데본 합병 광업 회사도 1년 뒤 문을 닫았다. 회사는 30년의 영업 기간 동안 삼산화비소를 7만 톤 넘게 생산했다.

1870년대에는 비소를 함유하지 않은 합성 초록 염료가 등장했다. 모든 벽지 제조업자들이 자기네 제품에는 비소가 없다고 선전하기 시작했다. 모리스의 벽지를 제작하는 회사도 마찬가지였는데, 모리스는 개인적으로는 벽지 물감이 사람들에게 질병을 일으킨다는 사실에

끝내 동의하지 않았다. 그렇지만 과학계의 중론은 모리스와 반대였다. 빅토리아 시대가 끝을 향해가는 동안 벽지에서 나오는 기체가 사람들을 중독시킬 수 있다는 사실은 점점 확실하게 증명되었다.

공기 중의 비소

그렇다면 초록색 비소 염료로 장식된 벽지에서 나오는 유독 증기의 정체는 무엇이었을까? 빅토리아 시대 화학자들이 아는 치명적인 비소 기체는 딱 하나였다. 수소 원자 3개가 비소 원자에 결합한 아르신이었다. 삼산화비소 용액에 아연과 황산을 넣어 만드는 물질이었다. 독일 화학자 겔렌(A. F. Gehlen, 1775~1815년)은 1815년에 아르신을 합성하면서 이 물질이 얼마나 위험한지 몸소 증명했다. 기체를 흡입한 지 1시간 만에 구토와 오한 증세로 앓기 시작했던 것이다. 그는 곧 자리에 누웠지만 병세가 점차 악화되었고 9일 뒤에 사망했다. 기체를 처음 발견한 사람은 1775년의 셸레였지만 셸레는 흡입을 하지 않았기 때문에 화학자들은 겔렌의 사고가 있기까지 그 독성을 몰랐다.

산업계에서는 비소가 함유된 합금을 산으로 처리할 때 아르신이 발생해 사고가 나고는 했다. 아연 광재에서 아르신이 피어나는 경우도 있었다. 1978년에 유고슬라비아에서는 빗속에서 아연 광재를 다루던 8명의 작업조가 빗물과 광재의 반응에서 피어난 아르신의 습격을 받았다. 그들은 곧 병원으로 옮겨졌으나 1명이 죽었다. 아르신 기체가 위험한 이유는 적혈구의 헤모글로빈에 대한 친화력이 높기 때문이다. 납축전지에서도 아르신이 생길 수 있다. 납축전지란 납에 소량의 비소를 섞은 강화 금속판을 전극으로 쓰는 축전지인데, 제1차 세계 대전에서 영국 잠수함들에 사용되었다. 완전히 밀봉된 전지였지만, 어쩐 일인지 한 잠수함에서 아르신이 새어 나와서 선원 30명이 이 위험한 기체에 노출된 일이 있었다. 그런데 모두 깊은 농도의 아르신에 노출되었는데 반응이 제각기 달랐던 점이 의학적으로 상당히 흥미로웠다. 1명은 아무 피해를 입지 않았다. 7명은 빈혈과 황달로 입원했고, 나머지는 산소 결핍증을 드러냈지만 병원 치료를 받을 정도는 아니었다.

문제는 빅토리아 시대 벽지에서 피어난 기체가 아르신이 아니었다는 것이다. 당시의 화학자들도 벽지에서 아르신이 생겨날 수 없다는 사실을 잘 알았다. 그러자면 염료 속 비소 이온들이 강력한 환원제와 반응해야 하기 때문이다. 대신에 화학자들이 아는 다른 비소 화합물 중에 상당히 휘발성이 높아 의심해 볼 만한 것이 몇 있었다. 예를 들어 카코딜 같은 것이었다.

1891년 5월, 이탈리아 화학자 바르톨로메오 고지오(Bartolomeo Gosio, 1865~1944년)는 비소 염료가 건강에 해로운 유독 기체를 내뿜는다는 가설을 증명하기 위한 1년짜리 연구에 착수했다. 벌써 몇 년 동안 이탈리아는 풀리지 않는 한 가지 문제로 골치를 앓고 있었다. 알 수 없는 이유로 시름시름 앓다가 죽는 어린아이들이 너무 많은 것이었다. 정부도 의사들이 비소 안료를 의심한다는 사실을 알고 무언가 조치를 취해야겠다고 생각하던 중이었다. 고지오가 으깬 감자에 삼산화비소를 소량 섞은 배지를 만들어 미생물을 기르는 실험을 한 것은 그 무렵이었다. 고지오는 시료들을 습한 지하실에 두었다. 곧 박테리아며 곰팡이 군체가 왕성하게 자라나 퀴퀴한 냄새를 풍겼다. 배지에 셸레그린과 에메랄드그린을 더하고 평범한 검은빵곰팡이를 길렀더니, 이번에도 같은 냄새가 났다. 썩은 벽지에서 얻은 곰팡이를 길렀더니 방출된 비소 기체는 과연 위험했다. 기체에 노출된 쥐는 즉사했고, 곰팡이균이 담긴 우리에 가둔 작은 생쥐도 1분 만에 죽었다.

고지오 외에도 미생물과 비소로 실험한 다른 연구자들이 있었는데, 가끔 고지오와 반대의 결과가 나오기도 했다. 1893년에 미국 세인트루이스 주 워싱턴 대학교의 찰스 생어(Charles R. Sanger)는 벽지에 의한 중독으로 의심되는 20건의 발병 사례를 조사해 벽지가 원인임을 확인함으로써 고지오를 지지했다. 모든 벽지가 1제곱미터당 15밀리그램에서 600밀리그램 사이의 비소를 함유하고 있었다. 생어는 심지어 벽지의 비소 농도가 **낮을수록** 중독 정도가 **심하다는** 것도 확인했는데, 비소 농도가 너무 높으면 독성이 너무 커서 곰팡이조차 잘 자라지 못한다는 것이 그의 해석이었다. 고지오를 지지하는 결론을 내린 생어와 달리, 독일 생물학자 오토 에메를링(Otto Emmerling)은 1897년에 발표한 논문에서 배지로부터 비소 기체가 발생하지 않았다고 말했다. 에네를링이 고지오와는 다른 미생물을 사용했기 때문에 엄밀히 말해 고지오의 결론을 뒤엎는 실험이라고는 할 수 없었다. 에메를링이 사용한 미생물은 애초에 메틸비소를 만들 줄 모르는 미생물이었다.

어쨌든 사람들은 고지오의 실험을 의심하지 않았고, 비소 페인트나 벽지로 장식된 집에 사는 사람들이 아픈 이유를 고지오가 밝혀냈다고 믿었다. 그리고 그런 방의 공기를 마실 때 생기는 병을 아예 고지오 병이라고 불렀다. 이제 의사들은 진단을 넘어 치료도 할 수 있었다. 원인을 없애라고 조언하면 되는 것이었다. 환자보다 방을 치료하는 방법이었다. 그럼에도 불구하고 고지오 병이 사라지는 데는 몇 년이 걸렸다. 축축한 벽지는 실로 미생물이 증식하기에 완벽한 장소였다. 당시에는 새 회반죽 위에 페인트를 칠하거나 벽지를 붙이기 전에 우선 젤라틴(짐승의 가죽과 뼈를 고아 만든 아교풀 — 옮긴이)을 발랐다. 벽지를 붙일 때는 보통 밀가루 풀을 썼다. 이런 단백질과 탄수화물은 미생물에게는 완벽한 영양분이었다. 특히 축축하면 더 좋았다. 미생물은 자신의 생장을 위해 환경에서 비소를 제거해 공기 중으로 방출했고, 그들이 내놓는 화합물의 정체는 트라이메틸아르신이었다.

한참 후인 1932년, 잉글랜드와 웨일스 경계의 마을 포리스트오브딘에서 두 아이가 고지오 병으로 죽었다. 그제야 비로소 리즈 대학교의 유기 화학 교수인 프레더릭 챌린저(Frederick Challenger, 1887~1983년)가 트라이메틸아르신을 범인으로 지목했다. 챌린저는 비소의 생물학적 메틸화 과정을 연구하고 있었다. 트라이메틸아르신이 처음 만들어진 것은 1854년으로, 당시에는 끓는점이 52도인 무색의 기름형 액체라는 것 외에는 속성이 알려지지 않았다. 당시 학자들은 몰랐지만, 지금 우리가 아는 바에 따르면 셸레그린의 비소에 붙은 3개의 산소 원자를 3개의 메틸기로 치환시키는 효소들이 자연에 존재한다.

트라이메틸아르신이 치명적 증기의 정체라는 사실은 1930년대에 이미 밝혀졌지만, 미생물이 정확히 어떤 메커니즘으로 비소에 메틸기를 붙이는지 밝혀진 것은 1971년이었다. 많은 미생물들이 이 교묘한 재주를 부릴 줄 안다. 목재를 부패시키는 곰팡이들 중에서는 비소 보존재가 처리된 목재에도 번식하는 두 종류의 곰팡이가 이 일을 할 줄 알고, 나머지 63종은 하지 못한다. 천연가스에도 트라이메틸아르신이 아주 조금 들어 있다. 이 사실은 1989년에 캘리포니아의 가스관을 점검하던 기술자들이 발견했다. 관 흡입구를 틀어막은 침전물을 조사했더니 순수한 비소였다. 천연가스 1리터당 비소가 최대 1마이크로그램 들어 있다는 사실이 나중에 밝혀졌다. 그 대부분이 트라이메틸아르신 형태로 존재한다.

1950년대에는 로마의 미국 대사관에서 기이한 비소 중독 사건이 일어났다. 클레어 부스 루스(Clare Boothe Luce)라는 이탈리아 주재 미국 대사가 중독된 것이다. 그녀는 병 때문에 일을 그만둬야 했다. 그녀가 중독된 것은 분명하지만, 중독시킨 사람은 누구일까? 소련의 사주를 받은 사람일까? 당시에는 이탈리아 공산당의 세력이 막강했다. 사건의 반향이 클 수 있으므로 CIA는 로마로 조사단을 파견했고, 결국 비소의 공급원이 밝혀졌다. 대사가 침실로 쓰던 방은 예전에는 침실이 아니었는데, 천장 장식에 비소 염료가 사용되었다. 그러면 고지오 병이었을까? 그것도 아니었다. 방 바로 위층에 놓인 세탁기가 바닥을 진동시키는 바람에 비소가 함유된 먼지가 대사의 방에 떠다니게 되었고, 기체기 아니라 그 먼지를 마심으로써 증상이 생긴 것이었다.

머리카락 속의 비소

나폴레옹 보나파르트(Napoleon Bonaparte, 1769~1821년)는 마지막 유서에 이렇게 썼다. "영국의 과두 정치와 그에 고용된 암살자들 때문에 나는 내 명을 다 못살고 가노라." 나폴레옹은 52세로 죽었으니

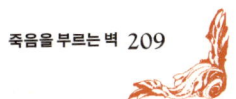

제 명을 다 못산 것은 사실이다. 영국이 나폴레옹의 죽음을 바란 것도 아마 사실이었을 것이다. 하지만 정말 영국이 암살자를 고용해 그를 해치웠을까? 그렇다고 생각하며 심지어 배후를 지목하는 사람들도 있다. 반면 덜 논쟁적인 가설을 지지하는 사람들도 있다. 암 병변으로 발전한 천공성 위궤양이 문제였다는 것이다.[31] 부검을 시행했던 의사도 확인한 사실이다. 제3의 의견도 있다. 나폴레옹이 영국 정부가 아니라 벽지 속 비소에 중독되었다는 주장이다.

1812년에 나폴레옹이 군인 50만 명을 잃은 채 모스크바로부터 비참하게 퇴각하자 적들은 그를 프랑스 국경 너머로 몰아붙였고, 급기야 1814년 3월에 동맹군이 파리에 입성했다. 4월 6일, 나폴레옹은 패배를 인정하고 퇴위했다. 평화 조약에 따라 나폴레옹은 엘바 섬의 통치권과 200만 프랑의 연봉, 400명의 자원 호위대를 제공받았고 황제 칭호도 계속 쓸 수 있었다. 그러나 2년 뒤에는 가까운 육지로부터 1,500킬로미터 넘게 떨어져 있는 남대서양 한가운데의 세인트헬레나 섬으로 유배되었다. 1815년 3월 1일에 나폴레옹이 엘바 섬을 탈출해 다시 프랑스에서 군대를 모으고 세력을 되찾았던 것과 같은 일을 반복하지 못하게 하려는 조치였다. 탈출 사건은 이른바 백일천하였고 1815년 6월 18일에 나폴레옹이 워털루 전투에서 패배하면서 막을 내렸다.

나폴레옹은 여생을 세인트헬레나 섬 롱우드하우스에서 편안하게

---

31 나폴레옹은 평생 소화 불량을 앓았다. 몇몇 초상화에 묘사된 나폴레옹의 독특한 자세, 즉 윗도리에 손을 넣어 배를 문지르는 자세는 소화 불량 때문이었다.

살다가 1821년 5월 6일에 죽었다. 유명 정치인이 갑작스럽게 죽을 때는 늘 자연사가 아니라 살인이라는 음모론이 제기되게 마련이다. 문제는 그가 죽기를 바란 사람이 누구냐 하는 것이다. 음모론자들은 갖가지 대답을 내놓는 데 능하고, 나폴레옹의 죽음도 예외가 아니다. 일설에 따르면 나폴레옹은 비소로 독살되었다. 이 위대한 인물의 몸에 비소가 가득했던 것 같고, 후에 시체를 파냈을 때의 관찰 내용도 이 가설에 부합하는 듯하기 때문이다. 나폴레옹은 세인트헬레나 섬에 20년 동안 묻혀 있다가 파리로 옮겨졌다. 발굴을 해 보니 시체는 거의 완벽한 형태로 보존되어 있었다. 비소나 안티모니 중독으로 사망한 경우에 보통 이런 현상을 보인다.[32]

나폴레옹의 머리카락을 분석한 결과 비소 농도가 정상 수준의 100배에 달했다. 어떤 사람은 이것이야말로 그가 독살된 증거라고 말한다. 국제 나폴레옹 협회의 회장인 캐나다의 벤 웨이더(Ben Weider)는 1995년에 FBI의 수석 화학자 로저 마르츠(Roger Martz)에게 나폴레옹의 짧은 머리카락 두 가닥을 건넸다. 마르츠는 원자 흡광 분석법을 사용해 비소 농도를 측정했고, 그 결과 1.75센티미터 길이의 한 시료에는 33피피엠이, 1.4센티미터 길이의 다른 시료에는 17피피엠이 들어 있음을 확인했다. 마르츠는 비소 중독이라고 볼 수 있는 수준이라고 결론내렸다. 나폴레옹이 의도적으로 독살되었다고 믿는 웨이더를 만족시키는 결론이었다. 웨이더는 『나폴레옹의 죽음(*The Murder of Napoleon*)』, 그리고 스웨덴의 스텐 포슈프부드(Sten Forshufrud)와 공저

---

[32] 안티모니에 대한 설명은 11장에서 하겠다.

한 『다시 파헤쳐 본 세인트헬레나 섬 암살 사건(The Assassination at St. Helena Revisited)』에서 살인자는 몽톨롱(Montholon) 백작이라고 지적한 바 있다.

나폴레옹이 1821년 3월에 앓아눕자 의사들은 해열제로 토주석(타타르산안티모닐칼륨)을 처방했다. 5월 3일에는 나폴레옹에게는 알리지 않고 감홍을 먹였는데, 나폴레옹이 며칠 동안이나 변을 보지 못했다고 하자 강력한 설사제로 처방한 것이었다. 이것은 통상적인 변비 치료를 위한 복용량보다 훨씬 많은 양이었다. 웨이더는 이 때문에 나폴레옹이 숨을 거뒀다고 믿는다. 시체를 열어 보았을 때 위벽이 심하게 부식되어 있었던 것도 이 때문이라는 것이다. (머리카락의 높은 비소 농도도 웨이더의 이론에 들어맞는다. 웨이더는 암살자가 먼저 비소로 나폴레옹의 몸을 쇠약하게 함으로써 치명적 중독을 숨겼다고 주장한다.)

그런데 나폴레옹의 머리카락 증거는 언뜻 생각하는 만큼 그렇게 명명백백한 것은 아니다. 나폴레옹의 머리에서 자른 것이 분명한 머리카락은 1805년, 1814년, 1816년, 1817년, 1821년의 것이 있는데, 마지막은 사망 직후에 자른 것이다. 여러 연구소들이 이들을 확인해 보았고, 2002년에는 파리 경찰 과학 수사대의 이반 리코델(Ivan Ricordel)이 모두 다시 분석해 모든 머리카락에 비소가 다량 함유되어 있음을 확인했다. 농도는 15피피엠에서 100피피엠 사이로 저마다 차이가 있었지만 현재의 안전 한계치로 여겨지는 3피피엠에 비하면 모두 상당히 높다. (정상 수준은 1피피엠이다.) 1816년 7월 14일에 자른 것이라는 머리카락의 농도는 77피피엠이었는데, 1년 뒤인 1817년 7월 13일의 것은 5피피엠으로 떨어졌다. 나폴레옹은 1816년에 비소를 섭취했던 것이 분명하다. 살인자가 교묘하게 먹였을까? 의사가 파울러 용액을 처방했을까? 나폴레옹이 스스로 약을 찾아 먹은 것은 아닐까? 그다지 있을 법한 일은 아니지만, 독살을 두려워한 나폴레옹이 면역을 기르기 위해 비소를 조금씩 섭취했다는 주장도 있다.

나폴레옹의 충성스런 시종 마르샹(Marchand)이 지녔던 머리카락도 있다. 나폴레옹을 따라 유배지까지 갔던 마르샹은 황제의 사망 다음 날 머리카락을 조금 잘랐고, 프랑스로 돌아올 때 봉투에 담아 가져온 뒤 후손에게 물려주었다. 이중 몇 가닥을 1990년대에 분석해 보았더니 여러 지점에서 비소가 포착되었고, 농도는 51피피엠에서 3피피엠으로 낮아졌다가 사망 6개월 전부터 다시 24피피엠으로 높아졌다. 이렇게 기복이 있는 것을 보면 식수 같은 환경적 공급원으로부터 꾸준히 비소를 섭취한 것 같진 않다. 다만 벽지에서 방출된 비소를 흡입한 결과일 수는 있겠다. 이것은 날씨에 따라 달라지기 때문이다. 날이 습하면 곰팡이가 잘 자라 트라이메틸아르신을 많이 내지만, 날씨가 덥고 건조해지면 방출량이 줄어든다. 그렇지만 분석 결과를 볼 때 나폴레옹은 생애 마지막 몇 달 동안 여러 시점에 고농도의 비소에 노출된 것이 틀림없다. 이 시기에 그가 보였던 각종 증상들도 비소 중독 증상과 일치하는 듯하다.

1994년 9월에 시카고에서 열린 나폴레옹 협회의 토론회에서 황제의 다른 머리카락 분석 결과가 발표되었다. 프랑스 렌의 장 피쇼(Jean Fichou)가 소유한 머리카락을 FBI가 분석한 결과였다. 이것 역시 나폴레옹이 죽은 뒤 잘라 낸 것이라고 하는데, 출처가 의심스러울 뿐더러 진위도 분명하지 않다. 비소 농도가 평균 2피피엠에 불과해 마르샹의 후손이 갖고 있던 머리카락 결과와 전혀 들어맞지 않기 때문이다.

한편 미국 나폴레옹 협회의 회장인 로버트 스니브(Robert Snibbe)는 나폴레옹이 비소로 독살되었다는 웨이더의 주장을 "말도 안되는 헛소리"라고 일축한다. 그래도 나폴레옹의 몸에 여러 번에 걸쳐 비소가 축적된 이유는 여전히 수수께끼가 아닐 수 없다. 정말 벽지 때문이었을까? 1980년에 영국 뉴캐슬 대학교의 데이비드 존스(David Jones) 박사는 어느 전국 라디오 채널에서 방송된「증기의 손길」이라는 제목의 프로그램에서 이 의문을 제기하면서, 비소의 공급원은 벽지라는 잠정 결론을 내렸다. 당시 셸레그린으로 인쇄된 벽지가 제조되고 있었으며, 롱우드하우스에 그런 벽지가 발라져 있었다면 몹시 습한 세인트헬레나 섬의 기후에서 충분히 많은 양의 비소가 방출될 수 있었으리라는 주장이었다.

이 가설의 문제점은 나폴레옹이 거주하던 때의 실내 장식을 확인할 길이 없다는 점이었다. 하지만 행운이 따랐다. 노퍽에 사는 셜리 존스(Shirley Jones)라는 여성이 라디오 방송을 듣고 자기가 갖고 있는 스크랩북을 떠올렸다. 집안 대대로 전해진 스크랩북인데 페이지마다 날짜가 적혀 있었다. 1823년이라고 적힌 페이지에는 그녀의 선조 중 하나가 세인트헬레나 섬을 방문해 나폴레옹의 묘지에 자란 나뭇잎 한 장과 위대한 인물이 사망한 방의 벽지 한 조각을 갖고 왔다고 적혀 있었다. 선조는 두 전리품을 스크랩북에 붙여두었다. 한편 웨스턴 슈퍼매어에서 역시 라디오를 듣던 카린 크로스(Karin Cross)는 나폴레옹이 최후의 나날을 보냈던 방의 전경을 그린 그림을 갖고 있었다. 두 자료를 대조해 보니, 스크랩북에서 나온 벽지 조각이 정말 나폴레옹의 방에 붙어 있던 것임이 증명되었다.

1992년에 BBC 방송 조사팀은 데이비드 존스 박사의 가설에 근거한 프로그램을 제작하려고 세인트헬레나 섬을 찾았고, 롱우드하우스의 벽지를 조금 떼어 내는 일은 전혀 어렵지 않았을 것임을 깨달았다. 섬의 기후가 하도 습해서 그때 붙어 있던 벽지도 벽에서 떨어져 나오고 있었던 것이다. 셜리 존스의 선조는 그런 벽지를 약간 뜯어냈을 것이다. 나폴레옹이 죽자마자 바로 롱우드하우스의 방들이 재단장되었을 것 같지도 않다. 스크랩북의 벽지는 카린 크로스의 그림에 그려진 대로 초록색과 갈색의 별 무늬가 간간이 섞인 꽃무늬였다. 자, 그렇다면 그 초록색이 **비소** 안료였을까? 나폴레옹의 머리카락을 검사할 때 썼던 비파괴성 검사 기법으로 벽지 조각을 분석한 결과, 정말 비소가 포함되어 있었다. 1제곱미터당 120밀리그램의 비소가 함유되어 있었다. 특히 별 무늬에 비소가 많았다. 1제곱미터당 1,500밀리그램이나 되었다.

눅눅한 벽지가 나폴레옹 몸속의 비소를 설명해 주는 건 그렇다 치자. 벽지에서 나온 트라이메틸아르신의 양이 그를 죽일 정도로 많았음까? 가능한 일이다. 최소한 그 때문에 나폴레옹이 아팠던 것만은 사실인 듯하다. 나폴레옹의 마지막 유배 생활에 동행했던 사람들이 롱우드하우스의 "나쁜 공기"를 불평했다는 기록이 있기 때문이다. 롱우드하우스에 머무는 동안 나폴레옹은 오한, 사지 부어오름, 메스꺼움, 설사, 복통 등을 호소했다. 이런 전형적 비소 중독 증상이 다른 질병으로 혼동되기 딱 좋다는 것을 감안할 때, 정말 나폴레옹이 심각한 비소 중독을 앓았을 수도 있다.

웨이더는 더 나아가 나폴레옹의 죽음이 살인이라 주장하며, 롱우드하우스 식솔들의 우두머리였던 콩트 샤를 트리스탄 드 몽톨롱(Comte Charles-Tristan de Montholon)을 범인으로 지목한다. 몽톨롱의 아내 알빈(Albine)이 황제와 내연 관계였고 황제의 아이를 낳기도 했다는 것이다. 웨이더는 귀족 출신인 몽톨롱이 워털루 전투 패배 이후에 나폴레옹의 총애를 받게 된 경위도 수상쩍다고 본다. 의심 가는 인물은 몽톨롱만이 아니다. 황제의 주치의인 앙통마르시(Antonmarchi) 박사도 수상하다. 혹시 프랑스 정부가 앙통마르시를 매수해 나폴레옹을 죽였을까? 권력을 되찾은 왕당파가 나폴레옹의 복귀를 여전히 두려워한 건 아닐까? 아니면 세인트헬레나 섬의 영국인 총독인 허드슨 로(Hudson Lowe) 경의 짓이었을까? 그는 나폴레옹과 사이가 나빴다. 나폴레옹이 탈출할까 봐 롱우드하우스 주변에 보초들을 세워 깐깐히 감시했다. (나폴레옹의 대응은 땅속 깊이 길을 파서 보초들의 눈을 피해 정원을 산책하는 것이었다.)

물론 나폴레옹 말고도 롱우드하우스에 거주한 사람들이 있었다. 나폴레옹이 비소에 중독되었다면 함께 산 사람들도 그랬을 것이다. 황제는 세인트헬레나 섬에 올 때 수행원 20명을 데려왔는데, 이중 몇몇이 상당히 의심스런 정황에서 사망했다. 가령 하인장 프란체스키 치프리아니(Franceschi Cipriani), 그리고 그 집에 살았던 한 어린아이가 그랬다. 치프리아니는 1818년 2월 24일에 격렬한 복통과 한기를 호소하며 쓰러졌다. 오한을 치료하려고 뜨거운 물 목욕을 했으나 이틀 뒤에 갑자기 죽었고, 바로 다음 날 땅에 묻혔다. 사람들은 그의 죽음을 이상하게 여겼고, 나중에 부검을 하려고 무덤을 열었을 때는 시체가 이미 다 썩고 없었다. 치프리아니가 죽은 지 며칠 후에 하녀 하나와 어린아이 하나도 죽었다. 어떤 사람들은 이들 역시 독살되었다고 주장한다. 하지만 이들이 롱우드하우스의 상태가 특히 나빴던 시점에 고지오 병에 희생되었을 가능성이 더 높은 것 같다.

롱우드하우스의 실내 장식이 어떤 영향을 미쳤든, 벽지에 셸레그린이 포함되어 있었다는 사실만은 확실하다. 나폴레옹이 손수 벽지를 골랐을 가능성도 없지 않다. 초록색과 금색은 황제로서의 그를 대변하는 색이었기 때문이다. 그게 사실이라면 나폴레옹은 제 목을 스스로 조른 셈이다. 벽지가 영광스럽던 과거를 떠올리게 해 주었을지 모르지만, 한편으로 서서히 그의 현재를 고통스럽게 만들었으니 말이다.

비소는 나폴레옹을 물리친 나라를 다스린 인물의 머리카락에서도 발견되었다. 다소 놀라운 이 사실은 최근에 확인된 것이다. 그 인물은 바로 영국의 조지 3세다. 런던 과학 박물관의 한 으슥한 진열장에 모두들 잊고 있던 봉투가 하나 있었는데, 안에 조지 3세의 머리카락이 들어 있었다. 웰컴 트러스트 재단이 박물관에 기증한 것이었다. 2003년에 런던 퀸스메리 대학의 마틴 워런(Martin Warren) 교수가 이것을 건네받아 수은, 비소, 납 함유 여부를 검사했다. 조지 3세가 앓았던 포르피린증을 설명해 줄 만한 후보 금속들이었다. 분석 결과[33] 수은은 2.5피피엠(정상은 1피피엠 정도다.), 비소는 17피피엠(보통은 0.1피피엠), 납은 6.5피피엠(보통은 0.5피피엠 미만)이 함유되어 있었다. 워런에 따르면 아마 비소가 미친 악영향이 가장 컸을 것이고, 그 비소는 의사들

---

33 워런 교수가 친절하게 제공해 준 자료에 따른 것이다.

이 처방한 토주석에 불순물로 섞여 있었을 것이라고 한다. 조지 3세가 광기를 드러낸 시기에 의사들은 왕에게 억지로 토주석을 먹이고는 했다. 조지 3세의 광기에 대해서는 비소산납에서 자세히 알아볼 기회가 있다.

식수 속의 비소

맨체스터의 맥주 오염 사건(5장을 보라.)과 비슷한 농도로 음료수가 오염되면 결국엔 진상이 밝혀지고 조치가 취해질 것이다. 음료수를 마신 사람들이 비소 중독 증상을 드러낼 것이기 때문이다. 그런데 비슷한 농도로 식수가 오염되면 몇 년이고 아무도 눈치채지 못할 수 있다. 한 번에 그렇게 많은 물을 마시는 사람은 드물기 때문이다. 따라서 피해가 얕고 광범위하게 벌어질 확률이 높다. 일반적으로 나타나는 증상은 피부 손상과 피부암이고, 그밖에 방광암, 신장암, 폐암, 신경계 질환, 고혈압, 당뇨 등도 일어날 수 있다.

칠레의 외딴 마을 산 페드로 데 아타카마의 주민들은 비소 농도가 500피피엠인 물을 식수로 사용하지만 비소 관련 질병을 전혀 앓지 않는다. 그러나 새로 이사 온 사람은 피부병이나 암에 걸릴 가능성이 높다. 집안 대대로 지역 토박이인 사람들은 영향을 받지 않는 반면, 새 주민들의 경우 30세가 넘은 사람들의 사망 원인 가운데 10퍼센트가 방광암이나 폐암 등 비소 섭취와 관련된 질병이라고 한다.

1940년대에는 캐나다 그레이트슬레이브 호수 북쪽 연안의 옐로나이프에서 이상한 비소 중독 사건이 벌어졌다. 그 지역의 금광이 광석

을 제련하면서 광물 속의 비소를 삼산화비소로 바꾸어 대기로 날려 보냈다. 기체는 마을에서 멀리 떨어진 곳에 내려앉았다. 겨울에는 땅을 뒤덮은 눈 위에 떨어졌는데, 그 때문에 오두막집을 짓고 지내던 나이 지긋한 덫 사냥꾼 둘이 비소에 중독되는 황당한 일이 벌어졌다. 그들이 눈을 식수로 사용한 것이 화근이었다. 두 사냥꾼은 미처 깨닫지 못한 채 서서히 비소에 중독되었고, 결국 죽었다. 해빙기가 되어서야 사람들이 그들의 시체를 발견했다.

식수의 비소 농도가 높은 지역으로는 멕시코의 라구네라 지역, 아르헨티나의 코도반 지역, 내몽골, 대만, 핀란드, 인도의 서벵골 지역, 방글라데시 등이 있다. 미국에도 한때 식수 속 천연 비소 농도가 높은 지역이 있었다. 한편 대만에서는 1960년대에 이뤄진 역학 조사를 통해 피부암 발병이 비소와 관계있음이 밝혀졌다. 식수의 비소 농도가 1리터당 500마이크로그램, 즉 500피피비 또는 0.5피피엠(앞으로는 피피비 단위를 사용하겠다. 식수 속 비소 농도를 조사하는 사람들이 주로 피피비를 사용하기 때문이다.) 수준인 지역이 있었는데 그곳의 60세 이상 인구의 10퍼센트가 암에 걸렸고, 대개 피부 관련 암이었다. 몸속의 암은 진단이나 치료가 더 어렵다. 비소 농도가 800피피비였던 대만 다른 지역에서는 방광암 발병률이 높았다. 4만 명을 대상으로 한 또 다른 조사에 따르면 비소 농도가 600피피비인 어느 지역에서는 400건의 피부암이 발병했다. 정화 시설을 갖춘 뒤에도 몇 년 동안 계속 높은 암 발병률이 지속되었다. 질병들의 잠복기가 길기 때문이다.

비소로 인한 중독 사고 중 가장 규모가 컸던 것은 무려 3000만 명에게 영향을 미쳤다. 1970년대에 인도 서벵골 지역과 방글라데시에 설치된 펌프의 우물물에 비소가 함유되어 있었던 것이다. 우물 설치를 후원한 것은 유엔 아동 기금(UNICEF, 유니세프)이었다. 오염된 개천, 강, 연못의 물 때문에 위염, 장티푸스, 콜레라 등의 수인성 질병에 취약했던 인구에게 안전한 식수를 제공하기 위한 사업이었다.

펌프 우물은 지름 5센티미터의 관으로 지표 200미터 아래의 풍부한 지하수를 끌어올린다. 이런 펌프들은 1930년대에 대영 제국의 통치를 받던 지역부터 설치되기 시작했다. 우물물을 먹는 사람들은 바라 마지않던 수인성 질병의 감소를 직접 체험했다. 특히 어린아이들의 발병이 줄었다. 우물물에 대한 중금속 분석 결과는 깨끗한 것으로 드러났는데, 다만 비소는 아예 오염 물질로 간주되지 않아서 분석 자체가 이뤄지지 않았고, 이 실수가 결국에는 소송으로까지 이어졌다. 겉으로만 보면 우물 설치 사업은 대단한 혜택을 주는 일이었다. 1997년에 유엔 아동 기금은 이 지역 인구의 80퍼센트에게 '안전한' 물을 제공한다는 목표를 계획보다 빨리 달성했다고 자랑스레 보고했다. 사업의 성공을 목격한 주민들이 개인적으로 우물을 설치하기도 했다. 현재는 우물 4개 중 3개꼴로 개인 소유다.

만성 비소 중독이 처음 확인된 것은 1983년, 인도 캘커타의 열대병 전문 의대 피부병학과의 사하(K. C. Saha)에 의해서였다. 그는 피부 염증, 가슴 위쪽과 손발의 피부색 변화, 손발바닥의 피부가 두꺼워지는 각화증 등의 증상을 보이는 환자가 많다는 사실에 주목했다. 그는 이것이 비소로 인한 증상임을 알고 있었지만, 환자들은 비소 함유 제품을 사용한 적이 전혀 없다고 했다. 비소는 어디에서 왔을까? 조사 결과 식수가 문제였다. 점점 더 많은 중독 사례들이 보고됨에 따라 당국은 이것이 광범위한 문제임을 깨달았고, 곧 수천 개의 우물들을 일일이 조사했다. 그 결과 모든 곳에서 높은 농도의 비소가 확인되었다. 서벵골 주의 몇몇 지방은 무려 4,000피피비나 되었다. 방글라데시의 사정은 더 나빴다. 인구 7000만 명이 몇 년 동안이나 약한 비소 중독을 겪고 있었고, 주민들은 마치 나병 환자처럼 피부에 흉한 발진이 나 있었다. 그런 식으로 몇 년간 노출되면 암이 자라기 시작한다.

세계 보건 기구는 식수의 비소 농도가 1리터당 10마이크로그램(10피피비)을 넘지 말아야 한다고 규정한다. 그러나 일부 국가들은 이것이 비현실적인 기준이라고 생각한다. 방글라데시와 미국 등 많은 국가들의 법정 기준은 50피피비다. 그 정도만 되어도 비소로 인한 영향이 없는 것으로 간주된다. 방글라데시의 우물을 차례차례 검사한 결과, 50피피비가 넘는 것들이 아주 많았고 300피피비가 넘는 것도 적지 않았다. 50피피비의 물을 마시는 인구는 2000만 명, 300피피비의 물을 마시는 인구는 500만 명이었다. 일본 미야자키 대학교의 다나베 기미코가 감독한 조사에 따르면 제소르 지구의 삼타 마을에 있는 우물 282개 중 42개가 500피피비가 넘었고, 하나는 1,400피피비나 되었다. 300~500피피비가 39개, 100~300피피비가 114개, 50~100피피비가 57개였고 50피피비 미만인 것은 고작 30개였다. 세계 보건 기구의 기준인 10피피비를 만족시키는 것은 10개에 불과했다. 일본 연구자들은 펌프 우물의 비소 농도가 1,200피피비가 넘는 장소라도 더 깊게 우물을 파면 80피피비 아래로 떨어뜨릴 수 있다는 사실을 발견했다.

1997년에 방글라데시 정부는 긴급 행동 계획을 수립해 오염이 심각한 마을들을 집중적으로 조사했다. 펌프 우물 3만 개 중 거의 3분의 2가 100피피비가 넘는 농도의 비소 물을 공급하고 있었다. 다카 공동체 병원의 연구진이 18개 피해 지역을 방문해 2,000명의 성인과 어린아이를 검사한 결과, 절반 이상이 비소로 인한 피부 손상을 보였다. 인도 서벵골 지역에는 펌프 우물에 의존하는 인구가 이보다 적었지만 그래도 150만 명이나 되었고, 20만 건의 비소 중독 사례가 보고되었다. 증상의 잠복기가 10년이 넘고 암의 경우 20년 뒤에 발병할 수도 있으므로 이 수는 앞으로도 늘어날 것이다.

이 지역 주민들은 어떻게 해야 할까? 한 가지 방법은 우물을 200미터 이상 더 깊이 파거나 차라리 20미터 깊이의 얕은 우물을 파는 것이다. 이러면 오염된 지하수 층을 피할 수 있다. 일단 오염되지 않은 물을 마시기 시작하면 체내의 비소는 빠르게 빠져나간다. 몸이 스스로 독소를 정화하므로 굳이 항비소 킬레이트 약제를 먹지 않아도 된다. 피부병에 걸린 사람은 로션이나 항박테리아 연고를 사용하면 서서히 증상이 완화된다. 인도 정부는 물속 비소를 산화시키는 염화 제제를 보급했다. AsO_3^{3-}를 AsO_4^{3-}로 산화시킴으로써 물에 존재하는 철과 반응해 불용성 화합물로 침전시키는 약품이다.

2004년 2월에 방글라데시 정부는 네 가지 간단한 비소 처리 기술을 승인했다. 여러 가지 약품 가운데 정부가 첫 번째로 권고한 것은 철을 함유한 물질로서 자국에서 생산이 가능했다. 한편 영국 맨체스터 대학교의 조너선 로이드(Jonathan Lloyd)가 이끄는 연구진은 박테리아의 활동 때문에 암반으로부터 비소가 용출되었다는 사실을 확인했다. 박테리아가 없었다면 비소는 불용성으로 남아 있었겠지만,

지하수를 뽑아낸 양만큼 지표수가 스며들어 공간을 채울 때 유기 물질과 함께 박테리아가 지하수에 들어갔다.

그런데 펌프 물 속의 비소가 위험할 수도 있다는 생각을 왜 아무도 하지 못했을까? 2002년에 방글라데시 주민 수백 명을 대신해 변호사들이 영국 정부 산하 자연 환경 연구 위원회인 영국 지질학 조사단에 소송을 제기하려 했다. 그 단체가 1992년에 방글라데시에서 수질 조사를 했기 때문이다. 그때 비소를 빠뜨리는 바람에 수천 명이 중독되는 일을 미연에 방지하지 못했다는 것이 고소 이유였다.

영국 지질학 조사단이 방글라데시의 우물물이 깨끗하다는 판정을 내린 것은 사실이다. 단체는 1996년에 베트남 하노이의 식수에 대해서도 합격 판정을 내렸는데, 이때도 비소는 검사하지 않았다. 2001년에 스위스 연구진이 다시 검사해 보니 비소 농도가 3,000피피비나 되었다. 게다가 영국 지질학 조사단이 영국에서 수질 검사를 할 때는 비소를 포함시켰다는 사실도 문제였다. 영국에서 유럽 기준을 넘는 물이 확인된 예는 없었지만 말이다. 영국 지질학 조사단은 애초에 존재할 것으로 기대되지 않은 물질을 검사할 필요는 없었다고 항변했고, 유엔 아동 기금의 방글라데시 대표도 그 의견에 동조했다. 자신들은 기존에 식수 오염 물질로 잘 알려진 원소들을 검사했고 비소는 그런 원소가 아니었다는 것이다.

영국 지질학 조사단은 1996년부터 우물 10만여 개를 대상으로 자체 후속 조사를 시행해 2002년에 결과를 발표했다. 물론 이번에는 비소를 포함시켰다. 방글라데시에서 유엔 아동 기금의 비소 중독 완화 사업을 이끈 나딤 칸다케르(Nadim Khandaker)에 따르면 영국 지질학

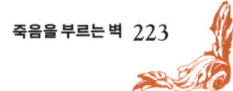

조사단과 방글라데시 정부가 발표한 이 두 번째 보고서는 누구나 인정할 만한 자료다. 얕은 우물과 깊은 우물을 모두 조사했는데, 얕은 우물 가운데 27퍼센트는 비소 농도가 50피피비를 넘었다. 어쨌든 현재 방글리데시 인구의 80퍼센트는 안전한 식수를 공급받고 있는 것으로 보인다. 2003년 5월에 런던 고등 법원은 주민들의 소송을 재판에 회부하겠다고 판결했지만, 2004년 2월에 항소 법원이 판결을 뒤집었다. 영국 지질학 조사단과 주민들의 관계가 충분히 밀접하지 않다는 이유였다. 즉 영국 지질학 조사단에게는 원고들을 비소 노출로부터 보호할 '관리 의무'가 없다는 것이다. 법원은 현행 영국 법이 규정하는 범위에서는 이런 재판을 인정할 수 없다고 했다.

1990년대에 미국의 환경 운동가들은 식수의 비소 농도 기준을 50피피비에서 10피피비로 낮추자는 운동을 벌였다. 임기 말년의 클린턴 대통령이 먹는 물 안전법의 한 조항으로 이를 받아들이기로 했고, 환경 보호국은 2006년 1월부터 새 기준을 적용하기로 계획했다. 주로 미국 서부의 주민 1200만 명과 중서부와 북동부의 일부 주민들에게 영향을 미치게 될 변화였다. 하지만 뒤이어 취임한 부시 대통령이 2001년 3월에 결정을 번복했다. 환경론자들은 분노했지만 소규모 식수회사들은 쾌재를 불렀다. 50피피비라는 기준은 1942년에 공중 위생국이 제정한 것이다. 지금은 틀린 생각으로 밝혀졌지만, 비소가 심장병의 원인이라는 생각에서 만든 기준이었다. 사실 비소를 제거하는 것은 전혀 어렵지 않다. 물을 알루미나(산화알루미늄)에 통과시키면 알루미늄이 비소를 흡수해 불용성 비소화알루미늄 염으로 침전한다. 문제는 그런 여과 시스템을 새로 설치하는 데 드는 비용이다.

식수가 오염되었을 때는 마땅히 개선 조치를 취해야겠지만 역시 돈이 든다는 게 문제다. 뉴멕시코 주 인구 50여 만 명이 높은 농도의 비소에 노출되었을 때 당국이 취한 조치에는 1억 달러가 들었다. 방글라데시에서 비슷한 조치를 취한다면 국가 경제가 휘청거릴 정도로 많은 돈이 들 것이다. 더 깊고 안전한 지하수면에서 물을 뽑도록 우물을 교체하는 일에만 1,000달러가 든다. (반면 기존의 펌프 우물 설치에는 100달러밖에 들지 않았다. 그것이 인기 비결 중 하나였다.)

그런데 칸다케르 같은 연구자들을 어리둥절하게 만든 사실이 하나 있었다. 비소에 노출된 사람들 중 일부만이 반응을 보였다는 점이다. 칸다케르는 카추아 지역을 예로 든다. 그곳 우물들은 거의 전부 비소로 오염되었지만 10만 명 중 1명만 비소 중독 증상을 겉으로 드러냈다. 반면 우물의 60퍼센트가 오염된 소나르가온 지역에서는 인구 10만 명 가운데 70명꼴로 중독되었다. 칸다케르는 암을 유발하는 다른 요인이 함께 작용하는 것 같다고 본다. 몇 년 째 한 우물물을 마셨던 대가족에서 어른 1명만 중독 증상을 보인 사례 등을 보면 과연 그렇다.

2002년에 비부드헨드라 사르카르(Bibudhendra Sarkar)가 이끌고 미국, 캐나다, 프랑스 연구자들로 구성된 다국적 연구진은 방글라데시 우물물에 포함된 다른 금속들에 대한 조사 결과를 발표했다. 그들은 비소 농도가 6,000피피비가 넘는 우물이 있을 정도니 분명 비소가 가장 중요한 오염 물질이긴 하지만, 안티모니 같은 금속도 간과할 수 없다고 주장했다. 세계 보건 기구 기준을 넘는 것으로는 망가니즈, 납, 니켈, 크로뮴이 있었다. 하여튼 당장 처리해야 할 원소를 하나만 고르라면 단연 비소다. 정부는 10피피비라는 세계 보건 기구 기준을 맞추도록 애써야 할 것이다. 그러나 비용을 얼마나 확보할 수 있을까? 많은 나라들이 채택하고 있는 50피피비 수준도 안전할까? 이 양은 인체가 수월하게 견뎌 낼 수 있는 최대 한계치로 여겨진다. 이 수준의 물을 마신 사람들은 우려할 만한 증상을 드러내지 않는다. 물론 장기적으로 노출되면 암 발생 위험이 높아질 수도 있다. 하지만 암 같은 질병이 전개될 나이까지 살 확률이 상대적으로 낮은 나라에서는 장기적인 조치보다 당장의 각화증 치료에 돈을 쓰는 게 선결 과제일지도 모른다.

고작 몇 피피비 수준으로 녹아 있는 비소를 어떻게 측정할까? 예상대로 그것은 엄청나게 어려운 일이므로, 첨단 장비들을 써야 한다. 식수의 안전성을 즉각 검사해 주는 방법이 한 가지 있기는 하다. 스위스 연방 환경 과학 및 기술 연구소의 얀 로엘로프 판 데어 메르(Jan Roelof van der Meer)가 개발한 방법으로, 대장균 박테리아의 균주를 개량함으로써 비소 농도가 4피피비가 넘는 물에서는 형광 대장균이 초록색을 띠도록 했다.

7 법의학의 복수

우리는 최초로 비소를 이용한 살인을 저지른 사람이 누구인지, 비소 화합물의 독성을 발견한 사람이 누구인지 알지 못한다. 천연 비소 광물인 웅황과 계관석은 독성 물질이지만 살인 무기로는 그다지 효과적이지 않다. 물에 녹지 않고 색깔이 뚜렷하므로 피해자의 눈치를 피해 먹이기가 쉽지 않다. 비소 화합물 중 누군가를 죽이는 데 쓸 만한 것은 산화 화합물일 것이다. 자연에 존재하는 물질은 아니지만 만들기가 쉽다. 비소 불순물을 포함한 구리 광석을 제련하면 비소가 산화되며 흰 연기로 날아가다 일부가 연통이나 굴뚝 벽에 붙는데, 그것을 수집하면 된다. 사람들이 그냥 '비소'라고 할 때도 사실 그런 산화물을 가리키는 것일 때가 많다. 화학식은 As_2O_3이다. 수백 년 동안 사람들은 이 물질을 흰 비소, 비소 산화물, 비소산(물에 녹아 산성 용액이 되기 때문이다.), 삼산화비소 등의 이름으로 불러 왔는데, 정확한 화학명은 산화비소(III)다. 우리는 화학자들도 널리 사용하는 이름인 삼산화비소를 쓰겠다.

어떤 살인자들은 삼산화비소 고체를 스튜나 죽, 쌀 푸딩 등에 섞어 피해자에게 먹였다. 하지만 더 일반적인 방법은 음료에 녹이는 것이다. 삼산화비소는 수용성이고, 그 용액은 무색에 맛도 거의 없는 편이라 정체가 탄로날 확률이 낮다. 맛이 있다 해도 살짝 달콤할 정도다. 이처럼 비소는 독살을 꿈꾸는 이들에게 유리한 면을 갖고 있지만, 그래도 비소 독살이 실패할 가능성은 언제든 있었다. 비소의 간단한 화학 반응을 이해하지 못한다면, 또는 필요량을 정확하게 판단하지 못한다면 말이다. 때로 살인자의 무지와 무능이 도리어 살인자에게 우호적으로 작용하기도 했다. 치사량이 아닌 소량을 반복적으로 적용한 결과, 희생자가 모종의 고질병을 앓고 있다는 인상을 준 것이다. 마침내 치사량이 주어져 희생자가 사망했을 때는 아무도 놀라지 않았다.

삼산화비소 결정을 차가운 물에 녹이면 대부분 바닥에 가라앉는다. 물에 녹은 양만으로도 사람을 앓게 할 수 있지만 죽이기에는 충분하지 않다. 비소가 녹는 데는 시간이 걸리는데, 혼합물을 가열하면 좀 빠르게 진행시킬 수 있다. 그렇게 하면 용액 한 모금(25밀리리터)에 450밀리그램 정도가 녹게 된다. 치사량의 2배다. 단 10밀리리터의 물이면 삼산화비소 치사량을 녹일 수 있다. 130밀리그램으로 사람을 죽였다는 기록도 있지만, 보통은 그 정도 양으로는 사람이 죽지 않는다. 거꾸로 훨씬 많은 양을 먹고도 살아남은 사람도 있었다.

옛날에는 사인이 비소 중독임을 입증하는 게 거의 불가능했다. 그

런 점에서 삼산화비소는 완벽한 살인 무기가 될 만하다. 증상인 구토와 설사는 흔한 질병들의 증상과 거의 구별되지 않고, 의사들도 질환이나 사망의 원인으로 비소를 집어내기가 어려웠기 때문이다. 부검의가 삼산화비소 투여 증거를 찾아낼 확률도 거의 없었다. 이런 상황은 화학자들이 비소와 비소 화합물들을 연구하고 검출 기법을 고안하기 시작하면서 완전히 바뀌었다.

처음으로 재판에 법의학적 조사 결과가 제공되어 유죄 판결에 영향을 미친 것은 1700년대 중반이었다. 1830년대에는 제임스 마시(James Marsh, 1794~1846년)가 개발한 비소 검출법 덕분에 처음으로 부정할 수 없는 과학적 증거에 의한 유죄 판결이 내려졌다. 그러나 여전히 당시의 배심원들은 법의학 증거에만 의존해 판결을 내리길 꺼렸기 때문에 죄인이 멀쩡히 풀려날 수도 있었다. 특히 피고측 변호사가 화학 분석에 대한 배심원들의 무지를 지적하는 책략을 취하면 배심원들은 혼란을 느꼈고, 급기야 증거를 무시하기도 했다. 유죄가 선고된 뒤에 평결이 잘못되었다며 이의를 제기하는 사람들도 있었다. 유명한 메이브릭 사건도 그런 경우였다. 젊은 미국인 여성 플로런스 메이브릭(Florence Maybrick)이 부유한 영국인 남편 제임스를 독살한 혐의로 유죄를 선고받았을 때 고집스럽게 그녀의 결백을 주장한 사람들이 많았지만, 우리는 다음 장에서 그녀의 범행 과정과 비소의 속성을 살펴봄으로써 그녀가 어떻게 살인을 저질렀는지 제대로 따져 볼 것이다. 그에 앞서 이 장에서는 비소가 주인공이었던 몇 가지 살인 사건을 소개하려 한다. 비소를 탐지하는 것, 또는 탐지하지 못하는 것이 문제의 핵심이 된 사건들이었다.

역사 속의 비소 살인

기원전 8세기와 기원전 9세기의 아시리아 인들은 노란 웅황에 대해 잘 알았다. 고대 그리스와 로마 인들은 웅황을 구우면 흰 화합물이 형성된다는 사실을 알았는데, 그것은 아마 삼산화비소였을 것이다. 웅황을 나트론과 함께 가열하면 치명적인 물질이 만들어진다는 것, 그것을 물에 녹이면 투명한 용액이 만들어진다는 것도 오래전부터 잘 알려져 있었다. 이것은 실제로 무척 독성이 강한 만드는 반응이다. 이렇게 아주 옛날부터 삼산화비소와 그 염들의 치명적 속성과 제조법에 대해 알고 있는 사람들이 있었다. 그런 지식은 위험하면서도 정치적으로 유용했고, 그 때문에 예상치 못한 죽음을 맞은 사람들이 있었다. 기원전 100년경에 만들어진 고대 로마의 법도 독살에 대해 특별히 다루고 있었으니 말이다.

아그리피나(Agrippina)는 고대 로마의 가장 악독한 독살자들 중 하나였다. 그녀는 제 앞길을 가로막는 사람은 누구든 독살했고, 아마도 늘 삼산화비소를 썼던 것 같다. 무척 효과적이고 덜미 잡힐 염려가 없는 독이었기 때문이다. 아그리피나가 남편을 독살했다는 소문은 사실인 듯하다. 살인 동기는 자유의 몸이 되어 삼촌인 클라우디우스(Claudius) 황제와 결혼하기 위해서였다. 정치력을 얻어 아들 네로를 황제의 후계자로 만들고 싶었던 것이다. 아그리피나는 궁정 고문관들 중 자신에게 반대하는 자들을 먼저 독살한 뒤, 클라우디우스의 아내 발레리아(Valeria)를 독살했다. 클라우디우스와 결혼한 뒤에는 황제를 설득해 황제의 딸 옥타비아(Octavia)를 아들 네로와 혼인시켰다. 이제 남은 것은 황제의 뒤를 이을 것이 분명한 황제의 아들 브리타니쿠스(Britaninicus)를 처치하고 황제를 설득해 네로를 그 자리에 올려놓는 것이었다. 황제는 그녀의 말을 따름으로써 자신의 죽음을 앞당겼다. 아그리피나는 54년에 클라우디우스를 독살했고, 네로는 약관 16세의 나이로 황제가 되었다. 안타깝게도 아그리피나는 곧 아들의 애정을 잃었고, 59년에 아들의 손에 죽임을 당했다. 기록에 따르면 독살은 아니었지만 말이다.

정치 목적으로 독살하는 행위는 1500년대와 1600년대 이탈리아에서 거의 예술의 경지에 다다랐다. 가장 악명 높은 독살자들은 체사레 보르자(Cesare Borgia, 1476~1507년)와 그의 누이 루크레치아(Lucrezia, 1480~1519년)였다. 이들의 이름은 지금도 악행의 동의어처럼 여겨진다. (루크레치아가 아버지인 교황 알렉산데르 6세와 근친상간해 아이를 낳았다는 말도 있다.) 남매는 라 칸타렐라라는 흰 가루를 애용했는데, 분명 삼산화비소였을 것이다. 일설에 따르면 그들은 에스파냐의 무어 인들에게 독약 제조법을 배웠다. 1492년에 교황이 된 아버지가 로드리고 보르자(Rodrigo Borgia)라는 이름의 에스파냐 추기경이었음을 떠올려 보면 그럴 법도 하다. 그들의 아버지는 1503년에 아들 체사레와 함께 연회에 참석한 뒤에 사망했다. 체사레가 다른 사람을 독살하려고 마련한 음식과 포도주를 실수로 먹고 죽은 거라는 소문도 있었지만, 체사레도 함께 앓았던 것을 보면 그랬을 것 같지는 않다. 라 칸타렐라가 정말 삼산화비소였는지 이제 와서 확인할 길은 없으나 정황상 그랬을 가능성이 상당히 높다. 루크레치아는 1519년에 39세의 나이로 죽었다. 악평이 자자한 삶을 뒤로 한 채 종교에 투신

한 성스러운 신분이었다. 오빠 체사레는 1507년에 작은 전투에 참가했다가 31세의 나이로 죽었다.

삼산화비소 독살은 로마 가톨릭 교회 내부의 상류층에게만 국한된 일이 아니었다. 신사 계급에서도 유행했는데, 시칠리아의 토파나(Toffana)라는 악명 높은 독약 판매상이 그들에게 약을 팔았다. 그녀는 당시의 한 성수(聖水)의 이름을 따서 '성 니콜라스의 만나'라는 이름으로 삼산화비소 용액을 팔았다. 명목상은 화장품이었고 실제로 혈색 개선을 위해 이것을 사용한 여성들도 있었다. 하지만 대개의 여성들은 이른바 토파나의 물, 즉 아쿠아 토파나를 성능 좋은 독약으로 사용했다. 아쿠아 토파나 때문에 제 명을 다 못한 사람이 최소한 500명은 되었다고 한다.

토파나는 1650년쯤에 팔레르모에서 사업을 시작해 1659년에 나폴리로 옮겼다. 나폴리에서 아쿠아를 유통하는 비밀 조직을 만들고 많은 중개인들을 통해 50년 이상 성공적으로 사업을 운영했다. 결국 나폴리 총독이 그녀의 사업을 중지시켰다. 새 도시의 이름을 따 아쿠에타 디 나폴리라고 불렸던 그녀의 상품이 유독 물질임을 알아챘던 것이다. 용액은 독성이 아주 높아 포도주 한 잔에 여섯 방울만 섞어도 사람을 죽일 수 있었다.[34] 체포 명령이 떨어진 것을 알게 된 토파나는 수녀원으로 도망쳤지만, 결국 잡혀서 감옥에 투옥되었다. 고문을 당하고 모든 것을 실토한 그녀는 1709년에 교수형에 처해졌다.

---

34 이 말이 사실이라면 아쿠아 토파나는 비소화나트륨 아니면 비소화칼륨 용액이었을 것이다. 이들이 삼산화비소보다 용해도가 높기 때문이다. 토파나의 독약 제조법은 알려지지 않았다.

법의학의 복수 233

비소의 오용은 이탈리아만의 일이 아니었다. 프랑스에도 푸드레 드 석세시옹(상속의 가루)이라고 불린 비소 가루를 비밀스레 판매하는 조직이 있었다. 이름을 보면 알 수 있듯 친척을 제거하고 싶어 하는 사람들을 위한 것이었다. 정확히 어떤 비소 화합물이 있는지는 알 수 없지만 어쨌든 큰 일 날 만큼 이 가루가 널리 사용된 때가 있었다.

브랭빌리에 남작 부인

아름다운 마리 마들렌 도브레(Marie Madeleine D'Aubray)는 파리 민정관 겸 국가 자문관의 딸로 태어났다. 그녀는 1651년에 누라르 남작인 앙투안 고블랭 드 브랭빌리에(Antoine Gobelin de Brinvilliers)와 결혼해 브랭빌리에 부인(The Marquise de Brinvilliers, 1630~1676년)이 되었다. 앙투안에게는 정부가 여럿 있었고 그래서인지 아내가 자신의 도박 친구인 고댕 드 생트크루아(Gaudin de Sainte-Croix)의 연인이 되어도 개의치 않는 듯했다. 반면 그녀의 아버지는 이해심이 많지 않았다. 1663년에 그는 딸의 애인을 바스티유 감옥에 6개월 동안 가두었다. 생트크루아는 감옥에서 어느 악명 높은 독살자를 알게 되었고, 출소한 뒤 자신도 독약에 손을 대기 시작했다. 필요한 원료는 궁정 약제사이자 루이 14세의 아들들을 가르쳤던 유명한 파리 화학자 크리스토퍼 글라저(Christopher Glaser)에게서 구했다. 생트크루아는 어떻게 하면 삼산화비소를 잘 녹일 수 있을지 실험했다. 먹이기 쉽고 의심도 일으키지 않는 독약을 원했기 때문이다. 브랭빌리에 부인은 자신이 음식과 포도주를 선물하며 자선을 베풀던 한 병원의 환자들을 대상으로 애인이 만든 음료를 시험했다. 빈약한 식단에 더해진 선물을

뿌리 뽑기 힘든 구습

'상속의 가루'를 사용해 가까운 친척을 없앰으로써 유산을 물려받는 전통이 이탈리아에서 완전히 사라진 게 아닌지도 모르겠다. 실제로 1930년대에 필라델피아 남부의 한 이탈리아 이민자 마을에서 이 문제가 다시 부각되었다. 언론은 이 사건을 '대단한 비소 살인'이라고 불렀다. 많은 사람이 의심스러운 정황에서 죽어 나갔고 그들의 죽음에 대해 상당한 양의 생명 보험금이 지불되었다. 살인죄로 재판에 회부된 사람은 30명이었고, 그중 24명이 유죄 선고를 받았다. 상속의 가루를 나눠 준 사람은 헤르만 페트릴로와 파울 페트릴로 형제, 그리고 랍비 루이라고 불린 모리스 볼버였다. 그들은 여자들을 꾀어 남편 이름으로 보험을 들게 하고는 남편을 '캘리포니아로 보내 버릴' 흰 가루를 건네주었다. 가루는 삼산화비소였다. 흉계에 적극 가담해 보험금 일부를 페트릴로 형제와 볼버에게 건넨 여성들도 있었지만, 결백을 주장한 여성들도 있었다. 후자의 경우였던 스텔라 알폰시(Stella Alfonsi)가 작가 조지 쿠퍼(George Cooper)에게 자신의 이야기를 들려주었고, 그 이야기에 바탕을 둔 책 『독약 미망인들: 마술, 비소, 살인에 관한 진짜 이야기(Poison Widows: A True Story of Witchcraft, Arsenic and Murder)』가 1999년에 출간되었다. 사건의 세 주모자는 사형 선고를 받았다. 2명은 전기사형을 당했고 1명은 종신형을 살았다. 자발적으로 가담한 독살자 21명은 무기 징역 또는 장기형을 선고받았다.

감사히 받아먹었던 사람들은 안타깝게도 나아지는 게 아니라 나빠졌다. 죽은 사람도 몇 명 있었다.

브랭빌리에 부인은 어느 정도면 사람을 죽일 수 있는가, 어느 정도면 아프게만 할 수 있는가를 연구했다. 그녀에게 당한 첫 인물은 그녀의 아버지였다. 1666년 5월에 그녀는 아버지를 병들게 했고 10월에는 죽여 버렸다. 재산을 물려받기 위해서였다. 그런데 그녀는 자신의 행동으로 두 남자 형제까지 혜택을 본 것을 못마땅하게 여겼고, 급기야 공범을 구해 그들의 집에 하인으로 들여보냈다. 라 쇼세(La Chaussée)라는 이름의 공범은 다음 해에 그녀의 형제들을 독살했다. 그동안 브랭빌리에 부인은 생트크루아 외에도 여러 남자들과 애정 행각을 벌이며 지냈다. 독약이 필요할 때는 생트크루아에게 편지를 보내 요청했는데, 생트크루아는 현금보다는 현물로 대가를 받았던 것 같다. 그녀는 남편을 독살하고 생트크루아와 결혼함으로써 영구적 거래 관계를 만들고자 했으나, 생각대로 되지 않았다.

1672년 7월에 생트크루아가 자신의 실험실에서 갑자기 죽는 바람에 범죄에 얽힌 편지들을 숨겨 둔 은닉처가 공개되었다. 브랭빌리에 부인은 편지를 되찾으려고 여러 차례 시도하다 실패하자 먼저 영국으로, 다음엔 네덜란드로 도망갔다가 결국 리에주 근처의 한 수도원에 의탁했다. 1673년 2월에 라 쇼세가 체포되었고, 고문당했고, 자백했으며, 형거에서 몸이 찢겨 죽었다. 경찰은 젊은 경찰 첩자를 리에주로 보냈다. 그는 브랭빌리에 부인을 유혹해 수도원에서 나와 함께 살자고 꾀었고, 1676년 3월 25일에 마침내 그녀를 체포할 수 있었다. 그녀 역시 심문받고, 고문당하고, 자백한 뒤, 머리가 잘렸다.

재판에서는 기 시몬(Guy Simon)이라는 약제사가 브랭빌리에의 집에서 찾아낸 독약에 대해 증언했다. 그는 독약을 물에 녹인 뒤 몇 방울을 타타르 오일과 바닷물에 섞어 보았지만 아무것도 침전되지 않았다고 했다. 가열해도 산성 증기가 방출되지 않았고, 더 세게 가열했더니 모두 증발해 버렸다. 그 독약을 비둘기, 개, 고양이에게 먹였더니 동물들은 모두 즉사했고, 사체를 검사한 결과 심장에 혈액이 응고되어 있었다. 약제사는 용액이 증발한 뒤에 남은 흰 가루도 확인했다. 그것을 다른 고양이에게 주었더니 고양이는 90분 동안 토하다가 죽었다. 이 모든 관찰 내용으로 볼 때 독약은 삼산화비소 용액이었다. 의문을 풀어 줄 수 있는 유일한 인물인 약제사 크리스토퍼 글라저는 신중하게도 프랑스를 떠난 뒤였고 이후 어떤 소식도 들리지 않았다.

비소는 1679년에서 1680년 사이에 프랑스 루이 14세 궁정의 사교계를 뒤흔들었던 이른바 '독물 사건'에도 등장한다. 온 유럽을 사로잡았던 그 사건은 미약, 마법, 요술, 비소 가루에 얽힌 이야기였다. 소란의 중심에는 라 부아쟁(La Voisin)이라는 이름으로 알려진 카트린 드예 몽부아쟁(Catherine Deshayes Monvoisin)이 있었다. 명목상 산파였던 그녀는 비단상 겸 보석상인 남자와 결혼해 자녀 10명을 두었다. 남편이 파산해 직접 가족을 부양하게 된 라 부아쟁은 불법 낙태 시술, 악마의 의식 집전, 미약이나 독약 공급을 통해 돈을 벌었다. 그녀는 엄청나게 부유해져 1670년대에는 상류층들이 살던 파리 교외 빌뇌브 지역에 커다란 저택을 마련할 정도였다. 라 부아쟁은 1679년 3월에 여러 공범들과 함께 체포되었고 1680년 2월 22일에 산 채로 화형에 처해졌다. 라 부아쟁의 전성기 고객 중에는 루이 14세의 오랜 연인인 몽테스팡(Montespan) 부인도 있었다. 몽테스팡 부인은 시들어가는 왕의 애정을 되살리고자 라 부아쟁을 찾았다. 라 부아쟁은 벌거벗은 몽테스팡 부인을 제단에 눕히고서는 악마의 의식을 치렀고, 왕의 음료에 넣을 미약을 제공했다.[35] 라 부아쟁을 비롯한 1600년대 독살자들의 범죄를 지금 다시 밝히려 해도 별 소득은 없을 것이다. 당시는 화학이 갓 태동하던 시점이라, 정확히 어떤 독약들이 사용되었는지 알기 힘들기 때문이다. 이 상황은 화학이 하나의 과학으로서 정립되는 1700년대 들어 서서히 바뀐다. 새로운 과학은 다음에 소개할 두 여성에게 유죄 판결을 내리는 데 큰 도움을 주었다.

메리 블랜디

메리 블랜디(Mary Blandy, 1720~1752년)는 옥스퍼드셔 헨리온템스의 변호사이자 읍 서기인 프랜시스 블랜디(Francis Blandy)의 무남독녀였다. 그녀에게 1만 파운드의 지참금이 딸려 있다는 것을 사람들이 다 알았는데도 그녀는 26세까지 결혼을 하지 못했다. 그러던 중 그녀는 윌리엄 헨리 크랜스톤(William Henry Cranstoun) 중위를 만나 단숨에 매료되었고 가망 없는 사랑에 빠져들었는데, 곧 중위가 유부남이고 스코틀랜드에 아내와 아이가 있다는 사실을 알게 되었다. 크랜스톤은 아내라는 여성의 말은 거짓이고, 자신은 그녀에게 얽매인 상태가 아니라고 극구 주장했다. 그녀에게 소송을 제기한 참이니 머지않

---

35 이 사건에 대해 더 알고 싶은 독자는 앤 서머싯의 환상적인 책 『독물 사건(The Affair of the Poisons)』을 보기 바란다.

아 자초지종이 밝혀질 것이라고 했다. 한편 크랜스톤은 스코틀랜드의 아내에게는 다르게 말했다. 승진을 하려면 한동안 독신 행세를 하는 게 좋다고 하면서 그녀의 처녀 적 성인 머리라는 이름으로 그들이 결혼하지 않았다는 내용의 편지를 보내게 했다. 아내는 그의 말을 믿고 편지를 보냈고, 그는 그것을 메리와 메리의 부모에게 보여 주었다. 그들은 중위의 말을 믿고 심지어 함께 살자고 했다. 크랜스톤에게는 안된 일이지만 사실 스코틀랜드 법원은 1748년 3월에 그의 아내가 제기한 결혼 확인 주장을 인정했다. 크랜스톤은 이후 2년 동안 블랜디 가족에게 이 사실을 숨겼고 그 사이에 메리의 어머니가 숨졌다.

결국 메리의 아버지 프랜시스는 크랜스톤과의 관계를 정리하기로 결심했다. 스코틀랜드로 돌아간 크랜스톤은 메리에게 삼산화비소를 보냈고, '스코틀랜드 자갈 세척 가루'라고 적힌 봉지 속 그 물질을 아버지의 음식에 넣으면 자신들의 관계에 대한 아버지의 태도가 바뀔 것이라고 편지에서 말했다. 메리는 1750년 11월에 처음 아버지의 차에 독약을 탄 듯하다. 프랜시스는 조금 앓다가 회복했다. 메리는 다음 해 6월에 스코틀랜드로부터 다시 가루를 받아 두 번째 독살을 시도했다. 이번에도 프랜시스는 몹시 앓다가 결국 회복했다. 8월에 메리는 아버지의 오트밀 죽에 훨씬 많은 양의 가루를 탔다. 프랜시스는 다시 몸져 누웠다. 이번에는 치명적이었다. 음식에 입을 댔던 하인 하나도 몹시 앓았다. 프랜시스는 딸이 자신에게 독을 먹였다는 것, 자신이 죽어 가고 있다는 것을 깨달았다. 그는 8월 14일에 숨을 거두면서 딸에게 용서한다는 말을 남겼다.

소식을 들은 성난 마을 주민들이 메리의 집 앞에 운집했고, 메리는 엔젤이라는 술집 여주인의 도움으로 몸을 숨겼다. 그러나 8월 17일에 메리는 체포되어 옥스퍼드 성에 갇혔다. 1752년 3월 3일 화요일에 열린 재판은 장장 12시간 가까이 진행됐다. 하루가 꼬박 걸린 재판이 끝날 무렵, 배심원들은 합의를 위해 자리를 떠날 필요조차 없었다. 그들은 즉석에서 평결을 내렸다. 유죄였다.

재판에서는 앤서니 애딩턴이라는 의사가 흰 가루 분석 결과를 제시했다. 그것은 독살의 유력한 증거였다. 의사는 흰 가루에 대한 네 차례의 실험 결과가 흰 비소의 결과와 일치함을 보여 주었다. 이 법의학 증거는 배심원들이 결정을 내리는 데 도움을 주었고, 덕분에 메리는 죄에 합당한 판결을 받고 교수형에 처해졌다. 사형 전에 그녀는 자신의 입장에서 이야기를 기록할 시간을 달라고 요청했다. 그 기록은 '메리 블랜디 양과 크랜스톤 씨 사이의 일에 관한 블랜디 양 본인의 이야기'라는 제목으로 남아 있다. 아무래도 메리는 좀 특이한 처녀였던 것 같다. 어쩌면 지나치게 순진했는지도 모른다. 메리는 교수대로 향하면서도 비정상적으로 침착하고 태연했다. 교수형 집행인에게 "품위를 생각해서" 너무 높게 매달지 말라고 요청할 정도였다. 메리의 처형을 지켜보기 위해 수많은 인파가 몰렸다. 교수형 집행인은 메리의 요청을 무시하고 그녀를 높게 매달았다. 1752년 4월 6일이었다.

크랜스톤으로 말하면, 처음엔 프랑스 불로뉴, 다음엔 파리로 도망갔다가 결국 플랑드르 지방의 뵈르네로 가서 이름을 던바로 바꾸고 먼 친척과 함께 살았다. 하지만 그도 오래 살지는 못했다. 1752년 11월에 그는 열병에 걸려 같은 달 30일에 사망했다. 죽기 전에 그는 로마 가톨릭으로 개종했다. 블랜디 씨를 살인하고 그의 딸을 교수대로 보낸 것에 대해 고해하고 싶었는지도 모른다.

안나 츠반치거

안나 숀레벤(Anna Schonleben, 1760~1811년)은 1760년에 바이에른의 바이로이트 근처에서 태어나 5세에 고아가 되었다. 그녀는 이 집 저 집 옮겨 다니다가 한 부유한 후견인의 도움으로 교육을 받았다. 15세에 27세의 변호사 츠반치거와 결혼했지만, 행복한 결합은 아니었다. 남편은 알코올 중독이라 일을 하지 못했고, 안나가 아이 둘을 낳으면서 형편은 더욱 나빠지기만 했다. 돈을 벌어야 했던 그녀가 선택한 돈벌이는 통상적인 방법은 아니었다. 하지만 뛰어난 외모와 세련된 대화 능력을 유감없이 활용하는 방법이기는 했다. 판사나 유명인사들만을 고객으로 하는 고급 매춘부가 된 것이었다.

곧 안나는 혼자 힘으로 가족을 먹여 살리게 되었다. 그녀는 주정뱅이 남편에게 무척 애착을 느꼈던 것 같다. 헤어지기로 결심해 실제로 이혼까지 하고도 바로 다음 날 재결합한 것을 보면 말이다. 1796년에 남편은 48세의 나이로 죽었다. 안나는 가게를 열어 점잖은 방법으로 돈을 벌려 했지만 사업은 실패였다. 안나는 다시 매춘으로 돌아갔지만 더럭 임신을 해 오래 일을 할 수는 없었다. 아기는 입양 보내졌다가 곧 죽었다. 차차 안나의 외모는 시들어갔고, 직업을 유지할 수 없게 된 그녀는 가정부가 되어 여러 가정을 전전했다. 알고 보니 그녀는 집안일에 남다른 소질이 있었다. 하지만 여주인이 이것저것 지시하는 것을 몹시 싫어했다. 그럴 때 안나의 해결책은 여주인을 독살하는 것이었다. 그러고선 홀아비를 유혹했다. 남자들은 침대에서 그녀의 위로를 받는 것을 좋아했지만 그녀를 딱히 새 배우자감으로 여기지는 않았다.

그러던 중 안나에게 행운이 찾아들었다. 볼프강 글라저 판사가 가정부 자리를 의뢰했던 것이다. 판사는 일마 선에 아내와 헤어진 참이었다. 1808년 3월 5일에 안나는 판사의 집으로 들어갔다. 그러나 1808년 7월 22일에 글라저 부인이 돌아오면서 안나의 짧은 행운은 막을 내렸다. 하지만 글라저 부인의 운도 막을 내리긴 마찬가지였다. 돌아온 다음 날 갑자기 아파하며 구토, 설사, 복통을 일으켰고, 이런 증상을 거듭 드러내다 1개월 만에 죽었다. 어떤 이유에서인지 안나는 그 집을 나와 38세의 그로만 판사 집으로 옮겼다. 그로만은 체질적으로 병약했는데, 안나의 보살핌을 받아 조금 회복하는 듯했으나 1809년 4월에 갑자기 구토, 설사, 복통을 일으키기 시작해 5월 8일에 사망했다. 안나는 게브하르트 판사의 집으로 또 옮겼다. 산달을 앞둔 판사의 아내는 5월 13일에 사내아이를 낳았고 며칠 뒤부터 몸져 누웠다. 이 연약한 부인은 안나가 독살하려 한다고 고발했는데, 안타깝게도 아무도 그녀의 말을 귀담아 듣지 않았다. 안나는 부인의 장례식 뒤에도 계속 판사의 집에서 일했다.

1809년 8월 25일에 게브하르트는 친구 둘을 초대해 식사를 했다. 곧 그들 모두 앓기 시작했고, 마침 집에 들렀던 심부름꾼도 포도주 한 잔을 얻어 마신 뒤 앓기 시작했다. 안나가 독을 탔다는 명백한 증거였다. 그들은 역시 집에 들른 짐꾼에게도 포도주를 권했으나, 짐꾼은 하얀 침전물이 가라앉아 있는 것을 보고 입에 살짝 대기만 했다. 그런데도 그도 심하게 앓았다. 죽은 사람은 아무도 없었고, 다들 식

중독이라고 이해한 듯했다. 그러나 그 후 어느 주말에 벌어진 사건은 그처럼 대수롭게 여길 수 없었다. 1809년 9월 1일 저녁에 판사는 친구 다섯을 초대해 놓고 마셨다. 그 손님들이 모두 앓아누우며 안나를 원인으로 지목하자 판사는 그녀를 해고했다. 그녀는 집을 나가기 전에 삼산화비소를 소금 통에 잔뜩 섞어 두었다. 동료 가정부 둘에게 작별 인사로 커피를 타 주고, 5세 된 아기에게 우유를 먹인 후 안나는 집을 떠났다. 이들이 모두 심하게 앓자 결국 경찰이 나섰고, 소금 상자를 검사해 흰 비소가 다량 포함되어 있음을 발견했다. 안나는 체포될 때 수중에 독약 두 봉지를 갖고 있었다. 경찰은 글라저 부인의 시체를 발굴해 거기에서도 비소를 발견했다. 안나는 죄를 고백했고, 1811년에 칼로 참수되었다.

비소 분석법

1700년대에 화학은 과학의 한 분야로 성장했고, 화학의 필수 작업인 화학 분석 기법도 크게 발전했다. 덕분에 비소가 사용되었는지 아닌지 **입증**할 수 있는 길이 열렸지만 교묘한 독살은 여전히 여간해서는 발각되지 않는 편이었다. 놀랄 일도 아니었다. 의사들은 비소 중독을 보통 자연사로 진단했다. 갑작스런 죽음에 의혹을 느껴 부검을 하는 경우에도 비소가 원인이라는 증거는 잘 드러나지 않았다. 많은 독살이 의심받지 않고 자행되었고, 많은 범법자가 처벌을 받지 않고 넘어갔다. 하지만 일단 의혹이 제기되면 아주 극적인 재판이 벌어지고는 했다. 그런 재판들은 막 그 수가 늘어가던 신문 독자들의 흥미를 유감없이 충족시켜 주었다.

법의학적 비소 분석에서 큰 진전을 이룬 사람은 제임스 마시였다. 런던 울리치 무기고에서 일하던 그는 1832년에 존 보들(John Bodle)이 할아버지 조지 보들(George Bodle)을 살해한 혐의를 받고도 무죄 방면된 일에 큰 분노를 느꼈다. 80세의 조지 보들은 플럼스테드에 농장을 소유하고 있었는데, 농장 하녀의 증언에 따르면 손이 할아버지가 죽어서 한몫 물려받았으면 좋겠다고 말했다는 것이다. 노인의 영지는 2만 파운드(오늘날의 40억 원 정도)의 가치가 있었다. 동네 약제사도 존이 삼산화비소를 구입했다고 증언했다.

마시는 피의자가 노인에게 주었던 수상한 커피와 시신에서 떼어낸 장기들에 비소가 있는지 확인하는 일을 맡았다. 그는 당시에 이용되던 표준 비소 검출법을 사용했다. 비소가 함유된 용액에 황화수소 기체를 주입하면 노란 황화비소 침전물이 생기는 것을 이용하는 방법이었다. 문제는 마시가 법정에 제출한 황화비소 침전물이 재판이 열리는 시점에 이미 변색되었다는 것이다. 배심원들은 증거를 확신하지 못했고, 존 보들은 풀려났다. 어차피 10년 뒤에 공갈협박죄로 기소되어 7년 형을 선고받고 저 멀리 식민지로 추방될 운명이었지만 말이다. 보들은 그때 가서 할아버지를 독살한 사실을 시인했다. 물론 같은 죄목으로 두 번 처벌받지 않는다는 점을 알기 때문에 고백한 것이었다.

그동안 마시는 거부할 수 없는 증거를 확보해 줄 비소 검출법 개발에 매달렸다. 법정에서 배심원들을 확신시킬 수 있는 증거가 필요했다. 1836년에 마시는 그 결과를 《에든버러 철학 저널(*Edinburgh Philosophical Journal*)》에 발표했다. 마시 검출법이라고 불리게 되는 새 기법의 첫 단계는 비소를 용액에 녹이는 것이다. 검사 대상인 조직 시료를 강산에 넣어 가열하면 유기물이 모두 파괴되고 속에 있는 비소는 용액에 녹아난다. 다음 단계는 용액에 주석 조각을 담가 용액 속 비소를 아르신 기체로 바꾸는 것이다.

이렇게 발생한 아르신 기체를 뜨거운 유리관에 통과시키면 아르신은 수소 기체와 비소 금속으로 분해되고, 그중 비소는 유리관의 차가운 부분에 닿아 거울 같은 얇은 막으로 덮인다. 그것을 채취해 이미 무게를 알고 있는 다른 비소 시료와 대조하면 정확한 양을 알 수 있다. (거울 막이 비소라는 사실은 다시 가열해 보면 확인할 수 있다. 비소라면 흰색의 삼산화비소로 바뀌어 승화할 것이기 때문이다.) 비소 거울이 맺힌 유리관을 밀봉해서 배심원들에게 보여 주면 된다. 이 기법의 문제라면 지나치게 민감하다는 점이었다. 다른 시약들 속에 들어 있는 비소, 가령 주석 속의 불순물 비소까지도 검출해 냈기 때문이다. 불순물이 끼어들지 않도록 아무리 주의를 기울여도 한계가 있었다. 인체는 중독되지 않은 경우에도 반드시 미량의 비소를 갖고 있기 때문이다. 다른 물증이 없는 상황에서 미량의 비소를 가진 뼈 하나로 독살을 주장하기는 어려웠다.

정밀하다는 건 어쨌든 좋은 일이었지만, 마시 검출법에는 또 다른 단점이 있었다. 실험실에서만 수행할 수 있다는 점이었다. 이보다 나은 방법은 1842년에 등장했다. 에가르 휴고 라인시(Egar Hugo Reinsch, 1809~1884년)가 반짝반짝 닦은 구리 박편을 시료 용액에 담그면 된다는 것을 알아냈다. (시료가 고체일 때는 먼저 염산에 담가 끓여서 비소를 녹인다.) 비소는 구리 박편에 붙어 침전되었고, 이것을 다시 가열하면 비소가 증기로 기화했다. 비소를 삼산화비소로 변환시켜 무게를 달면 구리에 붙은 비소의 양을 알아낼 수 있다. 라인시 방법으로는 1마이크로그램의 10분의 1(0.0001밀리그램)까지 검출할 수 있었다. 이론적으로 마시 검출법보다 10배나 정밀했지만 꽤나 정교한 기술이 필요하다는 게 단점이었다. 그밖에도 몇 가지 함정이 있었다. 가령 라인시 검출법은 몇 분 만에 빠르게 결과를 내놓았는데, 다만 비소량이 아주 적을 때는 침전물이 형성되는 데 1시간 이상 걸리기도 했다. 다음 장에서 소개할 메이브릭 재판에서는 이 점이 아주 중요한 요인으로 작용했다.

1900년대에는 더 나은 검출법들이 개발되었다. 하지만 1800년대에 살인을 폭로할 때는 마시 검출법과 라인시 검출법만으로도 충분했다. 항상 제대로 된 판정이 내려지고 처벌에 성공했던 것은 아니지만 말이다.

비소 독살의 황금기

법의학 분석의 발전에도 불구하고 수년간 추적의 눈길을 피해 수많은 살인을 저지른 연쇄 살인범들이 있었다.

엘렌느 예가도

독실함을 가장했던 엘렌느 예가도(Hélène Jegado, 1803~1854년)가 1851년 7월에 체포되기까지 얼마나 많은 사람을 죽였는지는 확실히 알려져 있지 않다. 엘렌느는 7세에 고아가 되어 부브리의 교구 목사레이요의 보살핌을 받게 되었다. 목사가 엘렌느의 두 이모를 하녀로 고용했기 때문이다. 1826년에 이모 중 하나가 세글리엔의 다른 목사 가정으로 옮기자 엘렌느도 따라갔다. 그곳에서 엘렌느는 처음으로 음식에 독을 탔다는 혐의를 받았다. 그때는 사망자는 없었다. 사람들이 죽어 나가기 시작한 것은 엘렌느가 구에른의 사제인 르 드로고의 집에서 일할 때였다. 그녀가 그 집에 들어가고 나서 3개월도 못 되어 집안사람들이 심하게 앓기 시작했고, 6명이 죽었다. 엘렌느를 만나러 왔던 언니도 그중 하나였다. 사태가 진행되는 동안 엘렌느는 간호의 화신처럼 행동했다. 사람이 죽을 때는 진심으로 슬퍼하는 듯했다. 겉보기에 엘렌느는 지적이고 신앙심이 두터운 처녀였다.

이 충성스러운 하녀가 머무르는 곳마다 줄줄이 시체가 쌓였다. 그녀가 어디로 가든 그녀의 음식을 먹은 사람들이 죽자, 한동안 사람들은 불행을 타고난 그녀를 동정했다. 그녀는 어느 장례식에서 흐느끼며 이렇게 말했다. "제가 가는 곳마다 주인님들이 돌아가시다니요." 1833년부터 1841년까지 엘렌느는 브르타뉴의 이 마을 저 마을을 전전하며 남녀노소를 불문하고 독살한 뒤 소지품을 훔쳤다. 8년간 그녀는 고용주, 고용주의 가족, 하인들까지 총 23명가량을 처치했다. (1854년에 그녀가 재판에 회부되었을 때는 프랑스의 공소 시효에 따라 이 기간의 범죄들은 이미 고발이 제외된 상태였다.)

엘렌느는 무슨 이유에선지 1841년에 잠시 살인 행각을 멈추었다. 범행을 재개한 것은 라보라는 부부의 유일한 입주 하녀로 고용된 1849년이었다. 그해 11월에 엘렌느가 일을 맡았을 때 부부의 아들 알베르는 이미 몸이 안 좋은 상태였다. 12월에 아이는 엘렌느가 만든 죽을 먹은 뒤 죽었다. 마침 부부는 엘렌느가 포도주를 슬쩍 하는 것을 알아채고 그녀를 해고했는데, 엘렌느는 쫓겨나기 전에 마지막으로 비소가 잔뜩 든 수프를 요리해 두었다. 부부와 손님 하나가 그것을 먹고 몹시 앓았지만 죽지는 않았다. 엘렌느는 다시 장소를 바꿔 가며 비소를 뿌려대기 시작했다. 최소한 다섯이 죽었고 앓은 사람은 더 많았다.

엘렌느가 재판을 받은 사건들 가운데 가장 기록이 상세한 사건은 렌 대학교 법학 교수 테오필 비다르(Theophile Bidard) 집의 동료 하녀를 독살한 일이었다. 교수는 어린아이 둘과 아픈 노모를 모시고 있다는 엘렌느의 말을 믿고 그녀를 받아 주었다. 앞서 일하고 있던 하녀의 이름은 로즈 테지어(Rose Tessier)였는데, 엘렌느가 들어오고 얼마 지나지 않은 1850년 11월 3일 일요일에 교수와 하녀 둘이 함께 식사를 한 뒤 로즈가 앓기 시작했다. 엘렌느는 간호를 자처하고 병상에서 밤을 지샜다. 하지만 로즈는 엘렌느가 준 차를 한 잔 마신 뒤 다시 격렬하게 구토하며 발작을 일으켰다. 의사 피노가 왕진했지만 신경성이라는 것 외에는 특별한 진단을 내리지 못했다. 며칠 동안 가엾은 로즈는 병세가 오락가락하더니 다음 주 목요일에 죽고 말았다. 언제나처럼 장례식장의 엘렌느는 슬픔에 몸을 가누지 못하는 듯했다.

교수는 새로 프랑수아 위리오(François Huriaux)를 고용했는데, 그녀 역시 집에 들어온 후 아프기 시작해 일을 못하고 떠나야 했고, 이번에는 로잘리 사라쟁(Rosalie Sarrazin)이 왔다. 엘렌느는 한동안 로잘리와 매우 잘 지냈지만 오래가지 못했다. 1851년 5월에 로잘리도 구토와 설사를 시작했다. 이때쯤에는 두 여인의 반목이 너무 심해서 교수

가 엘렌느를 내보내기로 결정한 터였다. 엘렌느는 겉으로는 로잘리와 화해한 척 하면서 뒤로는 독의 양을 늘렸다. 집안일을 보아줄 사람이 하나도 없게 된 교수는 그냥 엘렌느를 머무르게 했다. 엘렌느는 로잘리와 함께 의사 피노도 찾아갔다. 의사는 배탈로 진단하고 설사제인 엡섬 염을 처방했다.[36]

평화는 오래가지 않았다. 6월 22일에 로잘리는 엘렌느가 준 엡섬 염을 한 잔 마신 뒤 다시 앓았다. 로잘리의 어머니가 간호하러 왔는데, 어머니가 챙겨 준 음료는 괜찮았지만 엘렌느가 챙겨 준 음료는 로잘리를 아프게 만들었다. 비다르 교수는 피노에게 편지를 써서 다른 의사의 진단을 받아 보면 어떻겠느냐고 했다. 그리하여 불려 온 두 번째 의사는 피노의 처방이 옳다고만 했다. 교수는 엘렌느를 다그쳤으나 결백을 호소하는 엘렌느의 말에 넘어갔다. 며칠 동안은 로잘리도 낫는 듯했다. 그러나 6월 27일에 잠시 교외로 나갔던 교수는 로잘리가 어느 때보다 위독하다는 전갈을 받고 급히 돌아왔다.

구토를 멈추지 못하는 로잘리를 본 교수는 경각심을 느꼈고, 피노를 찾아가던 길에 마침 또 다른 의사와 로잘리의 병에 대해 의논하고 있던 피노와 마주쳤다. 세 남자는 교수의 집으로 와서 로잘리의 구토를 멈추려 해 보았으나 이미 너무 늦었다. 그들은 독살로 결론내리고 구토물을 분석해 보기로 했다. 교수는 엘렌느의 반대를 못 들은 체해 토사물이 든 용기에 자물쇠를 채워 직접 보관했고, 7월 1일에 로잘리가 죽자 곧장 그것을 경찰에 넘겼다. 토사물과 죽은 소녀의 장기를

---

36 황산마그네슘이다.

분석한 렌 대학교 화학 교수 말라구티는 다량의 비소를 확인했다.

엘렌느는 로잘리와 다른 여러 사람들에 대한 살인죄로 체포되어 재판에 회부되었다. 법정에서는 최후의 독살에 대한 증거가 제일 확실하게 제시되었다. 배심원들은 90분 만에 모든 사건에 대해 유죄를 평결했고 엘렌느는 사형 선고를 받았다. 그녀는 사형대로 가면서까지 결백을 호소했다. 처형을 늦추려는 절박한 마음에서 진짜 살인자는 따로 있다며 다른 여인의 이름을 댔다. 소용없는 짓이었다. 처형이 끝난 뒤 렌의 검사가 일말의 의무감에서 그 이름을 조사해 보았더니, 전혀 혐의를 둘 수 없는 노파였다.

엘렌느 예가도가 몇 명의 사람을 죽였는지는 정확히 알기 어렵지만 아마 30명쯤 될 것이다. 많은 희생자를 낸 비소 독살자 목록에 이름을 올리기에 손색이 없다. 최소한 영국 제일의 비소 독살자 메리 앤 코튼보다는 확실히 앞서 있다.

메리 앤 코튼

메리 앤 코튼(Mary Ann Cotton, 1832~1873년)이 죽인 사람의 수도 정확히 알 수 없긴 마찬가지다. 메리 앤의 어머니, 세 남편, 애인 하나, 친자녀 여덟, 의붓자식 일곱이 거의 틀림없이 포함되니 총 20명은 되는 셈이다.

메리 앤 로브슨(Mary Ann Robson)은 더럼 군의 로어무어슬리에서 젊은 광부 부부의 딸로 태어났다. 유년 시절은 평온했지만 아버지가 탄광 사고로 죽자 어머니는 재혼했다. 새아버지는 메리 앤에게 친절했던 것 같다. 그녀는 아리따운 소녀로 자랐고, 또한 총명해 지역 감

리 교회의 일요 학교에서 가르치기도 했다. 그녀는 15세에 늙수그레한 탄광 관리자의 집에서 아이 보는 일을 시작했고, 19세인 1852년 7월 18일에 윌리엄 모브레이(William Mowbray)라는 광부와 결혼해 콘월로 이사했다. 그녀는 아이를 넷 낳았는데, 셋은 갑작스레 죽고 말았다. 의사들은 위성홍열이라고 진단했다.

모브레이 부부는 1856년에 더럼 군 머턴으로 돌아왔다. 남은 딸하나도 1860년에 4세의 나이로 위성홍열에 걸려 죽었지만, 생식력이 좋았던지 메리 앤은 네 자녀를 더 낳았다. 그중 둘이 또 생후 1년 안에 죽었다. 1863년에 가족은 서덜랜드 근처의 헨던으로 이사했다. 윌리엄 모브레이가 광부를 그만두고 증기선에 직장을 얻었기 때문이다. 이때 윌리엄과 아이들이 생명보험에 가입했는데, 한 아이가 1864년 9월에 죽자 메리 앤은 프루덴셜 보험 회사로부터 약소한 보험금을 탔다. 윌리엄이 발을 다쳐 일을 쉬게 되자 가족의 사정은 점차 어려워졌다. 윌리엄은 집에서 요양하던 중인 1865년 1월에 위성홍열을 앓기 시작했고 곧 앞서 세상을 뜬 아이들의 뒤를 따랐다. 메리 앤은 죽은 남편의 6개월치 월급에 해당하는 35파운드를 보험금으로 수령했다.

메리 앤에게는 곧 애인이 생겼다. 조지프 나트라스(Joseph Nattrass)라는 사내였는데, 그는 메리 앤과 결혼해서 두 의붓자식까지 책임질 마음은 없어 보였다. 한 아이가 위성홍열로 갑자기 죽은 뒤에도 나트라스의 태도가 시큰둥하자 메리 앤은 남은 아이를 어머니에게 맡겼다. 나트라스의 애정은 여전히 미지근했고 결혼은 쉽게 이루어질 것 같지 않았다. 메리 앤은 경제적 어려움을 타개하고자 일자리를 찾아 나섰다. 그녀는 병원에 일자리를 얻었고, 그곳에서 32세의 조지 워드

(George Ward)를 만나 1865년 8월 28일에 결혼했다. 그러나 결혼 생활은 오래가지 않았다. 워드가 실업자가 되자마자 심하게 토하고 설사하는 증세로 앓아누워 1866년 10월에 죽은 것이다. 다산 능력이 있는 메리 앤이 결혼 중에 임신하지 않은 것이 놀라울 뿐이었다.

　메리 앤은 로빈슨(Robinson)이라는 사내의 집에 가정부로 들어갔다. 얼마 전에 아내를 결핵으로 잃고 혼자 다섯 아이를 키우게 된 홀아비였다. 메리 앤이 들어온 다음 주에 아이 하나가 죽어 짐이 좀 덜어지기는 했다. 메리 앤은 곧 임신했다. 그녀는 1867년 3월에 아픈 어머니를 돌보러 갔다가 어머니가 9일 만에 죽자 맡겨 됐던 딸을 데려와 로빈슨의 아이들과 함께 키웠다. 메리 앤과 로빈슨은 1867년 8월에 결혼했고, 11월 말에 딸이 태어났다. 이 아이도 3개월 뒤에 위성홍열로 죽었다.

　다음 해에 부부에게 또 아이가 태어났다. 그러나 1869년 가을에 메리 앤과 아이들은 집에서 쫓겨났다. 그녀가 은행 잔고를 축내고 물건을 내다 파는 사실을 로빈슨이 알아챘기 때문이다. 로빈슨은 아내를 쫓아냄으로써 제 목숨을 구한 셈이었다. 메리 앤은 옛 성인 모브레이의 이름으로 추천장을 날조해 스페니모어의 어느 의사 집에 가정부로 들어갔으나, 여기서도 물건을 훔치다가 해고되었다. 그녀는 월보틀로 이사해 최근에 아내를 잃은 프레더릭 코튼(Frederick Cotton)이라는 광부와 연인이 되었다. 둘은 1870년 9월에 뉴캐슬에서 결혼했고(메리 앤의 입장에서는 중혼이었다.) 메리 앤은 1871년 1월에 사내아이를 낳았다. 메리 앤은 결혼할 때 이미 임신 6개월이었고 출산 시점에는 웨스트오클랜드로 이사해 프레더릭의 전 부인이 낳은 두 아이와

함께 살았다. 기묘한 우연으로 그들 가족이 산 집은 메리 앤의 옛 애인인 나트라스의 집과 같은 거리에 있었다. 1871년 9월에 코튼이 예기치 못하게 이른 죽음을 맞았고, 크리스마스 무렵이면 나트라스가 메리 앤의 집으로 이사 와 있었다.

하지만 그녀는 더 높은 신분의 남자를 노리고 있었다. 자신을 간호사로 고용한 세무서 직원이었다. 곧 메리 앤은 그의 아이를 임신했고 결혼을 위해서 나트라스와 두 아이를 처치했다. 이제 남은 자식은 일곱 살 난 찰스 에드워드 코튼(Charles Edward Cotton)뿐이었고, 그 아이도 어떻게든 눈앞에서 없애야 했다. 처음에는 삼촌에게 아이를 맡기려 했으나 삼촌이 사양하자 구빈원으로 갔다. 구빈원도 아이를 받지 않겠다고 하자 그녀는 감독관에게 구빈원이 아이를 받아 주지 않으면 아이는 곧 죽게 될 거라고 경고했다. 7월 12일에 메리 앤은 정말 찰스를 독살했고, 소년의 갑작스러운 죽음을 전해 들은 구빈원 감독관이 경찰에 신고했다. 경찰은 마지막으로 아이를 진찰했던 의사를 찾아갔고, 의사는 사망 증명서를 발부하지 않고 부검에 들어갔다. 독살의 증거는 나오지 않았다. 검시관 배심은 자연사라고 평결했다.

하지만 의사가 소년의 몸에서 채취한 조직에 라인시 검출법을 적용하자 비소가 발견되었다. 7월 18일에 메리 앤은 살인죄로 기소되었다. 무덤에서 발굴한 이전 희생자들의 시체에서도 높은 농도의 비소가 확인되었고, 메리 앤은 재판에 넘겨졌다. 그러나 1872년 12월에 법정에 선 그녀는 산달을 앞둔 몸이었고, 재판은 미뤄졌다. 메리 앤은 1873년 1월에 여자아이를 낳았다. 재판은 3월에 재개되어 사흘간 열렸다. 그녀의 죄목은 찰스 에드워드 코튼 살해 혐의였다. 기소를 보강

하는 의미에서 다른 희생자들에 대한 정보도 증거로 제출되었다. 그녀는 유죄 판결을 받고 3월 24일에 더럼 교도소에서 교수형 당했다. (그녀의 변호사는 침실의 초록색 벽지에서 나온 비소 증기 때문에 찰스 에드워드가 죽었다고 변론했다.) 메리 앤이 선택한 살인 무기는 특허 약품인 살충제였다고 한다.

연쇄 살인범이었던 엘렌느 예가도나 메리 앤 코튼과 달리 단 한 사람을 죽이기 위해 비소를 사용한 살인자도 많았다. 범죄의 연대기에서는 그들이 하나하나 다 유명한 사람이겠지만, 우리는 비소 이야기를 하고 있기에 그들의 범행 수법이나 범행 발각 과정에서 크게 눈여겨볼 사항이 없다. 그래도 몇 가지 소개할 만한 사건들이 있다. 스메더스트 박사, 매들린 스미스, 허버트 헤이든 목사의 사건이다. 무고한 사람이 유죄 판결을 받고 유죄인 사람이 무죄 방면될 수도 있었음을 보여 주는 예들이다.

토머스 스메더스트 박사

1828년, 24세의 토머스 스메더스트(Dr. Thomas Smethurst, 1803년~사망 연대 미상)는 자신보다 스무 살 많은 여인과 결혼했다. 1858년에 부부는 런던 베이스워터 지구의 하숙집에 살았다. 54세가 된 스메더스트는 43세의 이사벨라 뱅크스(Isabella Banks)를 만났고, 머지않아 이사벨라는 같은 하숙집으로 이사 왔다. 하숙집 여주인은 새 하숙인과 박사가 부정한 관계를 맺고 있음을 금세 알아차려서 이사벨라에게 방을 비우라고 했고, 이사벨라가 떠날 때 스메더스트 박사도 따라

나갔다. 그들은 리치먼드로 가서 부부 행세를 하며 지냈다. 배터시 교구 교회에서 중혼에 해당하는 결혼식도 치렀다.

　1859년 3월에 이사벨라가 앓아누웠다. 이후 3주 동안 구토와 피 섞인 설사 같은 증상에 시달리다가 5월 3일에 숨을 거두었다. 스메더스트의 청으로 그녀를 진찰한 두 의사는 그녀가 자극성 독약을 섭취했다고 판단했고, 지방 판사에게 알렸다. 이사벨라는 임신 6주째였으므로 증상의 일부는 그 때문이었는지도 모른다. 그녀는 모든 것을 스메더스트에게 남긴다는 유언장을 써 두었다. 평균 연봉이 100파운드였던 시절에 그녀의 유산 1,700파운드는 적다고 할 수 없었다. 하지만 스메더스트는 돈이 궁한 사람이 아니었다. 그는 성공적인 물 치료 요법 사업가로서 서리의 무어파크에서 물 치료 클리닉을 운영하고 있었다. 1843년에는 물 요법의 효능을 주장하는 『수치료학(*Hydrotherapie*)』이라는 책도 냈다. 그는 《물 치료 저널(*Water Cure Journal*)》의 편집인이었고, 해수욕의 장점을 적극 주장하는 의사였다. 그러나 대중은 그가 환자를 치료하는 방법에는 관심이 없었고 그가 애인을 다룬 방법에만 관심이 있었다. 스메더스트는 이사벨라를 독살한 혐의로 체포되었다.

　스메더스트가 지녔던 많은 약병들 가운데 21번이라고 적힌 양치용 물약이 비소 양성 반응을 보였다. 이사벨라의 배설물에서도 비소가 나왔다. 최소한 저명한 법의학 전문가 스웨인 테일러(Swain Taylor) 박사의 검사에서는 그랬다. 테일러는 스메더스트가 처음 판사 앞에 출두했을 때도 이와 같이 증언했고, 검시관 심리에서도 진술했다. 그러니 검시 배심원들은 살인자가 이사벨라를 비소로 살해했다고 믿을 수밖에 없었다. 그런데 막상 런던 형사 법원에서 재판이 열렸을 때,

테일러는 앞서의 진술을 뒤집었다. 라인시 검출법으로 확인한 비소는 분석에 사용된 구리 조각에서 나온 불순물이었다고 고백한 것이다. 21번 병에서 비소가 검출된 이유는 21번 병의 내용물이었던 염소산 칼륨이 구리 속의 비소를 녹이는 물질이었기 때문이나. 또 테일러는 이사벨라의 장기에서 사실 비소가 검출되지 않았다고 고백했다. (이 사벨라의 진짜 사인은 안티모니였을 가능성이 높다. 장과 한쪽 신장에서 각 각 15밀리그램, 30밀리그램의 안티모니가 검출되었다.) 그러나 검찰은 정황 증거만으로도 배심원들을 설득할 수 있었다. 스메더스트는 유죄 선고와 교수형 판결을 받았다.

사람들은 즉시 판결에 의문을 갖기 시작했다. 이에 내무장관 조지 콘월(George Cornwall) 경은 유능한 외과 의사인 벤저민 콜린스 브로디(Benjamin Collins Brodie) 경에게 자료를 재조사해 줄 것을 요청했다. 브로디 경은 확실한 유죄 증거가 없다는 의견을 전달했고, 내무장관은 배심원 평결을 기각하고 사형수를 사면했다. 하지만 스메더스트는 중혼 혐의로 다시 체포되었고, 1년의 노역을 선고받았다. 스메더스트는 형을 살고 나온 뒤 이사벨라의 친척들에게 소송을 제기했다. 친척들은 이사벨라가 죽을 때 제정신이 아니었으므로 유언이 무효라고 주장하고 있었다. 소송은 스메더스트의 승리였다. 한편 테일러 박사는 퇴진을 요구하며 공공연히 조롱하는 언론에 맞서야 했다. 그러나 그는 결국 역경을 이겨냈고, 이후에도 18년 동안 탁월한 법의학자로 활발히 활동했다.

이사벨라가 죽기 전에 드러낸 증상들은 비소에 의한 것이 아니었다. 아마 과민성 대장 증후군(IBD), 이른바 크론 병으로 알려진 질환이었을 것이다.[37] 새뮤얼 윌크스(Samuel Wilks) 경이 1859년에 《메디컬 타임스 앤드 가제트(Medical Times and Gazette)》에 기고한 상세 부검 결과를 보면 이사벨라의 결장에 심한 궤양이 있었다. 우리는 그것이 전형적인 크론 병 징후이며, 그 때문에 복통과 심한 설사가 유발된다는 사실을 알고 있다. 하지만 윌크스는 비소 때문에 장의 벽이 헐고 궤양이 생겼다고 해석했다.

매들린 스미스

19세의 매들린 스미스(Madeleine Smith, 1838~1912년)는 부유한 글래스고 건축가의 딸이었다. 그녀는 저지에서 온 선적 사무관인 26세의 에밀 랑글리에(Emile L'Angelier)와 격렬한 사랑에 빠졌다. 산책 중에 우연히 만난 두 사람은 뜨거운 성적 관계를 맺었지만, 매들린은 그가 남편감으로는 부적격이라는 사실을 너무 잘 알았다. 마침 그녀에게 새 남자가 생겼고, 그녀는 코코아에 비소를 왕창 털어 넣어 에밀을 독살했다. 에밀은 1857년 3월 22일에 매들린과 은밀한 저녁 만남을 갖고 난 뒤 바로 고통스러워하다가 죽었다. 매들린은 연말에 재판에 회부되었으나 스코틀랜드 법정은 "입증되지 않음"이라는 묘한 판결을 내렸고, 덕분에 그녀는 교수대 행을 면했다. 매들린의 변호사들은 스티리아 변호법을 썼다. 랑글리에가 남몰래 비소를 복용하는 습관이 있었고, 매들린은 화장품으로 비소를 썼다는 주장이었다.

---

37 과민성 대장 증후군의 증상은 수백 년 동안 보고되어 왔다. 하지만 1932년에 크론이 대표 저자로서 《미국 의학 협회지(Journal of the American Medical Association)》에 논문을 실은 뒤부터 크론 병이라고 불리게 되었다.

빅토리아 시대의 대중은 두 사람의 외설스러운 관계가 재판에서 까발려지는 것을 흥미진진하게 감상했다. 다만 언론은 랑글리에를 한몫 챙기려는 유혹자로 묘사했고, 매들린은 랑글리에의 손아귀에서 벗어나기 위해 그를 없애야만 했던 희생자로 묘사했다. 재판 후에 매들린은 잉글랜드 남부로 잠시 이사했다가 런던으로 왔다. 그리고 윌리엄 모리스의 벽지 디자이너들 중 하나이자 후에 모리스의 사업 관리자가 된 조지 워델(George Wardel)과 결혼했다. (워델은 한때 스태퍼드셔 리크에 실크 공장을 소유했다.) 매들린도 모리스의 회사에서 태피스트리에 자수 놓는 일을 하게 되었다. 그녀는 당대의 선구적 예술가와 작가들이 모인 사회주의자 지식인 동아리의 일원이 되었다. 조지 버나드 쇼(George Bernard Shaw)도 매들린을 잘 알았다. 그러나 결국에는 결혼이 깨졌고 매들린은 미국에서 여생을 보내다 1912년에 74세를 일기로 쓸쓸히 죽었다.

허버트 헤이든 목사

1878년 9월, 코네티컷 주 로클랜드의 감리 교회 목사 허버트 헤이든(Herbert H. Hayden, 1850~1907년)이 젊은 하녀 메리 스태나드(Mary Stannard)를 한적한 장소로 불러냈다. 목사는 그녀에게 물에 탄 비소 1온스(28그램)를 주며 그것을 마시면 낙태가 된다고 했다. 목사는 그녀가 자신의 아이를 가졌다고 생각했다. 여자가 고통에 겨워 비명을 지르기 시작하자, 목사는 여자의 머리를 때려 기절시킨 뒤 칼로 목을 그었다. 다음 해 10월, 장장 15주에 걸쳐 목사에 대한 재판이 진행되었다. 신앙심 깊은 미국인들은 이 사건에서 눈을 떼지 못했다. 특히 주목할 만한 점은 법의학 증거가 많다는 것이었다. 또 목사의 변호사들이 시신에서 발견된 다량의 비소를 설명하기 위해 남우세스러운 억지 주장을 해댔다는 점이었다.

21세의 메리 스태나드는 가난한 집안 출신의 처녀였다. 메리를 아는 사람들은 그녀를 쾌활하고 근면한 처녀라고 평했다. 그녀는 19세에 사생아 윌리를 낳았는데 아버지의 이름은 절대 밝히지 않았다. 1878년에 메리는 29세의 헤이든 목사와 그 부인 로사의 집에 하녀로 고용되었다. 부부에게는 아이가 둘 있었고 부인이 셋째를 임신 중이었다. 목사는 메리에게 끌렸고 메리도 그의 구애를 거절하지 않았다. 1878년 3월 20일, 두 사람은 교회 주최의 저녁 식사 자리에서 살짝 빠져나와 성관계를 맺었다. 메리는 그 일로 임신했다고 생각했고, 아기의 아빠가 목사라는 사실을 언니에게 살짝 털어놓았다. 목사에게 낙태를 주선해 달라고 요청하겠다고도 말했다.

9월 2일 월요일, 메리는 남들의 눈을 피해 헛간에서 목사를 만났다. 목사는 그녀에게 낙태용 '약품'을 구해 주겠다고 약속했다. 다음 날, 목사는 미들타운으로 나섰다. 아내에게는 더럼에 가서 귀리를 사 오겠다고 말했다. 목사는 미들타운을 방문하는 이유를 만들기 위해서 그곳의 연장 만드는 사람에게 먼저 들렀고, 그 뒤 타일러 약국에 가서 비소 1온스를 10센트에 구입했다. 약제사에게는 집안의 골칫거리인 쥐를 잡기 위해서라고 말했다. 독약은 잘 포장된 채였고 이름이 똑똑히 적혀 있었다. 약제사는 장부에 판매 내용을 기입했지만 구입자 이름은 적지 않았다.

운 나쁘게도 헤이든은 약국을 나서다가 아는 사람과 마주쳤다. 그들은 곧 태어날 헤이든의 셋째 아이 이야기를 나누었다. 목사는 로클랜드로 돌아오는 길에 메리의 집에 들렀다. 겉으로는 물을 얻어 마시러 들렀다고 했지만 사실은 메리에게 '약품'을 구했으니 오후에 몰래 빅록에서 만나자고 말하기 위해서였다. 헤이든은 집으로 가서 낡은 향신료 깡통에 비소를 옮겨 담고 포장지를 버렸다. 점심 식사 직후, 그는 집을 나섰다. 아내에게는 농장의 숲에 가서 장작을 패겠노라고 했다.

목사는 2시 30분에 빅록에 도착했다. 메리는 벌써 기다리고 있었다. 그는 비소 1온스를 몽땅 물에 녹이고 단숨에 마시라고 했다. 3시쯤 메리는 무언가 잘못되었다는 것을 깨달았고, 3시 15분쯤 고통스러운 비명을 지르며 집을 향해 뛰기 시작했다. 헤이든은 장작을 거머쥐고 두 번 세게 때려 그녀를 기절시켰다. 그리고 자살로 위장할 생각으로 자신의 손칼을 꺼내 그녀의 목을 베었다. 그는 시체를 평안한 자세로 누이고, 여자의 머리 아래에 모자를 두어 메리가 스스로 누운 것처럼 보이게 했다. 자기 칼을 현장에 남겨 둘 수는 없었기에 일단 집으로 가서 다른 칼을 들고 오기로 했다. 그는 곧장 숲으로 달려가 장작을 좀 쌓았다. 오후 내내 그곳에 있었다는 알리바이를 만들기 위해서였다. 그 후 집으로 와서 칼을 씻고 높은 찬장에 보이지 않게 두었다. 그런데 목사에게는 불운하게도 계획이 예상대로 진행되지 않았다. 오후 늦게 억수 같은 비가 쏟아지자 메리의 가족이 돌아오지 않는 메리를 찾아 나섰다가 시체를 발견했기 때문이다.

9월 4일 수요일, 헤이든 목사는 아침 일찍 일어나 숲으로 갔다. 몇 시간 동안 나무를 패고 장작을 마차에 실었다. 전날 오후에 열심히 일한 것처럼 가장하려는 것이었다. 집에 돌아온 목사는 이웃들이 아내를 찾아온 것을 보고는 짐짓 자신의 칼이 어디 있는지 묻고서 부엌 높은 선반에서 스스로 '발견하는' 연극을 해 보였다. 그동안 메리의 집에서는 부검이 진행됐다. 부검 결과 메리는 임신한 게 아니라 난소 낭을 앓고 있었음이 밝혀졌다. 독살을 의심할 이유가 없었기에 의사는 독극물을 찾아보지는 않았다. 어쨌든 메리의 언니가 헤이든을 고발했고, 목사는 다음 날 체포되었다.

헤이든은 9월 10일 화요일에 매디슨 근처의 조합 교회 지하에서 벌어진 재판에 출두했다. 2주의 재판 끝에 그는 메리 스태나드 살인 혐의에 대해 무죄 판결을 받았고, 수많은 지지자들의 응원 속에 법정을 떠났다. 하지만 이것은 성급한 판결이었다. 메리가 다량의 비소를 먹었다는 사실이 아직 밝혀지지 않았기 때문이다. 머지않아 예일 의대의 새뮤얼 존슨(Samuel Johnson) 교수가 누락된 증거를 채워 넣었다. 교수가 비소의 존재를 확인하고, 메리가 죽은 날 목사가 미들타운에서 비소를 샀다는 사실이 알려지자, 목사에게 다시 체포영장을 발부하는 게 당연해 보였다. 10월 8일에 목사는 다시 체포되었다. 그리고 1년 뒤에 다시 재판이 열렸다. 이때는 비소 검사를 위해서 메리의 사체가 두 번이나 발굴된 뒤었다.

헤이든 재판은 미국 전역에서 뜨거운 관심의 대상이 되었고, '세기의 재판'이라고 불렸다. 목사의 범행을 입증하는 법의학 증거는 수두룩했다. 질적으로도 당대의 평균을 뛰어넘을 만큼 훌륭했다. 존슨 교수뿐만 아니라 동료 교수인 에드워드 다나(Edward Dana)도 검사 측 증인으로 출두했다. 다나 교수는 심지어 비소 시료를 얻기 위해 영국까지 다녀왔다. 미국에서 시판되는 비소는 모두 영국 데본 합병 광업 회사의 생산물이었기 때문이다. 다나 교수가 굳이 그렇게까지 한 이유는 무엇일까? 현미경으로 관찰하면 서로 다른 덩어리에서 나온 삼산화비소들을 구별해 낼 수 있기 때문이다. 교수는 광산에서 좋은 사실을 한 가지 더 배웠다. 비소 결정을 가루로 빻아 수출하더라도 여전히 덩어리들을 구별할 수 있다는 사실이었다. 빻더라도 미세한 결정 모양은 유지되고, 그 모양이 덩어리마다 서로 다르기 때문이다.

다나 교수의 조사에 따르면 메리의 위에서 발견된 비소는 미들타운 약국에서 판매하는 비소와 같았고, 법정에 증거로 제출된 목사의 향신료 깡통 속 비소와는 달랐다. (누가 깡통에 다시 비소를 채워 넣었는지는 결국 밝혀지지 않았다. 목사가 풀려났다 다시 체포되기까지의 2주 동안에 직접 어디선가 새로 비소를 사서 넣었을 수도 있다.) 교수는 서로 다른 비소 결정들을 출처를 가린 채 무작위로 보아도 정확히 구별해 낼 수 있었다. 다나 교수와 존슨 교수는 모든 시료에 대해 다시 검출법을 수행했고, 그밖에도 추가로 2명의 교수가 메리의 장기에서 비소가 검출되었다는 사실을 증언했다.

하지만 풍부하고 신선한 법의학 증거가 도리어 일을 그르쳤다. 목사의 변호사가 끊임없이 증거에 딴죽을 걸어 배심원들을 혼란스럽게 하는 바람에, 배심원들은 법의학 증거를 무시한 채 평결을 내린 것 같았다. 변호사는 심지어 메리의 위에서 발견된 다량의 비소는 목사를 모함하기 위해 누군가 일부러 넣어 둔 것이라고 주장했다. 시체에서는 정말 많은 비소가 검출되었다. 간에서 23그레인(1,500밀리그램)이 추출되었는데, 위벽에서 흡수된 비소가 거의 전부 그곳에 축적되었을 것이다. 폐와 뇌에도 일부가 침투했다. 변호사는 그녀가 즉사했다면 그 짧은 순간에 비소가 모두 이동할 수는 없었을 것이라고 반박했고, 검찰은 추가 실험을 통해 그것이 가능하다는 사실을 보여 주었다. (고명한 교수들께서 직접 소량의 비소를 먹은 뒤 15분 만에 오줌으로 방출되는 것을 보여 주었다.) 변호사가 뇌의 비소는 시체가 무덤에 있는 동안에 위로부터 번져나간 것이 아니냐고 주장하자, 검찰은 다른 시체들을 조사해 그런 일은 불가능함을 보여 주었다.

배심원들이 과학적 증거를 무시한 결정적 원인은 변호사가 교수들의 발언 하나하나를 교묘하게 걸고 넘어졌기 때문이다. 교수들은 검사 결과가 **절대적으로** 옳다고는 맹세하지 못했다. 메리가 임신하지 않았다는 사실도 결정적이었다. 목사에게 살해 동기가 없는 셈이었기 때문이다. 그리고 무엇보다도 결정적이었던 것은 증인석에 앉은 목사의 부인 로사가 보여 준 눈물겹고 감동적인 연기였다. 그녀는 남편의 결백에 전적인 신뢰를 보여 줌으로써 법정을 울음바다로 만들었다. 그녀는 사건 당일 남편의 행적에 대해 거짓말도 서슴지 않았다.

1880년 1월 14일에 배심원들은 평결을 내리고자 퇴장했다. 그들이 폐기한 투표용지를 보면 처음에는 무죄가 10표, 유죄가 2표였다가 나음 날에는 무죄 11표, 유죄 1표가 되었다. 아홉 번을 재투표했지만 무죄 12표, 유죄 0표라는 만장일치에 도달하지 못했다. 데이비드 호치키스(David Hotchkiss)라는 고집 센 농부가 다른 배심원들의 종용에도 물러서지 않았기 때문이다. 물론 그가 옳았다. 재판은 결국 불일치 배심으로 끝났다. 이것은 다시 재판을 해야 한다는 뜻이었는데, 배심원들의 투표 내용을 뻔히 아는 검찰로서는 시간을 질질 끌수록 질 것이 뻔한 재판을 반복해서 국가 예산을 낭비할 수가 없었다. 허버트 헤이든 목사는 풀려났다. 목사의 가족은 뉴헤이번으로 이사했고 그곳에서 목사는 목수 겸 상점 조수로 일했다. 그는 57세가 되던 1907년에 간암으로 죽었다.

후대의 비소 살인자들

제1차 세계 대전 이후에도 주목할 만한 비소 살인 사건들이 몇 있었다. 예를 들어 1922년에 아내를 독살한 죄로 교수형 당한 허버트 암스트롱(Hebert Armstrong) 소령 사건이 있었다. 소령은 자신을 금전적으로 협박하던 동료 소령에게 독이 든 초콜릿을 보냈는데, 그 바람에 아내에 대한 범행까지 들켰다. 초콜릿 독살이 실패로 돌아가자 그는 동료를 다과에 초대해 삼산화비소와 버터를 바른 스콘을 먹였다. 희생자는 몹시 앓았지만 회복했다. 암스트롱은 이 어설픈 시도 때문에 체포되었고 급기야 1년 전에 사망한 아내의 시체까지 발굴되었다. 시체에는 온통 비소가 가득했다. 간에만 138밀리그램이 있었다. 암스트롱 사건은 1920년에 일어난 그린우드 사건의 판박이였다. 범인은 둘 다 소령이었고, 같은 지방 사람이었고, 아내를 삼산화비소로 독살했다. 차이라면 그린우드는 무죄 방면되었다는 점이다.

영국에서 비소로 인한 대규모 중독이 마지막으로 일어난 것은 1943년의 일이었다. 세인트앤드루스 대학교 기숙사에서 삼산화비소가 함유된 고기로 만든 소시지를 먹고 많은 학생들이 괴로워했고 2명이 죽었다. 어떤 소시지에는 비소가 650밀리그램이나 들어 있었다. 사건은 끝내 해결되지 않았다.

현대의 분석 기법을 쓰면 비소의 존재 유무를 확인하는 것을 넘어 소량이라도 정확하게 측정할 수 있다. 비색 분석(물질의 색, 농도 등을 표준물질과 비교해 정량적으로 분석하는 기법 — 옮긴이), 원자 흡광 분석, 원자 방출 분석(원자가 높은 에너지 상태에서 낮은 에너지 상태로 이동하며 내놓는 방출 스펙트럼을 분석해 특정 원자의 존재를 파악하는 기법 — 옮긴이) 등의 기술로 과거에는 탐지조차 불가능했던 소량의 비소를 정확히 읽어 낸다. 특히 중성자 방사화 분석법은 머리카락 한 가닥의 비소도 읽어 낼 만큼 아주 정밀하다. 이 기법에서는 원자로에서 방출된 중성자들을 시료에 충돌시켜 비소를 비소 76의 방사성 동위 원소로 바꾼 뒤 그들이 내놓는 방사선의 양을 정확하게 측정한다. 비소가 머리카락의 어느 지점에 있는지 확인하면 그 사람이 언제 비소를 섭취했는지, 얼마의 시간 간격을 두고 섭취했는지 알 수 있다. 머리카락은 거의 일정한 속도로 자라기 때문이다. 가령 머리카락 뿌리에서 5밀리미터 지점에 비소 농도가 높다면 머리카락의 주인이 14일 전에 독을 먹었다는 뜻이다. 하지만 얄궂게도 중성자 방사화 분석이 처음 본격적으로 재판에 활용되었을 때는 문제 해결에 거의 도움이 되지 못했다.

마리 베나르

독살을 꾀하는 자가 비소를 피해야 하는 가장 큰 이유는 사체에서 비소를 확인하기가 쉽기 때문이다. 그런데 시체가 이미 땅에 묻힌 경우에는 유해에서 발견된 비소를 흙에서 온 것이라고 주장할 수 있었다. 물론 시체가 흙과 접촉한 경우다. 프랑스의 연쇄 독살자 마리 베나르(Marie Besnard, 1896~1980년)는 그런 논변을 펼쳐 처벌을 면했다.

복수의 비소

1998년, 73세의 리투아니아 인 요제프 하마츠(Joseph Harmatz)가 기묘한 대규모 비소 중독 사건을 세상에 공개했다. 하마츠는 제2차 세계대전 당시 나치가 리투아니아의 수도 빌니우스를 점령하고 세운 유대인 게토(강제 거주 지구 — 옮긴이)에서 탈출한 사람들 중 하나였다. 그는 빨치산에 합류해 전쟁 내내 숲에서 살았고, 종전 후 동료 빨치산 2명과 함께 적에게 복수하기로 결심했다. 집단 수용소의 감시를 맡았던 나치 친위대원들을 독살하는 작전은 1946년에 개시되었다. 그들은 히브리어로 '복수'를 뜻하는 '딘' 암살단이라고 스스로를 지칭했다. 일당은 다량의 독약을 농축 우유 깡통에 숨겨서 이스라엘로부터 들어오려 했다. 그러나 유럽으로 돌아오는 배 위에서 그 치명적인 화물을 영국 경찰에게 들켰고, 체포되어 당시 영국의 식민지였던 이집트의 감옥에 들어갔다. 경찰은 독약을 바다에 버렸다. 딘 암살단은 한때 독일군의 포로 수용소였던 슈탈락 13에 수용되어 재판을 기다리는 친위대원들을 독살한다는 계획을 새로 세웠다. 일당은 프랑스 화학자에게서 다량의 삼산화비소를 구입해 독일로 반입했다. 이것을 물에 녹인 뒤, 수용소에 공급할 빵을 굽는 빵집의 공범에게 건넸다. 공범은 죄수들에게 줄 빵 3,000덩이의 겉면에 붓으로 용액을 칠했다. 그 결과 죄수 2,000명 이상이 비소 중독을 겪었고, 하마츠에 따르면 약 400명이 죽었다. 미군이 사태를 알아차렸을 때 하마츠와 동료들은 체코슬로바키아로 도망친 뒤였다. 그러나

> 보다 믿을 만한 자료에 따르면 피해자의 수는 약 2,000명, 입원한 사람은 200명가량이었고 죽은 사람은 없었다고 한다.

두 번째 재판에서 중성자 방사화 분석에 의한 독살 증거가 제출되었는데도 말이다.

마리 베나르의 남편 레온(Léon)은 1947년 10월 25일에 죽었다. 레온은 죽기 전에 아내가 자신에게 독을 먹인 것 같다는 말을 한 손님에게 남겼다. 마리가 왜 그랬을까? 프랑스 비엔 주의 루됭이라는 작은 마을 사람들은 마리가 20세의 젊은 연인과의 관계를 지속하기 위해 남편을 독살했다고 믿었다. 디에츠(Dietz)라는 이름의 연인은 베나르의 농장에서 일하던 독일 전쟁 포로였다. 실제로 마리는 이후 몇 년 동안 여러 차례 디에츠와 함께 주말을 보냈다. 이런 소문이 파다하자 1949년에 레온의 시체를 파내라는 법원 명령이 떨어졌고, 유해에서 얻은 시료는 법의학 분석을 위해 마르세유로 보내졌다. 확인해 본 결과 과연 다량의 비소가 있었다. 평균 39피피엠에 달했다.

소문에 따르면 1949년 1월에 죽은 마리의 어머니도 너무 갑작스레 쓰러졌다고 했다. 그녀의 시체도 발굴되었고, 조직의 비소 농도는 평균 58피피엠으로 드러났다. 다음은 1929년에 갑자기 죽은 마리의 첫 남편 오귀스트 차례였다. 역시 비소 농도가 높았다(60피피엠). 그 다음은 마리의 대고모, 다음은 아버지, 시아버지, 몇몇 이웃들의 순서였다. 모두 독살을 암시하는 높은 비소 농도를 보였다. 희생자는 총 12명이었다. 마리는 그들 중 몇이 죽었을 때 상당한 유산을 물려받아 부자가 되었다.

마리는 1949년 7월 21일에 체포되었지만 재판은 1952년 2월에 열렸다. 영리하게도 그녀는 부정하게 얻은 재산으로 파리 최고의 변호사인 알베르 고트라(Albert Gautrat)를 선임했다. 정말 가치 있는 투자였다. 첫 재판에서 고트라는 몇몇 유골 시료의 표기가 뒤섞인 사실을 교묘하게 추궁해 모든 법의학 증거를 믿을 수 없는 것처럼 보이게 했다. 프랑스 제일의 저명한 법의학자 조르주 베로(Georges Béroud)가 수행한 분석이었는데도 말이다. 검찰은 재판을 포기했다. 하지만 마리는 죽은 친척들의 서명을 위조해 부당하게 연금을 수령한 혐의에 대해 이미 유죄 판결을 받았기에 풀려나는 대신 2년 형을 선고받았다.

두 번째 재판은 1954년 3월 15일에 보르도에서 열렸다. 파리 제일의 법의학 전문가들이 재분석을 수행해 다량의 비소를 다시금 확인한 상태였다. 그러자 고트라는 변론의 기조를 바꾸었다. 비소가 루딩 묘지의 흙에서 온 것일 수도 있고 토양 미생물들이 그것을 시체에 퍼뜨렸을 수도 있다고 생각하는 전문가들을 증인으로 세움으로써 새 분석 결과의 신뢰도를 갉아먹는 전략이었다. (묘지의 다른 시체들이 오염되지 않았다는 사실은 나중에야 확인되었다.) 검찰은 신선한 증거를 모았음에도 불구하고 또 재판을 포기해야 했다. 마리는 보석으로 풀려났다.

세 번째 재판은 1961년 11월에 열렸다. 또 한 번 분석이 수행되었다. 이때는 중성자 방사화 분석이라는 첨단 기법을 동원해 머리카락도 분석했다. 역시 다량의 비소가 존재하는 것이 확실했다. 그런데 안타깝게도 첨단 분석법은 마리의 변호사에게 또 한 번 꼬투리를 잡을 빌미를 제공했다. 고트라는 새로운 기법에 으레 존재하게 마련인 근본적인 불확실성을 철저히 공격했고, 의견이 다른 과학 전문가들끼리 싸움을 붙였다. 예를 들어 실제로 분석을 수행했던 연구자는 머리카락에 방사선을 쬘 때 원자로에 15시간 두었는데, 고트라 측 전문가는 26시간 노출했어야 한다고 주장하는 식이었다. 세계적으로 유명한 노벨상 수상자 졸리오 퀴리(Joliot Curie)도 발굴한 머리카락의 비소 농도가 아주 높다고 인정했고, 다른 전문가들은 루됭 묘지에 동물 시체를 묻었다가 몇 달 뒤에 파낸 실험에서 흙에 의해 비소 오염이 일어난 경우는 없었다고 증언했다. 대단한 고트라는 이런 증거까지 받아쳤다. 1952년에 수행된 한 연구에 따르면 비소로 죽인 개를 땅에 묻었다가 2년 뒤에 발굴했을 때 비소가 검출되지 않았다는 것이다. 즉 매장된 시체에 대한 추정은 극히 예측 불가능하니, 확실한 유죄 판결의 근거가 될 수 없다는 논리였다. 1961년 12월 12일, 무수한 사람을 죽인 독살자 마리 베나르는 증거 부족으로 방면되었다.

마커스 마리몬트

1950년대에 들어 비소 화합물을 대체하는 안전한 화합물들이 등장하면서 비소 독살은 과거의 일이 되었다. 그러나 이후에도 간간이 사건이 벌어졌다.[38] 1958년에 37세의 미군 하사관 마커스 마리몬트

---

[38] 영국에서 마지막으로 비소 독살 유죄 선고가 내려진 것은 1992년이었다. 당시 46세였던 요크셔 주 브래드퍼드의 주라 샤 모하메드 아잠을 독살한 사건이었다. 주라는 유부남인 모하메드와 내연 관계였는데, 모하메드는 상습적으로 그녀를 때리고 강간하고 다른 남자들과 강제로 성관계를 맺게 했다. 주라는 이 사실을 법정에서 밝히지 않았다. 가족에게 수치가 된다고 생각했던 것이다. 주라는 무기징역에 처해졌다. (이 사건을 알려준 폴 보드에게 감사한다.)

(Marcus Marymont, 1921년~)는 43세의 아내 메리 헬렌(Mary Helen)을 비소로 독살한 혐의로 유죄 선고를 받았다. (마커스는 영국에 주둔하고 있었다.) 메리 헬렌은 어느 날 식사 후 24시간 동안 구토를 계속해 쇠약해진 끝에 1958년 6월 9일에 입원했다. 온갖 조치에도 불구하고 그녀는 죽어갔다. 병원이 이 사실을 마커스에게 알리자 그는 어깨를 으쓱할 뿐이었다. 의사들은 그녀가 독을 먹었다고 짐작하고 남편에게 부검에 대한 동의를 구했다. 그는 처음에는 그러라고 했다가 후에 취소했다. 어린 세 자녀가 좋아하지 않을 것이라는 이유였다. 의혹을 지우지 못한 병원은 어쨌든 부검을 시행했고, 조직 시료를 런던 경찰청으로 보냈다. 많은 양의 비소가 검출되었다. 간에는 60피피엠, 신장에는 9피피엠, 손톱에는 120피피엠의 비소가 있었다.

부검이 진행되는 동안 경찰은 마리몬트가 아내를 제거할 동기를 갖고 있었음을 밝혀냈다. 그가 23세의 신시아 테일러(Cynthia Taylor)와 바람을 피우고 있었던 것이다. 신시아는 남편과 별거 중인 유부녀로, 마리몬트와는 2년 전에 메이든헤드의 나이트클럽에서 만났다. 두 사람은 그해부터 동거하기 시작했고, 마리몬트는 1957년 크리스마스를 런던 교외 뤼슬립에 사는 가족과 보내지 않고 그녀와 함께 보냈다. 메이든헤드 일대를 탐문한 경찰은 마리몬트가 버나드 샘슨의 약국에서 비소를 사려고 했다는 사실을 알아냈다. 샘슨은 허가증이 있어야 판다고 했고, 마리몬트는 빈손으로 가게를 떠나 다시 돌아오지 않았다. 마리몬트는 자신의 근무지에서 삼산화비소를 구했다. 노퍽 주 페이크넘 근처의 스컬소프에 있는 미군 공군 기지였는데, 민간인 청소부 2명이 마리몬트를 기억하고 있었다. 그가 어느 날 저녁에 화학 실험실에서 삼산화비소 병을 만지작거리면서 안전한 곳에 열쇠를 채워 보관해야 할 텐데 하고 중얼거렸다는 것이다.

마리몬트 부인의 머리카락에 대한 중성자 방사화 분석은 법의학 화학자 홀든(I. G. Holden) 박사가 맡았다. 그는 그녀가 최소한 세 차례에 걸쳐 중독되었으며, 독을 먹은 시점들 사이에는 1주일 단위의 간격이 있다고 결론내렸다. 마리몬트가 주말에만 집에 갔으니 정황이 일치하는 셈이었다. 머리카락 뿌리 근처의 비소 농도가 20피피엠이었던 것을 보면 그녀는 죽기 직전에 치사량을 먹었다.

마리몬트는 1958년에 버킹엄셔의 데넘에서 미군 고등 군사 법원 재판을 받았다. 그는 아내가 자살했다고 주장했다. 자신이 신시아 테일러에게 써 놓고 부치지 않은 편지를 4월에 아내가 발견하고는 무척 우울해했다는 것이다. 마리몬트는 부엌 개수대에 출몰하는 쥐 때문에 사 두었던 비소 쥐약을 아내가 먹었을 것이라고 주장했다. 그러나 그녀가 1주일 간격으로 독약을 먹었다는 사실, 마리몬트가 집에 들른 간격이 그것과 일치한다는 사실 때문에 그의 변론은 먹히지 않았다. 마리몬트는 아내 살인죄 및 신시아 테일러와의 풍기문란죄에 대해 유죄를 선고받았고 현재 캔자스 주 포트레번워스 감옥으로 이송되어 종신형을 살고 있다.

마이클 스완고

마이클 스완고(Michael Swango, 1955년~)는 의사나 진료 보조자로 일한 20년 동안 환자 60명과 동료 여러 명을 죽였다. 죽음의 행렬은 그가 일리노이 주 스프링필드의 서던일리노이 의대에 다니던 1978년에서 1983년 사이에 시작되었다. 그가 맡은 환자 5명이 알 수 없는 이유로 죽어나가자 친구들은 그에게 더블 O 스완고라는 별명을 지어주었다. 007 제임스 본드처럼 살인 면허라도 있는 것 같다는 의미였다.

이후 스완고는 오하이오 주 콜럼버스의 오하이오 주립 대학교에서 일하게 되었는데, 나이 지긋한 환자 하나가 그를 고발하는 일이 있었다. 그가 자신의 정맥 주사에 이상한 물질을 주사했다는 것이다. 같은 병실의 다른 입원자와 간호 실습생도 환자의 말을 뒷받침했다. 하지만 사건을 조사한 상급 의사들은 환자들이 착각을 한 것이고 간호 실습생의 말은 신빙성이 없다는 결론을 내렸다. 스완고는 혐의를 벗었지만 수련의 생활 1년만 채우고 병원을 떠나 달라는 말을 들었다. 그는 일리노이 주 퀸시로 옮겼다. 여기에서는 동료 의사와 다툼을 벌인 뒤 그의 도넛과 커피에 비소가 포함된 개미 퇴치제를 뿌렸다. 살해 기도는 곧 발각되었고, 스완고는 재판에서 5년 형을 선고받았다. 그러나 2년 후에 가석방되었다.

출옥 후에 스완고는 사우스다코타 주 버밀리언의 사우스다코타 의대 내과에 자리를 얻었다. 사람들에게는 예전 동료들이 부당하게 자신을 질투했기 때문에 무고한 형을 살았다고 설명했다. 처음에는 사람들이 그 말을 믿었지만, 결국 그의 과거를 알고 그를 쫓아냈다. 스완고는 뉴욕 주 노스포트의 VA 의료 센터 정신의학과에 수련의로 갔지만 거기서도 오래 있지 못했다. 1993년에 그는 미국을 떠나 짐바브웨의 시골 병원에 들어갔다. 그곳에서도 환자 5명을 독살한 혐의를 받고 해고되었다. 스완고는 잠비아로 갔고, 또 독살 사건에 연루되어 해고되었다. 1997년에 그는 사우디아라비아에서 일자리를 얻고자 비

자를 받으러 미국에 들어왔다가 체포되었다. 2000년 9월에 그는 사형을 면하는 조건으로 유죄 답변 교섭을 해서 환자 3명을 죽인 것을 자백했다. 그는 가석방 없는 종신형에 처해졌다.

비소독살의 희생자가 아니었던 대통령

재커리 테일러(Zachary Taylor, 1784~1850년)는 미국의 12대 대통령이다. 그는 켄터키 주의 가족 농장에서 어린 시절을 보낸 뒤 22세에 군대에 들어갔다. 그는 솔직하고 꾸밈없는 태도로 좋은 평판을 쌓았고 1808년에는 보병대 중위로, 1846년에는 소장으로 진급했다. 이때 멕시코와의 전쟁에서 이름을 떨쳤다. 부에나비스타 전투에서 교전 금지 명령에 불복하면서까지 적을 공격해 온갖 어려움 끝에 승전했던 것이다. 그는 국가적 영웅이 되었고, 휘그당의 대통령 후보로 선출되었으며, 선거에서 민주당 후보 루이스 카스를 이겼다.

대통령이 되었을 당시에 테일러는 건장한 사내였다. 오죽하면 별명이 '늙었지만 쓸 만한 테일러'였겠는가. 하지만 취임한 지 불과 16개월 만인 1850년 7월에 그는 갑자기 앓아누웠다. 이글거리는 태양 아래에서 모자도 없이 너무 오래 연설을 들은 뒤였다. 그는 실내로 들어와 기운을 차리려고 찬 우유와 체리 한 접시를 먹었지만, 곧 상태가 나빠져 토하기 시작했다. 의사들이 갖가지 약품을 처방했지만 어느 것도 도움이 되지 못했고, 대통령은 7월 9일에 사망했다. 그는 독살되었을까? 가능성이 없지 않았다. 그를 해칠 동기를 가진 사람들이 있었다. 테일러는 남부 주들의 강력한 반대에도 불구하고 반노예 정책을 취하는 캘리포니아 주를 연방에 받아들이려던 참이었고, 내각 인사 가운데 3명이 돈에 얽힌 추문에 휩싸인 것을 알아낸 참이기도 했다.

1991년에 플로리다의 작가 클라라 라이징(Clara Rising)은 테일러에 대한 책을 쓰려고 조사하던 중 비소 독살이라는 가설을 떠올렸다. 그녀는 충분한 정황 증거를 확보했고 대통령의 시신을 발굴해 검사해도 좋다는 허가를 얻었다. 그녀는 부검비로 1,200달러를 마련했다. 켄터키 주 관료들은 루이빌의 재커리 테일러 국립묘지에 있는 석관 속 유해에서 머리카락, 손톱, 뼈 부스러기를 수집해도 좋다고 허락했다.

시료는 오크리지 국립 연구소와 켄터키 주의 실험실 두 군데에 보내졌다. 분석 결과는 음성이었다. 미량의 비소가 있긴 했으나 비소 중독으로 보기에는 턱없이 부족한 수준이었다. 테일러는 자연사했다. 아마 비소 중독과 증상이 흡사한 콜레라나 위염이었을 것이다.

8 끝나지 않은 살인

모든 비소 독살 사건들 중에서도 플로런스 메이브릭 사건은 최고로 흥미롭다. 1889년 8월 7일, 플로런스 메이브릭은 남편 제임스를 살해한 죄로 사형 선고를 받았다가 2주 뒤에 형이 무기 징역으로 낮춰졌다. 그녀가 결백하므로 무죄 방면되어야 한다고 믿은 사람들도 있었다. 또 그녀가 유죄이기는 하지만 희생자가 잭더리퍼(1888년에 영국 런던에서 최소 5명의 매춘부를 잔인하게 난자해 살해한 것으로 유명한 연쇄살인범. 칼잡이 잭이라고도 한다. ─ 옮긴이)이므로 그녀가 세상에 좋은 일을 했다는 소문도 돌았다. 후자의 의심스러운 소문은 1990년대에 제임스 메이브릭(James Maybrick)이 썼다는 오래된 일기가 출간되면서 잠시 떠돌았던 것이다.

재판에 이은 혼란 속에서 두 사회 집단이 플로런스를 순교자처럼 취급했다. 여권 운동가들, 그리고 항소 법원 설치를 촉구하는 사람들이었다. 여권 운동가들은 플로런스를 남성이 지배하는 법률 체계의 희생자라고 보았고, 항소 법원 설치 운동가들은 당시의 영국 법체계의 한계 때문에 부당함을 겪은 사례라고 보았다. '세계 여성들의 메이브릭 협회'라는 단체는 미국 대통령 3명의 협조까지 받아 석방 청원을 했지만 소용없었다. 그들은 몰랐던 사실이지만 빅토리아 여왕이 이 사건에 관심을 갖고 있었고, 플로런스가 유죄라고 믿었기 때문이다. 여왕이 죽지 않는 한 플로런스가 감옥에서 풀려날 가능성은 없었다. 하지만 결국 플로런스는 자유의 몸이 된다.

메이브릭 재판에서 법적 문제가 있었다면 주로 담당 판사 피츠제임스 스티븐스(Fitzjames Stephens)의 사건 요약 발언을 둘러싼 것이었다. 판사는 연설 말미에 플로런스의 간통 사실을 강조하며 장황하게 도덕 강의를 늘어놓았고, 그런 죄를 저지르는 여인이라면 살인도 저지를 수 있다는 암시적 발언을 했다. (반면 플로런스의 남편에게도 정부와 다섯 아이가 있었다는 사실은 재판에서 한 번도 언급되지 않았다.) 판사가 약술 과정에서 저지른 실수는 이뿐이 아니었다. 재판에 제시되지 않은 자료를 읽는가 하면 신문을 오려 와서 기사에 실린 증인들의 발언을 읽었다. 판사 자신의 기록이 너무 엉망진창이었기 때문이다. 판사는 사건 과정의 시각과 날짜도 여러 번 헷갈렸다. 요즘 어느 판사가 배심원들에게 그런 말을 한다면 당장 항소감이다.

스티븐스 판사는 메이브릭 재판 당시 60세였다. 그는 후에 미친 스티븐스 판사라는 별명을 갖게 되었다. 메이브릭 사건 전인 1885년에도 정신 질환을 앓았던 듯하지만 곧 판사직을 다시 수행할 수 있을 만큼 회복했고, 메이브릭 재판이 벌어진 1889년 8월에는 아주 멀쩡

해 보였다. 하지만 2년 뒤에 다시 괴상한 행동을 하기 시작해서 하원은 그가 미친 게 아닌가 의심했다. 하원은 1891년 4월에 스티븐스를 설득해 사임시키고 보상으로 준남작 작위를 주었다. 얼마 뒤 스티븐스는 조용히 정신 병원에 들어갔고 1894년 3월에 그곳에서 죽었다. 메이브릭 사건을 조사한 사람들은 이구동성으로 당시에 스티븐스 판사가 제정신이 아니었다고 말한다. 실제로 판사의 행동은 이 흥미로운 사건에 자극을 더해 주었다.

그러나 뭐니뭐니 해도 이 무대의 주인공은 플로런스였다. 그녀는 아버지뻘인 제임스 메이브릭과 결혼했으나 젊은 청년과 사랑에 빠져 남편을 독살했다. 그녀의 독살 실력은 썩 좋지 않았다. 2주 동안 몇 차례에 나누어 아주 조금씩 비소를 남편에게 먹인 게 다였다. 독소는 몸에서 바로바로 빠져나갔기 때문에, 제임스 메이브릭이 죽었을 때 체내에는 비소가 많이 남아 있지 않았다.

플로런스 챈들러와 제임스 메이브릭의 결혼

제임스 메이브릭은 1839년에 리버풀에서 교회 서기의 둘째 아들로 태어났다. 제임스에게는 형제가 셋 있었다. 연락이 뜸한 형 토머스, 면화 중개 일을 함께 하는 미혼의 동생 에드윈, 스티븐 애덤스(Stephen Adams)라는 예명으로 활동하는 유명 작곡가 동생 마이클이었다.[39] 제임스는 20세에 런던의 해운 중개인 아래에 수습으로 들어갔다. 그곳

---

39 그의 최고 인기곡은 「성스러운 도시」였다. 음반이 수백만 장 팔렸고 50년 이상 인기를 누렸다.

에서 젊은 상점 여직원을 만나 사랑에 빠졌고, 동거를 시작했다. 그녀는 이후 그에게 다섯 아이를 낳아 주었다. 제임스는 회사의 본사가 있는 리버풀에서 지낼 때가 많았다. 1877년에서 1880년까지는 미국 버지니아 주 노퍽에 있는 지사에서 주로 일했는데, 그러던 1880년 3월에 뉴욕에서 리버풀로 향하는 화이트 스타 선박 회사의 정기선 발틱 호에 몸을 실었다. 배에는 폰 로크(von Roques) 남작 부인과 그녀의 17세 딸, 바로 플로런스 챈들러(Florence Chandler)가 타고 있었다.

플로런스는 1862년 9월 3일에 미국 앨라배마 주 모빌에서 태어났다. 이듬해에 플로런스의 아버지가 죽자 그녀의 어머니는 곧 재혼을 했고, 재혼 상대마저 죽자 세 번째 남편인 프러시아의 남작 폰 로크와 결혼했다. 이 결혼도 1879년에 깨졌다. 그동안 플로런스는 친척들의 손에 길러졌고 가정 교사에게 교육을 받았다. 그러다가 1880년 3월에 어머니와 함께 유럽 여행에 나섰다. 대서양을 건너는 항해 도중에 그녀는 제임스에게 마음을 빼앗겼고, 제임스도 플로런스의 미모에 반했다. 1880년 여름과 가을 내내 제임스는 그녀에게 구애했다. 그들은 1881년 봄에 런던 피카딜리의 세인트제임스 교회에서 결혼식을 올렸다. 본머스로 신혼 여행을 다녀온 부부는 버지니아 주 노퍽에 신접 살림을 차렸고, 1882년 3월에 첫 아이 제임스를 낳았다.

3년 동안 가족은 버지니아와 리버풀을 오가며 지내다 결국 리버풀 교외의 세프톤파크에 정착했다. 1886년 6월에는 둘째 아이 글래디스가 태어났다. 1887년에는 플로런스가 남편의 애인을 발견해 부부 생활에 위기가 닥쳤다. 만성 심기증(자신의 건강을 지나칠 정도로 염려하는 일종의 편집증 — 옮긴이) 환자였던 제임스는 갖가지 강장제들을 정기적으로 복용했다. 최음 효과가 있다고 알려진 파울러 비소 용액도 그중 하나였다. 제임스는 이제 50세를 바라보는 나이로, 성적 능력이 서서히 감퇴하기 시작한 참이었다. 하지만 플로런스는 겨우 26세였고 이제 막 젊음의 꽃망울을 틔운 터였다.

1888년에 가족은 리버풀 근교 에그버스의 리버스데일에 있는 방 20개짜리 거대한 배틀크리스 하우스로 이사했다. 겉으로 보기에 부부 사이는 원만했다. 부부는 무도회, 파티, 휘스트 카드놀이를 하는 저녁 모임, 경마 대회 등에 다니며 활발하게 사교 활동을 했다. 그러나 한 꺼풀 벗겨 보면 결혼 생활은 껍데기뿐이었고, 플로런스의 애정은 앨프리드 브리어리(Alfred Brierley)라는 34세의 독신남에게 옮겨가 있었다. 키가 180센티미터가 넘는 잘 생긴 브리어리와 플로런스가 처음 만난 것은 1888년 11월에 플로런스의 집에서 열린 무도회에서였다. 플로런스에게는 비밀이 하나 더 있었다. 그녀는 빚이 많았다. 런던에 갈 때마다 한 고리 대금업자에게서 돈을 빌렸다.

1889년, 부부 관계는 나빠질 대로 나빠져 두 사람은 더 이상 감정을 숨기지 않았고, 사람들 앞에서도 다투고는 했다. 3월에는 경마 대회 뒤에 사우스포트의 한 호텔에서 다른 부부와 카드놀이를 하던 중 격렬한 말다툼을 벌였다. 그 일이 있은 직후 플로런스는 브리어리와 함께 런던에서 주말을 보낼 계획을 짰다. 3월 21일 목요일 오전에 플로런스는 런던으로 갔다. 제임스에게는 최근에 수술을 받은 이모를 간호하러 도와주러 간다고 말했고, 유모인 28세의 앨리스 얩(Alice Yapp)에게는 자신에게 오는 편지들을 런던 그랜드 호텔로 보내 달라고 당부했다. 그곳에 어머니가 묵고 계셔서 다음 주중에 들를 거라고 했다. 사실 그녀는 캐번디시 스퀘어 근처의 플랫맨 호텔에 자신과 연인을 위한 방을 예약해 둔 상태였다.

다음 날인 금요일, 브리어리는 리버풀 발 런던 행 오후 기차를 타고 7시 30분 저녁 식사에 맞춰 호텔에 나타났다. 두 사람이 금요일 저녁, 토요일 하루 종일, 일요일 아침을 함께 보낸 뒤 브리어리는 리버풀로 돌아갔고 플로런스는 친구들과 함께 켄싱턴에 머물렀다. 다음 며칠 동안 그녀는 여러 사람들을 만났다. 어느 날 저녁에는 시동생 마이클 메이브릭(Michael Maybrick)의 초대로 카페 로얄과 극장을 방문하기도 했다. 그녀는 3월 28일 목요일에 기차를 타고 리버풀로 돌아왔다. 다음 날 제50회 장애물 경마 대회가 열릴 예정이었는데, 황태자까지 참석하는 대단한 행사였기 때문이다.[40] 그날 부부는 경마장의 사람들 앞에서 일전을 벌였고, 플로런스는 브리어리의 팔짱을 끼고 경마장을 떠났다. 다툼은 저녁에 집에서도 계속되었다. 플로런스는 눈두덩을 한 대 맞았다.

한숨도 못 자고 꼬박 밤을 샌 플로런스는 다음 날인 토요일에 친구 브리그스(Briggs) 부인을 찾아가 더는 제임스와 못 살겠다고 하소연했다. 그에게 정부가 있을 뿐만 아니라 그가 그녀의 편지를 열어 보고, 생활비도 야박하게 줘서 거금 1,200파운드(오늘날의 2억 원에 달한다.)의 빚을 지게 만들었다고 푸념했다. 브리그스 부인은 플로런스를 진정시킨 뒤 함께 주치의인 호퍼 박사에게 가서 맞은 곳을 보여 주었다. 그리고 브리그스 부인의 변호사를 찾아가 이혼에 대한 조언을 들

---

40 이 해에는 8 대 1 확률의 경주마 프리게이트가 우승했다.

었다. 변호사는 이혼할 수 있는 확률이 낮으니 기대하지 말라고 했다. 다만 우체국에 개인 사서함을 두면 편지를 안전하게 받을 수 있다는 정보를 알려 주었다. 두 여인은 곧장 우체국을 방문했다.

토요일 오후에 호퍼 박사가 배틀크리스 하우스에 들렀다. 의사의 중재로 부부는 화해했다. 플로런스가 재정 문제를 고백하자 제임스는 다음에 런던에 갈 일이 있을 때 빚을 갚아 주겠다고 했다. 브리그스 부인은 사태가 진정될 때까지 며칠 동안 그 집에 머물기로 했다. 1주일 뒤인 4월 6일 토요일에 플로런스는 브리어리의 집을 방문했고 그 후 편지도 한 통 보냈으나, 브리어리는 답장이 없었다. 브리어리의 열정은 급속히 식고 있었다. 그는 플로런스 몰래 혼자 떠날 마음으로 장기 지중해 크루즈 여행 표를 예약해 두었다.

4월 13일 토요일에 제임스는 런던으로 가서 정말 플로런스의 빚을 일부 갚았다. 그는 동생 마이클의 집에 묵은 뒤 다음 날 풀러 박사에게 정기 검진을 받았다. 제임스는 심각한 두통, 변비, 수족 얼얼함 등을 겪고 있다고 말했지만 의사는 내장에는 이상이 없다면서 설사제, 강장제, 간장약을 처방하고 1주일 뒤 다시 오라고 했다. 설사제는 주성분이 황화안티모니인 플러머스 알약이었다. 매일 밤 한 알씩 먹으라고 했다.

월요일에 제임스는 리버풀로 돌아왔고 다음 날 동네 약국에서 처방약을 조제했다. 그는 제법 건강이 좋아졌고 4월 20일 토요일에 다시 런던으로 가 두 번째 진찰을 받았다. 풀러는 플러머스 알약의 효과가 좋았다고 판단하고 이제 황 제제로 바꾸자고 했다. 풀러는 새 처방전을 써 주었고, 더불어 자신이 조제한 물약 한 병을 나중에 제임

스에게 배달하겠다고 했다. 제임스는 리버풀로 돌아왔고, 수요일에 약국에서 새 처방전으로 약을 받았다. 금요일에는 런던에서 물약이 도착했다. 약을 복용한 보람이 있어서인지 건강은 계속 좋아졌다. 제임스는 심기증 환자답게 집이고 사무실이고 할 것 없이 수십 가지 알약과 물약을 갖춰 두었다. 심지어 총각 시절에 구입한 것도 있었다. (후에 플로런스의 변호사가 재판에서 증거로 제출한 제임스의 오래된 알약들에는 철, 퀴닌, 비소가 포함되어 있었다.)

4월 25일 목요일에 제임스는 새 유언장을 작성했다. 재산 대부분을 형제들에게 위탁하고 아이들을 위해 써 달라고 당부하는 내용이었다. 플로런스는 남편이 유언장을 고친 것도, 남편이 죽었을 때 자신에게 돌아오는 것은 보험금 2,500파운드뿐이라는 사실도 알지 못했다. 제임스도 모르는 일이 있었다. 살 날이 16일 남았다는 사실이었다.

플로런스, 독약을 준비하다

플로런스는 비소를 써서 남편을 처치하기로 결심했다. 우선 독약을 구하고, 다음에 남편에게 먹일 방법을 생각해야 했다. 배틀크리스 하우스의 음식은 모두 요리사가 만들기 때문에 음식에 약을 타는 것은 어려울 테니, 제임스가 그토록 좋아하는 약에 독을 섞기로 했다. 플로런스의 재판 이후 몇 년 동안 여러 증인들이 등장해 배틀크리스 하우스에 비소가 있었던 이유를 설명했다. 예를 들어 1894년에 한 남자는 제임스의 사망 전인 2월에 자신이 제임스에게 흰 비소와 검은 비소를 샘플로 주었다고 주장했다. 이 진술은 아마 거짓일 것이다. 이 말을 믿은 사람은 플로런스 석방 운동을 하던 사람들밖에 없었을 것이다.

1926년에는 더 믿을 만한 제보가 등장했다. 리버풀의 한 약제사가 플로런스에게 삼산화비소를 팔았다고 털어놓았다. 봉지 한 면에는 '비소 독약', 반대쪽에는 '고양이용'이라고 적혀 있었다고 했다. 플로런스가 용도를 그렇게 밝혔기 때문이다. 플로런스는 독약 구매 장부에 서명하기를 원치 않았고, 약제사도 굳이 고집하지 않았다. 플로런스가 단골손님이었기 때문이다. 그가 판 것은 오용을 막기 위해 숯과 섞은, 이른바 검은 비소였다. 플로런스는 며칠 뒤에 다시 와서 앞엣것을 잃어버렸다고 하면서 한 봉지를 더 샀다. 약제사는 이번에도 봉지에 '고양이용'이라고 적어 주었는데, 이 봉지가 제임스 사후에 배틀크리스 하우스에서 발견되었다. 약제사는 재판정에 서기가 무서워서 입을 닫고 있다가 플로런스가 유죄를 선고받고서야 경찰에 연락한 것이라고 했다. 그가 재판에서 증언했다면 플로런스에게 결정적으로 불리한 증거가 되었을 것이다. 관계자들은 유죄 판결이 정당했음을 재차 확인한 것으로 만족했다.

플로런스의 두 번째 비소 무기는 파리 잡는 끈끈이 종이였다. 일명 파리 끈끈이는 여러 가게에서 단돈 반 페니에 구할 수 있었고 몹시 유독하다고 알려져 있었다. 메이브릭 가족이 리버풀에 정착할 무렵에 리버풀에서 파리 끈끈이 용액을 사용한 유명한 살인 사건이 벌어진 일도 있었다. 1884년에 플래너건(Flanagan)과 히긴스(Higgins)라는 자매가 파리 끈끈이 용액으로 남편, 아들, 의붓딸, 하숙인을 살해한 사건이었다. 자매는 유죄 선고를 받고 교수형에 처해졌다.

빅토리아 시대의 파리 끈끈이는 접시 물에 담가 쓰는 형태였다. 그 물에 설탕을 타서 파리를 꾀면 용액을 맛본 파리가 죽었다.[41] 오용을 막기 위해서 파리 끈끈이에는 쓴맛이 나는 소태나무 성분과 갈색 염료가 첨가되어 있었다. 파리 끈끈이 한 장을 물에 담그면 몇 시간 만에 수용성 비소 염이 모두 녹아 나와 차 색깔의 용액이 되었다. 보통의 파리 끈끈이 한 장에 비소가 400밀리그램 들어 있었음을 감안하면, 성인을 죽일 수 있는 막강한 무기인 것이 분명했다. 쓴맛과 짙은 색깔을 잘 감출 수 있다면 말이다. 진한 차, 커피, 고기 육수 등이 좋은 매개물이었고 실제로 많이 사용되었다. 브랜디도 괜찮았다.

부활절 무렵에 플로런스는 동네 약국에 가서 배틀크리스 하우스에 파리가 극성이라고 투덜거리면서 파리 끈끈이를 샀다. 그녀는 약국에 외상 장부를 두고 있었는데도 그때는 현금으로 값을 치렀고, 집으로 배달해 달라고 했다. 나중에 법정에 선 가게 주인은 4월 중순이었다는 것 외에 정확한 날짜는 기억나지 않지만 플로런스가 그해 봄에 파리 끈끈이를 구입한 첫 손님이었기 때문에 판매 사실은 정확히 기억한다고 증언했다. 배틀크리스 하우스에 파리가 끓는다는 말은 거짓말이었다. 지난 해 여름에 쓰고 남은 파리 끈끈이도 아직 창고에 있었다. 플로런스는 파리 끈끈이를 대야에 담근 뒤 접시로 닿아 침실 수건 아래 숨겨 두었는데, 가정부가 이것을 목격했다. 유모 앱도 가정부에게 말을 전해 듣고 제 눈으로 확인했다.

---

41 유효 성분은 비소화나트륨 염과 비소화칼륨 염이었다. 삼산화비소 용액을 탄산나트륨이나 탄산칼륨이 든 물과 반응시켜 얻을 수 있는 이런 염들은 삼산화비소보다 용해도가 높고 그만큼 더 치명적이다.

재판에서 플로런스는 파리 끈끈이 용액을 화장수로 사용했다고 주장했다. 플로런스가 체포된 뒤 수건 찬장 속 향수병에서 발견된 비소 6밀리그램짜리 용액은 정말 화장수였는지도 모른다. 플로런스는 10년 전인 16세에 비소 화장수를 사용한 적이 있었다. 그녀는 뉴욕의 약제사가 써 준 화장수 처방전을 여행에도 늘 지참했는데, 얼마 뒤부터는 사용하지 않았다. 이 처방전은 재판이 끝난 뒤에야 등장했다. 플로런스의 어머니가 파리에서 루앙으로 이사하다가 발견한 것이었다. 플로런스의 어머니는 몇 년 전에 파리의 약제사가 화장수 한 병을 제조해 준 사실도 밝혔다.

플로런스는 의심의 여지없이 아마추어 독살자였다. 그녀는 비소의 효과를 과대평가했기에 소량만 먹였던 것 같다. 어쩌면 이 판단 착오 덕분에 덜미를 잡히지 않았던 것인지도 모른다. 따라서 어떻게 보면 그녀가 노련했다고 해석할 수도 있다. 덕분에 제임스의 증세가 위창자염으로 보였으니까 말이다. 그러나 그녀의 다른 행동들을 보면 그녀는 주의 깊고 이성적이기보다는 충동적이고 감정적이었다. 그러니 최초의 독살 시도에 실패한 것은 독을 얼마나 먹여야 죽일 수 있는지 몰랐기 때문이라고 보는 게 옳다. 그녀가 남편에게 여러 차례 나누어 먹인 소량의 비소는 건강을 해치기에는 충분했지만 치명적인 것은 아니었다.

플로런스는 침실의 모자 상자에 독약들을 숨겼다. 약병은 3개로 각각 검은 비소와 물이 든 것, 산화비소 포화 용액이 든 것, 포화 용액이 아주 조금 담긴 병이었다. 은닉물들은 제임스가 죽은 뒤 발견되었다. 또 다른 모자 상자에는 우유와 손수건이 든 컵이 하나 있었는데,

전체가 산화비소에 심하게 오염되어 있었다. 트렁크 속 초콜릿 상자에는 검은 숯이 약간 남은(5그램이 못 되었다.) 봉지가 있었다. 플로런스는 침실로 쓰던 옷 방에서 독약을 급조했던 것 같다. 아마 검은 비소를 물에 타서 삼산화비소를 녹인 뒤, 손수건으로 숯을 걸러 거의 투명한 비소 용액을 얻었을 것이다.

제임스 메이브릭에게 독 먹이기

4월 27일 토요일 아침, 제임스는 위럴에서 열리는 경마에 참석할 계획이었다. 그러나 아침 식사를 끝내고 런던의 풀러가 특별히 조제해 준 물약을 두 모금 마신 후 제임스는 아프기 시작했다. 그는 다리와 손이 얼얼하다고 했지만 일정을 취소할 정도는 아니었다. 그는 오전 10시 30분쯤에 사무실에 들렀다가 정오 무렵에 경마장으로 갔다. 플로런스는 집에 있었다. 제임스는 말을 탈 때 확실히 어딘가 불편해 보였다. 게다가 비를 맞아 쫄딱 젖었다. 저녁에 친구들과 식사를 할 때는 으슬으슬 떠는 듯했고 포도주를 쏟기도 했다.

다음 날인 일요일에 제임스는 몹시 아팠다. 이번에도 워윅우 독이 든 물약이었을 것이다. 아침에 제임스는 속이 진정되기를 바라면서 브랜디를 한 잔 마셨는데, 9시쯤에는 오히려 더 나빠져서 겨자를 푼 물을 구토제로 마셨다. 늘 남편의 건강을 염려하던 플로런스가 직접 만들어 준 구토제였다. 구토제는 잘 들었고 제임스는 아주 많이 토했다. 10시 30분에는 걸어서 10분 거리에 사는 의사 험프리스가 왕진을 왔다. 제임스는 의사에게 눈 뜨자마자 마신 진한 차가 문제였던 것 같다고 말했다. 의사는 배탈로 진단했고 가벼운 식사와 우유나 탄산수만 먹으라고 했다. 제임스가 풀러의 조제약에 대해 묻자 험프리스는 복용을 중단하라고 했다.

점심으로 제임스는 요리사에게 칡을 준비시켰다. 간식으로는 쇠꼬리 수프를, 저녁으로는 다시 칡 요리를 먹었다. 칡은 요리사가 조리를 시작했지만 마무리는 플로런스가 했다. 제임스는 음식을 거의 다 남겼다. 요리사는 부엌으로 돌아온 음식의 색깔이 검게 변한 것을 보고 플로런스가 바닐라 농축액을 넣어서 그런가 보다 하고 생각했다. 오후 8시에 제임스는 일찍 잠자리에 들었고, 플로런스는 시동생 에드윈과 아래층에서 담소를 나누었다. 9시에 다시 토하기 시작한 제임스가 사람들을 불렀다. 그는 다리를 움직일 수 없다고 호소했다. 험프리스가 다시 와서 브롬화칼륨과 사리풀 팅크제를 처방했다. 제임스가 너무 아파 보였기에 에드윈은 배틀크리스 하우스에서 묵고 가기로 했다. 구토를 비소 중독 증상으로 본다면 제임스는 저녁 식사 때 비소를 먹었던 게 분명하다. 플로런스가 검은 칡 요리에 파리 끈끈이 추출액을 넣었을 것이다. 아침의 차에도 탔을 가능성이 있다.

4월 29일 월요일 아침에 플로런스는 목표를 이루지 못했음을 깨달았다. 에드윈은 형의 상태가 호전된 것을 확인했고, 험프리스도 출근해도 좋을 만큼 나았다고 진단했다. 배탈은 사라졌고 혀에 백태만 좀 남았다. 의사는 재발을 막기 위해 1주일 정도는 가볍게 식사하라고 권했다. 또 이전의 처방약들을 모두 금지시키고 대신 시모어 조제약을 처방했다. 이것은 허브 추출액으로서 소화 촉진제와 간 보호제로 처방되던 약이었다. 그날 제임스는 사무실에 출근했지만 한 시간 정

도만 일했다. 그동안 플로런스는 다시 쇼핑에 나섰다. 그녀는 동네의 다른 약국에서 비소가 포함된 파리 끈끈이 24장을 더 샀다. 이번에도 현금으로 냈다. 그녀가 새 파리 끈끈이 24장으로 무엇을 했는지는 알 수 없다. 아무튼 비밀스럽게 사용한 것은 분명했다. 배틀크리스 하우스의 누구도 그 물건을 보지 못했고, 이후의 수색에서도 발견되지 않았기 때문이다.

4월 30일 화요일에 요리사는 설탕을 넣지 않은 빵과 우유를 제임스의 아침으로 준비했다. 하지만 제임스는 빵이 달다고 하면서 부엌으로 돌려보냈다. 제임스는 점심 후에 집을 나서서 1시에 사무실에 도착했다. 그는 사환에게 뒤 베리 레발렌타 아라비카라는 환자식을 사서 배틀크리스 하우스로 배달하라고 시켰다. 저녁에 플로런스는 에드윈을 동반하고 가장무도회에 갔다. 에드윈은 집에 올 때도 그녀를 데리고 왔고 밤새 형의 집에 머물렀다.

5월 1일 수요일 아침 일찍 방문한 의사는 제임스가 완전히 나았다고 했다. 의사가 가자마자 제임스도 사무실로 향했다. 에드윈은 아직 자고 있었는데, 제임스는 나중에 환자식을 에드윈에게 딸려 보내라고 요리사에게 일러 두었다. 요리사는 제임스의 기호에 따라 뒤 베리 환자식에 셰리주를 조금 섞었다. 플로런스가 그 음식을 건네받았고, 포장을 해야 하니 종이와 끈을 좀 가져오라고 시켰다. 그러나 요리사가 종이와 끈을 찾아왔을 때는 플로런스가 이미 그릇을 다 싼 뒤였다. 에드윈이 나중에 이 음식을 들고 사무실로 갔다.

식사가 도착하자 제임스는 사환에게 음식을 데울 냄비와 그릇과 숟가락을 사 오라고 했다. 하지만 죽을 한 숟가락 맛보고는 요리사가

셰리주를 섞었다며 에드윈에게 투덜거렸다. 제임스는 음식을 아주 조금 먹었지만 대번 기분이 나빠졌다. 몸에는 이상이 없었지만 말이다. 걱정이 된 그는 퇴근 뒤 의사를 찾아갔다. 저녁에 부부는 친구 몇 명을 초대해 간단한 파티를 즐겼다.

플로런스는 뒤 베리 환자식을 매개로 제임스를 독살하기로 결심했다. 5월 2일 목요일에 제임스는 환자식을 주전자에 담아 들고 출근했지만 막상 점심에는 맛이 마음에 들지 않아 음식을 거의 남겼고, 오후에는 또 몸이 안 좋아졌다. 이날 사무실 청소부는 음식을 데운 냄비를 닦다가 바닥에 검고 흰 입자들이 눌어붙은 것을 목격했다. 플로런스가 검은 비소를 썼다는 증거일 것이다. 저녁에 제임스는 다리 통증을 호소했다.

플로런스는 끈질김 그 자체였다. 그녀는 다음 날에도 제임스의 식사에 파리 끈끈이 용액을 쓴 것 같다. 금요일 아침에 제임스는 의사 험프리스를 불렀다. 10시쯤 도착한 의사는 혀의 백태 말고는 아무 이상을 발견하지 못했다. 제임스는 터키식 증기 목욕을 하면 도움이 되겠느냐고 물었고, 의사는 괜찮을 것이라고 했다. 제임스는 환자식과 셰리주를 챙겨 출근했다. 점심 전에 터키 목욕을 한 뒤 사무실로 돌아와 환자식을 데워 다 먹었다.

바로 이 식사가 치명타였다. 제임스는 오후에도 평소보다 많은 양을 먹었다. 주전자에 환자식이 오래 담겨 있었기 때문에 표면에 생긴 얇은 막이 주전자 벽에 들러붙었다. 이것은 청소부가 주전자를 씻었는데도 없어지지 않고 조금 남았다. 제임스는 주전자를 사무실에 두고 퇴근했다. 제임스 사후에 주전자를 분석한 사람은 말라붙은 음식

덩어리에서 비소를 확인했고, 냄비를 헹군 뜨거운 물과 음식이 담겼던 접시에서도 비소를 확인했다. 검사자는 주전자의 유약에서 나온 비소일 리는 없다고 했다. 다시 한번 뜨거운 물로 주전자를 헹궈 검사했을 때는 비소가 나오지 않았기 때문이다.

식사를 한 뒤 몸이 안 좋아진 제임스는 얼른 퇴근했다. 집에서 그는 토했고, 환자식과 셰리주 탓을 했다. 그것 말고는 먹은 게 없었기 때문이다. 그는 바로 잠자리에 들었으나 점점 나빠지기만 했다. 오후 11시쯤 의사가 왔다. 제임스는 몹시 창백했고, 심한 통증을 느꼈으며, 허벅지가 에는 듯하다고 했다. 의사는 통증을 덜어 주기 위해 모르핀 좌약을 삽입했다.

치명적인 1주일

1889년 5월 4일 토요일: 아침에도 차도가 없었다. 그는 다시 토했고, 왕진 온 의사에게 모르핀 때문이 아니냐고 물었다. 그는 심한 갈증을 느꼈지만 의사는 아무것도 마시지 말고 음료로 입을 헹구거나 젖은 천으로 입술을 적시기만 하라고 일렀다. 의사가 떠난 뒤 제임스와 플로런스는 다투었다. 그는 아내에게 등 뒤에서 수작을 부리고 있는 걸 다 안다면서, 아내의 런던 방문 중 행적을 조사하고 있노라고 엄포를 놓았다. 깜짝 놀란 플로런스는 브리어리에게 전보를 보냈다. 제임스가 뒷조사를 하고 있다, 심지어 런던 일간지에 자신들에 대한 정보를 구하는 광고를 냈다더라, 하고 알리는 내용이었다.

에드윈이 형을 만나러 왔을 때 제임스는 아무것도 삼키지 못하는 상태였다. 그는 브랜디나 탄산수를 마시고도 토했고, 나중에는 약을 먹고도 토했다. 저녁에 요리사는 죽을 쑤어 주었다. 플로런스는 가정부 엘리자베스에게 이제부터는 자기가 직접 병자의 구토물을 치우겠다고 말했다.

5월 5일 일요일: 제임스는 헛구역질을 계속했지만 넘어오는 것은 없었다. 의사는 그의 목이 붉게 부었고, 염증이 생겼고, 혀는 백태가 끼고 지저분한 것을 확인했다. 의사는 콘디 용액(과망가니즈산칼륨)이라는 구강 세정제를 처방했다. 또 뒤 베리 환자식 대신 발렌타인 쇠고기즙을 먹으라고 했다. 제임스는 엄청난 갈증에 시달리며 신선한 레모네이드를 주문했지만, 플로런스는 입안을 헹구는 것만 허락했다. 동생 에드윈은 배틀크리스 하우스에서 자고 가기로 했다.

이날 아침에 브리어리는 런던의 일간지들을 몽땅 구입해 제임스의 광고가 실렸나 살폈다. 브리어리는 아무것도 찾지 못했고, 플로런스에게 편지를 보내 몇 주 동안 해외에 있을 계획이라고 알렸다. 가을까지는 만나지 않는 게 여러모로 좋겠다는 말도 슬쩍 흘렸다.

5월 6일 월요일: 제임스는 서서히 회복했다. 침대에 앉아 신문을 읽고 사업 관련 전보를 몇 통 보낼 정도가 되었다. 의사는 파울러 비소 용액을 처방했다. 제임스는 세 번 분량을 복용했으니, 섭취한 비소량은 총 1밀리그램이 못 되었을 것이다. 제임스는 다른 의사에게 진단을 받아 볼까 했으나 플로런스가 반대했다. 플로런스는 이제 병실을 장악했다. 가정부에게는 손도 못 대게 하고 직접 제임스의 침구를 교체

했다.

저녁에 다시 찾아온 의사 험프리스는 지난 3일 동안 제임스의 설사 증세가 전문 용어로 배뇨 뒤무직이라는 상태까지 진행되었음을 확인했다. 더 배설할 것이 없는데도 뒤가 묵직하고 힘이 들어가는 상태다. 당시의 치료법에 따라 의사는 위를 자극하는 약을 처방했다. 의사는 다른 약물은 권하지 않았고, 쇠고기 수프, 닭죽, 니브 환자식, 우유와 물만으로 가볍게 식사하라고 충고했다. 제임스는 나아지는 듯했다.

5월 7일 화요일: 제임스는 아침에 왕진한 의사에게 마치 '다른 사람'으로 태어난 것 같다고 말했다. 자극제가 증세 완화에 도움을 준 것 같다고 했다. 하지만 아직 입에서 구린내가 났고, 그의 표현에 따르면 목구멍에 머리카락이라도 난 듯 따끔따끔하다고 했다. 그는 음식을 조금 먹었고 별 이상을 느끼지 않았다. 하지만 에드윈이 다른 의사의 진료를 받아 보는 게 좋겠다고 주장했고, 플로런스는 의사 윌리엄 카터(William Carter)에게 전보를 쳐서 의사 험프리스가 오후 5시 30분에 방문할 때 동행해 달라고 했다. 에드윈은 출근을 했다가 왕진 시간에 맞춰 4시 45분 기차를 타고 돌아왔다.

제임스를 진찰한 카터는 여러 날 구토와 설사에 시달렸다는 말을 듣고 위염으로 인한 만성 소화 불량으로 진단했다. 의사는 진정제(안티피린), 목 통증을 완화시킬 침 분비 촉진제(운향), 구강 세정제(염소수)를 처방했다. 의사는 제임스의 입안이 지저분한데도 숨 냄새가 고약하지는 않다는 사실에 주목했다. 의사는 전날에 추천한 식단을 계속 지키되 빅토리아 시대의 만능약이었던 클로로다인(클로로폼에 아편을 섞은 것 — 옮긴이)을 추가하라고 했다.

이날 유모 앱은 플로런스가 약물을 이 병에서 저 병으로 몰래 옮기는 장면을 목격했다. 침실 근처 층계참 찬장에 보관되어 있던 약병들이었다. 유모는 아무 말도 하지 않았다.

5월 8일 수요일: 메이브릭 사건에서 이날은 결정적인 하루였다. 제임스는 차차 나아졌다. 에드윈이 동생 마이클을 부르겠다고 하자 제임스는 차도가 있는데 괜히 마이클을 귀찮게 하지 말라고 대꾸했다. 아침 왕진을 온 험프리스도 환자의 상태가 전반적으로 좋아진 것을 확인했다. 제임스가 간밤에 잠을 못 이루긴 했지만 말이다. 플로런스도 밤새도록 침대 맡을 지켰다.

플로런스야말로 휴식이 절실했다. 그녀가 잠을 잘 수 있도록 오전 9시에 개인 간호사가 왔다. 플로런스가 다음 단계를 취하기로 한 것도 아마 지쳐서였을 것이다. 그녀는 독살 시도가 모두 실패했고, 연인의 마음은 급속히 식어 가고 있고, 시간이 얼마 남지 않았다는 사실을 깨달았다. 그래서 이날 아침에 남편에게 또 한 번 독약을 먹였다. 제임스는 심하게 토하기 시작했고, 플로런스는 사무실에 나간 에드윈과 런던의 마이클에게 전보를 보냈다. 에드윈도 12시 40분 기차를 타고 배틀크리스 하우스로 돌아오기 전에 마이클에게 전보를 쳤다.

그런데 마이클에게 전보를 친 사람이 한 사람 더 있었다. 메이브릭 부부의 친구인 브리그스 부인이 "당장 올 것. 이상한 일이 벌어지고 있음."이라는 내용의 전보를 보냈던 것이다. 브리그스 부인은 오전에

제임스를 문병 왔다가 유모로부터 최근에 벌어진 수상쩍은 일들에 관해 들었다. 유모는 파리 끈끈이 적신 물이 특히 이상하다고 했다. 전보를 세 통이나 받은 마이클은 지체 없이 리버풀로 향했다.

고어라는 이름의 개인 간호사가 몹시 쇠약한 상태의 환자를 맡았다. 제임스는 줄곧 토하다가 간호사가 오고부터는 토하지 않았다. 간호사가 병실을 맡은 틈을 타 플로런스는 급히 애인에게 편지를 썼다. 하지만 직접 부치러 갈 힘이 없었다. 플로런스는 편지를 유모에게 주면서 오후에 딸 글래디스와 산책나갈 때 부쳐 달라고 했다. 유모는 3시 30분에 집을 나섰고, 편지의 수신인이 앨프리드 브리어리인 것을 보고는 뜯어보고 싶은 충동을 억누를 수 없었다. (재판에서 유모는 편지를 진흙탕에 떨어뜨려 집어 들다가 우연히 보게 되었다고 변명했다.) 내용을 읽은 유모는 그간의 의혹을 확신하게 되었다.

　　수요일

　　사랑하는 당신…… 집에 돌아온 뒤로 저는 밤낮으로 M을 간호하고 있어요. 그는 아파서 죽어 가고 있어요. (이 문장은 편지 원본에서 밑줄이 그어져 있었다.) 의사들이 어제 진찰을 했는데, 이제 기력이 얼마나 버틸 것인가가 관건이라고 하더군요. 시동생 둘이 다 와 있고 모두들 엄청나게 걱정하고 있어요. 오늘은 편지를 보내셔도 제가 길게 답을 드릴 수가 없어요. 하지만 사랑하는 당신, 지금이든 나중이든 우리 관계가 발각될까 봐 걱정할 필요는 없어요. M은 일요일 이후 줄곧 제정신이 아니에요. 그는 아무것도 모르는 게 분명해요. 거리 이름조차 모르던데요. 그가 조사를 했다는 것도 사실이 아니라고 생각해요. 나한테 했던 말은 나를 겁줘서 실토시키려는 허풍이었어요. 말을 안할 뿐이지 내 변명을 믿는 것 같아요. 그러니까 그것 때문에 외국으로 나갈 필요는 없어요, 당신. 그리고 그것 때문이 아니라고 해도 저랑 만나지도 않고 영국을 떠나지는 말아 주세요. 제가 앞서 보냈던 두 편지는 너무 힘든 상황에서 쓴 것이었으니까, 나쁘게 보였더라도 이해해 주셔야 해요. 그 말들이 제 진심이었다면 지금 제가 이런 일을 할 수 있을 거라고 생각하세요? 무슨 말이든 하고 싶다면 편지를 보내 주세요. 지금은 편지가 제 손에 직접 들어오니까요. 사랑하는 당신, 마구 갈겨쓴 것을 이해해 주세요. 잠시도 방을 떠날 수 없는 처지라서요. 그리고 언제 또 편지를 쓸 수 있을지도 잘 모르겠어요.

황급히 몇 자 적어 보내는,

당신의 연인 플로리

유모는 당장 집으로 돌아가 에드윈에게 편지를 보였다. 에드윈은 플로런스가 한 짓을 깨닫고 뒤늦게나마 사태를 바로잡고자 했다. 그는 간호사 고어에게 앞으로 고어 이외의 다른 사람은 제임스에게 손대지 못하게 하라고 지시했다. 안타깝게도 에드윈이 조치를 취한 것은 플로런스가 준비한 약을 고어가 환자에게 한 번 먹인 뒤였다. 하지만 저녁 7시에 먹게 되어 있는 다음 분량은 핑계를 대고 버렸다. 에드윈은 고어에게 새 병에 담은 발렌타인 육즙을 주었다. 그러나 제임스를 살리기엔 이미 늦었다.

제임스는 시시각각 쇠약해졌다. 느지막이 도착한 마이클은 형이 반혼수상태인 것을 보고 충격을 받았다. 마이클은 플로런스에게 치료가 만족스럽지 않다고 말했고, 밤 10시 30분에 의사 험프리스를

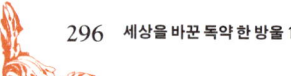

만나러 갔다.

간호사는 제임스를 재우려 했으나 그는 고작 3시간밖에 눈을 붙이지 못했다. 반면 옆방의 플로런스는 며칠 만에 처음으로 밤새 푹 잤다.

5월 9일 목요일: 아침에 제임스는 조금 나아 보였다. 동생들도 형이 좋아졌다고 생각했다. 그러나 8시경 제임스는 토했고, 설사도 그칠 줄을 몰랐다. 이날 아침에는 의사 둘이 모두 방문했다. 그들은 고통을 덜기 위해 코카인을 처방했다. 의사들이 떠나기 전, 마이클은 그들에게 제임스가 독을 먹은 것 같다고 말했다. 의사들은 확인해 보기로 했고, 험프리스가 환자의 대소변 시료를 채취했다. 침실에 있던 브랜디와 환자식도 약간 덜어 갔다. 마이클은 브랜디에 독이 들었을 거라고 생각했고, 새 브랜디로 바꿔 두었다.

험프리스는 대소변 시료에서 독극물을 발견하지 못했다. 하지만 나중에 그는 라인시 검출법을 다소 형식적으로 수행했음을 인정했다. 브랜디와 환자식 시료는 비소 전문가인 카터가 검사했는데, 둘 다 플로런스가 손댄 것이 아니기 때문에 당연히 의심스러운 결과가 나오지 않았다. 이처럼 의사들이 비소 중독을 입증하지 못하고 있을 때, 얄궂게도 그날 밤 플로런스가 제 손으로 결정적인 증거를 제공하고 말았다.

오전 11시에 고어가 일을 마쳤고 다른 간호사가 12시간 교대 근무를 하러 왔다. 그동안 제임스는 간호사가 병실에서 직접 마련한 음식만 먹었다. 먹은 것은 환자식과 닭죽이었고 마신 것은 샴페인과 새 브랜디뿐이었다. 제임스는 속이 쓰리고 목구멍이 타는 듯하다고 하루 종일 불평하더니 오후 8시 15분에 다시 앓기 시작했다.

고어는 밤 11시에 다시 왔다. 그녀가 처음 한 일은 직접 개봉한 새 병의 발렌타인 육즙을 제임스에게 먹인 것이었다. 그런데 자정이 살짝 넘은 시각에 플로런스가 병을 몰래 자기 침실로 가져갔다. 간호사는 이 손장난을 놓치지 않았고, 1분쯤 뒤에 플로런스가 돌아와 병을 원래의 자리에 놓아두는 모습까지 목격했다. 플로런스는 현장범으로 걸린 것이었다. 간호사는 이 병을 마이클에게 주었고, 마이클은 다음 날 오후에 카터에게 보냈다. 전문 분석가가 검사한 결과 비소 수용액이 첨가되어 묽어진 육즙에는 비소 38밀리그램이 들어 있었다.

플로런스는 미리 독을 탄 발렌타인 육즙 병을 준비해 모자 상자에 숨겨 두었던 것이다. 이것을 병실의 병과 바꾼 뒤 사람들이 찾기 전에 얼른 가져다 두었다. 남들 눈에 띌 만큼 어설픈 행동이었다. 간호사가 아무 말 없이 병을 가만히 놔두었기에 플로런스는 들키지 않았다고 착각했지만 말이다.

나중에 사람들은 모자 상자에서 독이 들지 않은 발렌타인 육즙 병 하나를 발견했다. 그것은 간호사의 진술을 뒷받침하는 증거였고, 플로런스가 왜 그토록 신속하게 병을 교체했는지 설명해 주는 증거였다. 독살 목적이 아니라면 그렇게 급하게 움직일 이유가 없었기 때문이다. 아주 결정적인 증거였기에, 플로런스는 법정에서 이 일에 대해 해명하지 않을 수 없었다. 플로런스는 제임스가 가루약을 한 번만 더 달라고 하도 간청해서 육즙에 섞어 주기로 했다고 해명했다. 육즙을 조금 흘리는 바람에 물을 타서 양을 맞췄다고 했다.

발렌타인 육즙에 든 비소의 양을 보면 플로런스는 치사량이 얼마

인지 몰랐던 게 분명하다. 아마 그녀는 줄곧 제임스에게 그 정도 양을 먹였을 것이다. 육즙 한 병을 매일 4분의 1씩 먹었다고 해도 하루에 섭취하는 비소량은 10밀리그램에 불과했을 것이다. 사람을 죽일 만한 양은 아니다. 나중에 알려진 사실이지만 정말 치명적이었던 것은 이보다는 금요일 점심 식사였다. 파리 끈끈이 추출액과 셰리주가 들었던 뒤 베리 환자식 말이다. 물론 그 후 플로런스가 먹인 소량의 비소들도 상태를 악화시키는 데 한몫 했을 것이다.

5월 10일 금요일: 간호사 고어는 제임스가 뜬눈으로 밤을 지새는 것을 지켜본 뒤 오전 11시에 교대했다. 제임스는 두 번 토했다. 고어는 낮 간호사와 교대하면서 문제의 의심스러운 육즙을 절대 먹이지 말라고 일렀다. 오후 1시 30분에 침대에 들기 전에(고어는 배틀크리스 하우스에서 묵고 있었다.) 그녀는 마이클에게 자신이 목격한 내용을 제보했다. 마이클은 당장 육즙 병을 회수해서 환자를 보러 온 카터에게 건넸다.

제임스는 갈수록 기력을 잃었다. 맥박이 약해지고 한 손이 하얗게 변했다. 의사는 그의 혀가 "불결함 그 자체"라고 했다 그리고 다른 약물들을 처방했다. 수면제인 술포날, 손에 바를 나이트로글리세린, 진통제 코카인도 조금 더, 그리고 구강 세정제인 인산 용액이었다.

그날 마이클은 플로런스가 약물을 다른 병으로 옮겨 담는 모습을 발견하고 두 병 모두 압수했다. 그러나 두 군데 다 비소는 없었다. 오후에 제임스는 플로런스에게 "또 약을 잘못 주었군."이라고 말했고, 플로런스는 그렇지 않다고 대답했다. 오후 4시 30분에 새로 온 낮 간호사가 병실을 맡았고, 간호사는 6시쯤에 제임스가 플로런스를 나무라는 소리를 들었다. "이런 바보, 바보 같으니라고, 어떻게 이럴 수가 있지? 설마 당신이 이럴 줄은 몰랐어." 제임스는 이 말을 세 번 반복했다. 그가 섬망(의식이 흐리고 착각과 망상을 일으키며 헛소리나 잠꼬대, 또는 알아들을 수 없는 말을 하고, 마침내 마비를 일으키는 의식 장애. ─ 옮긴이)에 빠지기 전에 마지막으로 뱉은 의미 있는 말이었다.

저녁 10시 30분경, 제임스는 맥이 짚어지지 않을 정도가 되었고, 의사들은 회생을 포기했다. 곧 제임스가 죽으리라고 확신한 플로런스는 헌신적인 아내 연기를 마무리하기 위해서 마이클에게 런던의 의사 풀러를 부르자고 했다. 마이클은 너무 늦었다고 대답했다. 제임스는 계속 시들어 갔다. 한밤중에 플로런스는 마이클을 깨워 제임스의 숨이 끊어질 것 같다고 말했다. 브리그스 부인도 불려 왔다.

5월 11일 토요일: 아침 8시 30분에 도착한 의사는 죽음이 임박했다고 진단했다. 오후 5시, 두 아이 제임스와 글래디스가 아버지와 마지막 인사를 했고, 8시 30분에 제임스는 숨을 거두었다.[42] 플로런스는 이내 기절했고, 간호사들이 그녀를 빈방의 침대에 눕혔다. 기절한 이유가 지쳐서였는지, 후회해서였는지, 충격을 받아서였는지는 알 수 없다. 좌우간 그녀는 집안사람 모두가 제임스의 죽음을 그녀의 탓으로

---

42 부부의 아들 제임스는 1911년에 사이안화칼륨 용액으로 자살했다. 어쩌면 사고였을 수도 있다. 그가 근무하던 캐나다 브리티시컬럼비아 주의 금광에서 사이안화칼륨이 사용되었기 때문이다. 그는 점심 식사를 하던 중 용액을 마셨고, 전화를 통해 도움을 청하려 했지만 사람들이 오기 전에 죽고 말았다.

여긴다는 사실을 갑자기 깨닫게 되었다.

제임스가 죽고서 2시간이 지난 뒤, 간호사와 유모는 집 안에서 독약을 수색했다. 그들은 한 면에 '고양이용'이라고 적힌 삼산화비소 봉지를 초콜릿 상자 속에서 발견했다. 마이클은 옆집에 사는 변호사를 급히 불러 결정적인 증거를 수거하는 현장의 증인으로 삼았다. 운명의 날 밤에 모인 사람들은 모두 그 봉지야말로 플로런스의 죄를 말해 주는 증거라고 믿었을 것이다.

플로런스는 다음 날인 일요일 오전이 되어서야 겨우 정신을 차렸다. 그녀가 자리에서 일어나자, 마이클은 맨체스터에서 달려온 시아주버니 토머스와 함께 리버풀로 나가서 장례식을 준비하라고 했다. 물론 그녀를 집에서 내보내기 위한 핑계였다. 그녀가 나가자마자 마이클, 에드윈, 브리그스 부인은 그녀의 방을 뒤져서 모자 상자에 든 비소 용액 병들과 육즙 병을 찾아냈다. 다른 모자 상자에는 컵에 든 우유가 있었는데, 나중에 여기에도 비소가 들어 있는 것이 확인되었다. 그들은 이것들을 비롯한 여러 수상한 병들을 모아서 집에 찾아온 경찰에게 넘겨주었다.

배틀크리스 하우스로 돌아온 플로런스는 감당할 수 없는 상황을 마주하고 몸져누웠다. 다음 날, 의사들은 제임스의 시체를 부검해 위창자염의 증상인 목과 장의 극심한 염증을 확인했다. 그리고 위 내용물과 간 조직을 떼어 분석에 들어갔다. 경찰은 화요일에 플로런스에게 혐의 사실을 통고했다. 이미 플로런스는 완전히 고립되어 있었다. 친구였던 브리그스 부인마저 잔인하게 등을 돌린 터였다. 브리그스 부인은 플로런스를 설득해 곤경에서 빠져나오도록 도와 달라는 내용의 편지를 브리어리에게 쓰게 했다. 그러고 나서 이 사실을 경찰에게 일러바쳤고, 경찰은 즉시 편지를 압수했다. 제임스가 죽은 뒤 6일이 흐른 시점인 금요일에 플로런스의 어머니인 남작 부인이 파리에서 왔다. 다음 날인 5월 18일 토요일, 플로런스는 월턴 구치소로 이송되었다.

플로런스 메이브릭의 재판

검시관 심리는 원래의 예정일인 5월 14일에서 미뤄져 5월 28일에 열렸다. 5월 30일에는 희생자의 장기를 더 조사하기 위해 시체를 발굴했다. 다른 장기에서도 비소가 발견되었다. 스티븐스 판사가 주재하는 플로런스의 재판은 7월 31일에 시작되었다. 그녀의 재판은 빅토리아 시대 사람들이 사랑해 마지않은 선정적 재판의 견본이나 다름없었고, 모든 신문의 기자들이 법정에 집합했다.

플로런스의 변호인단을 이끈 것은 왕실 고문 변호사이자 하원 의원으로 절정의 명성을 구가하던 찰스 러셀(Charles Russell) 경이었다. 러셀은 과거의 비소 중독 사건들을 잘 알고 있었다. 1873년에 더럼에서 메리 앤 코튼을 성공적으로 기소한 장본인이기도 했다. 그는 법의학 증거를 하찮은 것으로 축소시키는 일이 쉽다는 것을 잘 알았고, 주관적 경험을 중시하는 구세대 의료계 인사들과 과학적 접근을 중시하는 젊은 의사들 사이의 갈등을 이용하는 데에도 능했다. 플로런스를 변호할 때 러셀은 그녀에게 불리한 이런저런 증거들 각각에 다른 해석의 가능성을 만들어 붙이는 데 집중했다. 러셀은 앞에서 소개했던 스티리아 변호법에 희망을 걸었다. 제임스는 비소를 강장제 삼

아 복용했고, 플로런스는 비소를 화장품으로 썼다는 주장이었다.

러셀의 주된 변론 기조는 시체에서 발견된 비소의 양이 사망 원인이라기에는 너무 적다는 것이었다. 두 번째로 설령 제임스가 비소 중독으로 죽었다 해도 플로런스가 먹였다는 증거가 없다는 것이었다. 러셀은 제임스가 스스로 복용한 비소 약제 때문에 중독된 것이라고 주장했다. 러셀은 결국 플로런스를 변호하는 데 실패했지만 그는 당시의 법이 규정하는 바를 감안할 때 자신은 배심원들이 무죄 평결을 내리기에 충분한 근거를 제공했다며 끝까지 패배를 인정하지 않았다. 애초에 배심원들은 무죄 선고를 할 마음이 없었고, 그 이유는 판사 때문이라고 주장했다. 러셀은 스티븐스 판사가 피고의 성적, 도덕적 문란을 대놓고 비방하는 것에 크게 당황했다.

만약 당시에 항소 법원이 존재했다면 러셀은 배심원에 대한 판사의 부당 지시를 근거로 평결에 이의를 제기할 수 있었을 것이다. 항소가 받아들여졌을 가능성도 높다. 러셀은 오늘날이라면 매우 강력한 힘을 발휘할 몇 가지 법적 논증을 펼칠 수 있었을 것이다. 가장 결정적인 것은 판사가 재판에서 증거로 제시되지 않았던 사실들, 나아가 피고에게 불리한 사실들을 약술에서 갑자기 언급함으로써 변호의 기회를 박탈했다는 점이다.

기소를 진행한 것은 역시 왕실 고문 변호사이자 하원 의원인 존 애디슨(John Addison)이었다. 애디슨은 논리라고는 없어 보이는 마구잡이 순서로 증인들을 세웠다. 피고를 도와주기라도 하려는 것 같았다. 그 때문에 법정의 사람들은 사건의 발생 시각, 날짜, 순서를 잘 파악할 수 없었다. 판사조차 검사의 증거 제시 방법에 관해 한마디 할 정도였다. 판사는 정말로 혼란을 느꼈던 것 같다. 하기야 스티븐스 판사를 헷갈리게 하는 건 전혀 어려운 일이 아니었다. 지금 우리가 재판 기록을 봐도 사건의 순서가 모호하다고 느낄 지경이니, 판사가 날짜를 혼동한 것도 무리가 아니었다. 좌우간 김칠은 제임스의 간에서 비소 20밀리그램이 발견되었다는 사실을 공개했다. 처음에는 훨씬 많은 양이 있었으나 빠져나갈 것이 빠져나가고 남은 것으로 보인다고 했다. 장에는 6밀리그램이 있었고 신장도 양성 반응을 보였지만 양은 0.5밀리그램에 불과했다. 머리카락과 손톱은 분석에서 제외되었다. 당시에는 비소가 그런 곳에도 축적된다는 사실이 알려지지 않았기 때문이다. 제임스의 머리카락이 남아 있다면 지금 중성자 방사화 분석법으로 검사해 보는 것도 재미있을 것이다.

전반적으로 검찰은 요지를 전달하는 데에 실패했다. 가끔은 일부러 약하게 주먹을 날리는 것 같기도 했다. 오히려 판사의 약술이 빈틈을 메웠다. 검찰이 과학 증거를 뒤죽박죽으로 소개하는 바람에 배심원들은 배틀크리스 하우스에서 발견된 시료들의 분석 결과를 제대로 이해할 수 없었다. 재판은 비소 중독 증상에 대한 논쟁으로 점철되었다. 풀러, 험프리스, 카터, 스티븐슨 같은 의사들과 내무부 전문가는 사인을 비소 중독으로 본 반면 드라이스데일, 타이디, 맥나마라, 폴 같은 의사들은 부검 보고서와 비소의 속성을 함께 고려할 때 비소를 사인으로 보기는 어렵다고 주장했다.

변호사 측 전문가들이 제시한 의학 증거에도 눈여겨볼 만한 점이 있었다. 예를 들어 더블린록 병원의 맥나마라 박사는 성병의 치료제로 비소를 환자의 몸에 '포화'시킬 때가 있다고 진술했다. 또 제임

스가 비소 중독이 아니라 위창자염을 앓은 것 같다고 주장했다. 위 자극제를 섭취했을 때 위창자염이라면 구토가 멎지만 비소 중독이라면 멎지 않는다는 것이었다. 역시 변호인 측 증인으로 나온 폴 교수는 산성 용액을 넣고 끓일 경우 냄비의 유약에서 비소가 녹아 나올 수 있다고 증언했고, 제임스 정도 체구의 남자에게 치명적인 비소량은 3그레인(250밀리그램)이라고 했다. 하지만 반대 심문에서 교수는 과거에 비소 중독 사건을 한 번도 다뤄 본 적이 없다고 고백했다. 변호인 측은 이런 식으로 끈질기게 증거들을 제출했다. 정말 최후의 수단까지 동원했구나 싶은 대목은 도매 약제사인 존 톰프슨(John Thompson)을 증인으로 부른 것이었다. 톰프슨은 몇 년 전에 제임스가 지금은 죽고 없는 사촌의 일자리를 부탁하러 자신을 찾아온 적이 있다고 증언했다. 제임스가 최소한 한 번은 비교적 손쉽게 비소를 구입할 기회가 있었음을 암시하는 증언이었다. 톰프슨이 제임스에게 비소를 팔았다는 증거는 전혀 없지만 말이다.

변호인 측은 웨일스 북부 뱅거 출신의 약제사도 불러 올렸다. 그가 증인석에서 한 말은 사람들이 더러 "파리가 들끓지 않을 때에도" 파리 끈끈이를 사 간다는 게 전부였다. 마지막으로 제임스 비올레티(James Bioletti)가 있었다. 미용사인 그는 털을 제거하는 데 비소 화합물을 쓴다고 증언했다. 나아가 드문 경우지만 몇몇 여성 고객들은 비소를 화장품으로 써 달라고 요청한다고도 말했다. 물론 파리 끈끈이를 미용 목적으로 구입했다는 플로런스의 진술을 뒷받침하기 위한 증언이었다. 하지만 플로런스는 비올레티의 고객인 적이 없었다. 미용사는 또 비소가 머리카락을 자라게 하는 데 도움이 된다는 이야기를 신문에서 읽었다는 말도 했다.

이처럼 시시하기 짝이 없는 말들을 늘어놓은 것뿐이지만 러셀은 나름대로 효과적으로 검찰 기소의 맹점을 파고들었다. 러셀의 의학 증인들은 검찰 증인들의 주장을 꽤 효과적으로 반박했다. 그러나 러셀의 노고는 플로런스가 발언을 자청함으로써 물거품이 되었다. 당시의 법에 따르면 피고는 증인석에 설 수 없는 대신 원한다면 발언 기회를 가질 수 있었고, 발언은 변호사의 조언 없이 이루어지는 게 원칙이었는데, 그녀가 그렇게 하겠다고 나선 것이다. 그 자리에서 플로런스는 육즙에 비소를 탄 사실을 인정해 버렸다. 하지만 제임스가 요청해서 그런 것이라고 말했다.

러셀은 최종 약술에서 제임스에게 애인이 있었다는 사실을 슬쩍 암시했다. 하지만 "다른 사람, 어떤 여자가 문제에 관련되어 있다."라고만 표현할 수 있을 뿐이었다. 러셀은 변호인 측 증인을 구하기가 어려웠다는 말도 흘렸다. (판사는 약술에서 이 문제를 정확하게 지목해 비소를 화장품으로 쓰는 플로런스의 버릇을 아는 플로런스의 어머니나 친구를 왜 호출하지 않았느냐고 지적했다.) 러셀은 만약 플로런스가 범인이라면 왜 자기 방의 비소를 치우지 않았겠느냐고 물었다. 그러다가 그만 그는 법적으로 실책이라 할 만한 발언을 했다. 유모가 윤리적이지 못하게시리 플로런스의 편지를 열어 보지만 않았어도 이런 소동은 벌어지지 않았을 테고, 재판도 열리지 않았을 것이라고 말한 것이다. 한마디로 플로런스의 행위가 발각된 것은 순전히 재수가 없어서라는 뜻이었다.

스티븐스 판사는 재판 6일째에 판사 약술을 시작해 7일째 되는 날

끝맺었다. 배심원들에게 사건을 요약 설명하는 약술의 전반부에서 판사는 몇몇 날짜를 헷갈리긴 했지만 몇 가지 좋은 지적도 했다. 판사는 자신도 과학 증거들을 다 잘 이해하지는 못하겠다고 솔직히 말했다. 하지만 설령 시체에 남은 비소의 양이 적다 해도 비소 중독으로 제임스가 사망했을 가능성은 엄연히 존재한다는 점을 정확히 지적했다.

다음 날, 판사는 어제의 약술을 이어갔는데 놀랍게도 어조가 전날과는 너무 달랐다. 전날의 스티븐스 판사는 플로런스에게 공정하고 편견 없는 태도를 취했는데, 하룻밤 새에 태도가 180도 바뀌었다. 처음에는 플로런스를 공정하게 묘사하면서 시작했지만, 8월 한낮의 온도가 뜨거워짐에 따라 그의 말도 열기를 더해 갔다. 판사는 플로런스를 음탕한 여자로 묘사했다. 플로런스가 플랫맨 호텔에서 만난 고리대금업자도 그녀의 연인이었을 것이라고 추정했다. 그녀의 방에서 발견된 다른 편지들을 언급했다. 분명히 그는 편지들을 죄다 읽어 본 것 같았고, "자신의 인격과 평판에 대해 조금이라도 고려하는 여성이라면 그 편지들을 태워 버렸을 것"이라고 말했다. 판사는 증거로 제출되지 않았던 편지 한 장을 낭독한 뒤, 그 내용으로 볼 때 플로런스는 거짓말쟁이라고 했다.

다음으로 판사는 플로런스가 앨프리드 브리어리에게 쓴 문제의 편지를 가리키며, 배심원들에게 이 얼마나 간교하고, 부정직하고, 음란한 여인이냐고 했다. (물론 플로런스는 그랬다. 하지만 제임스 역시 간통을 했다. 제임스는 폭력적이기도 했다. 그런 사실은 재판에서 다뤄지지 않았다.) 판사는 오려 뒀던 신문 기사들을 읽으며 플로런스가 기자들에게 한 발언을 소개했고, 비난으로 점철된 약술을 다음 문장으로 맺었다.

"가엾고 무력하고 아픈 남자에게 이미 끔찍한 피해를 입힌 주제에, 즉 결혼 생활에 치명적인 피해를 입힌 주제에, 교묘하게 독을 먹이기까지 하는 인간은 진정 인간의 감정이라곤 자취도 없는 자임이 분명하다. 하지만 본위은 이에 대해서 더 상세히 말하지는 않을 것이다. 상세히 말하려면 점잖지 못한 말들을 꺼내야 할 테니 불쾌하기 때문이다."

판사의 비난은 신랄해졌다. "여러분은 그녀가 브리어리라는 남자와 밀통한 사실을, 보통의 순수한 사람들에게는 끔찍하게 느껴지는 그녀의 감정들을, 타락한 악행을 추구하기 위해 남편의 죽음을 계획한다는 믿기 힘들 정도로 끔찍한 생각을 잊어서는 안 될 것이다."

이런 말을 들은 직후니, 주로 랭카셔 출신의 숙련 노동자와 중하층 계급의 남성으로 이루어진 배심원단이 유죄 평결을 내리는 데에는 38분밖에 걸리지 않았다. 사악한 여성을 알아볼 준비가 되어 있는 배심원단이었던 것이다. 물론 그들의 평결은 옳았다. 판사는 사형을 선고했지만 다음 몇 주 동안 대중의 분노가 너무나 거세었기에 결국 무기 징역으로 감면했다. (얄궂게도 플로런스는 3년 뒤에 워킹 교도소에서 자칫 자살할 뻔했다. 어느 날 밤, 그녀는 결핵을 앓고 있다는 사실을 증명하기 위해 질의 동맥을 잘라 피를 내다가 과다 출혈로 죽을 뻔했다.)

3명의 미국 대통령이 각기 다른 시점에 플로런스의 석방을 탄원했다. 그러나 결국 그녀는 15년을 감옥에서 보냈다. 1904년에 출소한 플로런스는 미국으로 돌아가 자신의 경험을 글로 쓰거나 강연하며 살았다. 그러는 동안 대중의 관심도 점차 수그러들었다. 그녀는 1917년에 코네티컷 주 사우스켄트의 작은 마을로 들어갔고, 그곳에서 고양이들에 둘러싸여 은둔하다가 1941년에 79세의 나이로 사망했다. 지저분한 환경에 방치되어 세상에서 잊혀진 채였다.

플로런스가 부당한 취급을 받은 것은 사실이라 하더라도, 그것을 넘어 그녀의 결백을 믿는 사람들이 있었다는 것은 놀랍다. 플로런스가 제대로 해명할 수 없었던 명백한 유죄의 증거가 다섯 가지 있다.

1. 플로런스가 구입했으며 후에 침실에서 발견된 다량의 비소.
2. 간호사 고어가 경계하지 않았다면 제임스가 먹었을 것이 분명한 발렌타인 육즙 속의 독.
3. 제임스가 사무실에서 마지막 식사를 할 때 사용했던 주전자 등의 식기에 묻어 있던 미량의 비소.
4. 제임스가 마셨던 풀러 용액 속의 비소.
5. 왜 플로런스가 24장의 파리 끈끈이를 더 구입했으며 그것들은 어디로 갔는가?

제임스의 장기에서 검출된 비소량이 상당히 적었다는 것은 사실이다. 하지만 제임스가 다량의 독을 처음 섭취한 것이 죽기 14일 전이었음을 생각해 보면 이상한 일도 아니다. 그 정도 기간이면 독이 빠져나갈 만하다. 제임스는 운명의 수요일에 마지막 치명적 독약을 먹고도 3일을 더 살았다. 간에서 검출된 비소는 이를테면 찌꺼기 정도인 셈이다. 인체는 비소를 꽤 빠르게 배출한다. 3일이라면 체내에 남은 비소량은 치명적인 수준이 아닌 게 당연하다. 그나마도 온몸의 조직에 확산되었을 테니 간에 몰려 있지 않은 게 당연했다.

부록

표 A.1 몸무게 70킬로그램인 성인의 몸에 든 필수 원소들

원소	형태	체내 총량
산소	주로 물의 형태며* 어디에나 존재함.	43kg
탄소	물 이외의 모든 것	12kg
수소	주로 물의 형태며* 어디에나 존재함.	6.3kg
질소	단백질, DNA 등	2kg
칼슘	뼈**, 이, 세포의 신호 전달 물질	1.1kg
인	뼈**, 이, DNA, ATP	750g
칼륨	전해질, 주로 세포 안에 존재함.	225g
황	아미노산, 특히 머리카락과 피부에 많음.	150g
염소	전해질 균형을 이룸.	100g
나트륨	전해질, 주로 세포 밖에 존재함.	90g
마그네슘	대사에 관여하는 전해질	35g
규소	결합 조직	30g
철	헤모글로빈	4,200mg
플루오린	뼈와 이	2,600mg
아연	효소 요소	2,400mg
구리	효소 보조 인자	90mg
아이오딘	갑상선 호르몬	14mg
주석	알 수 없음.	14mg
셀레늄	효소, 항산화제	14mg
망가니즈	효소 요소	14mg
니켈	효소 요소	7mg
몰리브데넘	효소 보조 인자	7mg
바나듐	지질 대사 활동에 관여함.	7mg
크로뮴	글루코스 내성 인자	2mg
코발트	비타민 B_{12}의 일부	1.5mg

* 물은 몸무게의 약 60퍼센트를 차지한다.
** 뼈는 몸무게의 약 13퍼센트를 차지한다.

용어 설명

고딕으로 표시한 단어들은 용어 설명의 다른 항목으로 소개된 것들이다. **화학 물질의 다른 이름들**은 **안티모니, 비소, 납, 수은** 등 각 원소들의 항목 아래에 소개했다.

BAL은 영국 항루이사이트(British Anti-Lewisite)의 약자로, 화학명은 2,3-다이머캅토프로판-1-올이고, 속명은 다이머카프롤이다. 화학식은 $HSCH_2CH(SH)CH_2OH$이다. BAL은 루이사이트 같은 비소 화학 무기에 노출될지 모르는 병사들에게 지급할 해독제로 개발되었는데, 효력이 뛰어난 것이 입증되어 모든 형태의 비소 독소에 대한 표준 의학 처방으로 쓰이기에 이르렀다. 1940년대에 미국 연구자들은 동물을 대상으로 해 BAL이 납에도 해독제로 작용하는지 알아보았고, 실험에 성공하자 자원자들을 모집해 사람에게도 실험했다. 덕분에 이제 BAL은 납 중독 치료에도 쓰인다. 오늘날 모든 병원이 **비소, 안티모니, 납, 수은**, 기타 모든 중금속 중독 치료용으로 BAL을 갖추어 둔다. BAL은 뇌와 간에 구리가 축적되어 장애를 일으키는 윌슨병의 치료제이기도 하다.

DMPS 킬레이트제를 보라.

EDTA는 에틸렌다이아민테트라아세트산의 약자다. 화학식은 $(HO_2C)_2NCH_2CH_2N(CO_2H)_2$이다. 이 산의 나트륨 염과 칼슘 염을 섞으면 탁월한 **킬레이트제**가 된다. **베르센산 염**을 참고하라.

EPA는 미국 환경 보호국(Environmental Protection Agency)의 약자다.

FDA는 미국 식품 의약청(Food and Drugs Administration)의 약자다.

ppb는 parts per billion의 약자로서, 1킬로그램 또는 1리디에 1마이크로그램이 든 양을 가리킨다. 1마이크로그램은 1그램의 100만 분의 1로서, 아주 작은 양으로 보일지 몰라도 원자 수조 개가 담기는 양이다.

ppm은 parts per million의 약자로서, 1킬로그램 또는 1리터에 1밀리그램이 든 양을 가리킨다. 1밀리그램은 1그램의 1,000분의 1이다.

그레인은 미터법이 표준이 되기 전에 약제사들이 사용했던 최소 무게 단위다. 1그레인은 1트로이온스(금형 온스)의 480분의 1이었고, 1트로이온스는 1파운드의 12분의 1이었다. 1그레인은 약 65밀리그램에 해당한다.

급성 질병은 갑작스레 심각한 위기를 가져오는 질환이다. 긴 시간에 걸쳐 진행되며 덜 위협적인 **만성 질병**과 대비된다.

납은 원소 번호 82, 원자량 207, 화학 기호 Pb, 주기율표에서 14족에 속하는 원소다. 납은 334도에서 녹으며 밀도는 1리터당 11.4킬로그램이다. 납은 부드러운 금속으로서 화합물은 납(II)와 납(IV)의 두 가지 산화 상태가 있다. 납(II)이 더 안정하다. 대부분의 납 화합물들은 수용성이다. 납은 자연에서 네 가지 동위 원소가 있는데, 납 204, 납 206, 납 207, 납 208

속명	화학명	화학식
크로뮴옐로	크로뮴산납(II)	$PbCrO_4$
갈레나, 방연광	황화납(II)	PbS
리사지, 노란 산화납	산화납(II)	PbO
붉은납, 미니엄	사산화납	Pb_3O_4
납당, 사파	아세트산납(II)	$Pb(CH_3CO_2)_2$
TEL	테트라에틸납	$Pb(CH_2CH_3)_4$
백연, 기본적인 탄산납	수산화탄산납(II)	$2PbCO_3 \cdot Pb(OH)_2$

이다. 납 204를 제외한 나머지는 우라늄이나 토륨 같은 무거운 방사성 원소들이 붕괴할 때 생성된다. 우라늄을 포함한 암석의 납 농도를 측정하면 암석의 나이를 알 수 있다. 또 시료 속 납 동위 원소들의 비, 특히 납 206/납 207의 비는 납의 공급원에 따라 조금씩 다르므로, 이것을 측정하면 어느 곳에서 채굴한 납인지 알아낼 수 있다. 납 화합물은 오랫동안 다양한 이름으로 불렸다.

납 중독은 인체에서 산소 운반을 담당하는 적혈구 속 헤모글로빈의 핵심 요소인 헴 분자들을 만드는 능력을 저해시킨다. 납에 중독되면 헴의 재료인 아미노레불린산(ALA)이 몸이 축적되고, ALA가 인체에 과다하게 쌓이면 각종 중독 증상들이 겉으로 드러난다.

납 해독제는 칼슘-EDTA, BAL, DMPS 같은 **킬레이트제**다. 칼슘-EDTA 같은 몇몇 종류는 아주 빨리 혈중 납 농도를 떨어뜨리지만, 그렇다고 치료를 중단하면 조직의 납이 추가로 녹아 나와서 다시 농도가 높아진다. 또 해독제를 너무 많이 적용하면 골격으로부터 납 제거 반응이 너무 빨리 일어나서 그 때문에 오히려 심각한 납 중독이 벌어질 수 있다.

다이머카프롤은 BAL의 속명이다.

만성 질병은 오랫동안 지속되고 생명에 위협을 줄 가능성은 적은 질병이다. 갑작스레 환자의 건강에 위기를 가져오는 **급성 질병**과 대비된다.

메틸수은은 메틸기(CH_3)가 수은 원자와 화학 결합을 이룬 화합물들을 일컫는 말이다. 메틸염화수은($H_3C-Hg-Cl$)이나 다이메틸수은($H_3C-Hg-CH_3$)처럼 말이다. 메틸수은 화합물은 뇌를 보호하는 혈뇌장벽을 통과할 수 있으므로 특히 위험하다.

베르센산염은 EDTA의 다이나트륨 염의 속명이다. 1950년대에 중금속 중독의 **킬레이트제**로 등장했다. 처음에는 납 중독을 앓는 환자 6명에게 적용되어 탁월한 해독 효과를 보였다. 코마 상태에 빠졌던 한 아이는 베르센산염에 대번 반응해 2일 만에 스스로 일어나 밥을 먹고, 다시 말을 했다. 오늘날은 EDTA를 사용할 때 주로 칼슘 다이나트륨 염 형태를 쓰는데, 그냥 칼슘-EDTA라고 부른다.

분석 시료는 어떤 화학 원소가 얼마나 들었는지 알아보기 위한 재료로서, 완벽하게 용해해 준비해야 한다. 방법은 여러 가지다. 가령 조직의 무게를 조심스럽게 잰 뒤, 농축 질산에 섞어 140도로 가열하고, 이후 황산과 과염소산을 더해서 더 높은 온도로 가열함으로써(300도 이상) 모든 유기 물질을 완벽하게 산화시키는 방법이 있다. 토양 시료는 일반적으로 왕수에 녹이고, 특별히 녹이기 어려운 물질은 플루오린화수소산을 쓴다. 마이크로파로 가열하는 방법도 널리 사용된다. 그렇게 만든 용액은 완벽하게 투명해야 하며, 녹지 않은 물질이 조금도 없어야 한다. 그런 상태가 되면 이제 **원자 흡광 분석법**이나 **유도 결합 플라스마 분석법**으로 분석할 수 있다. 유도 결합 플라스마 분석법은 보통 **질량 분석법**과 함께 쓴다.

비소는 원소 번호 33, 원자량 75, 화학 기호 As, 주기율표에서 15족에 속하는 원소다. 비소는 두 가지 형태로 존재한다. 회색 비소는 밀도가 1리터당 5.8킬로그램인 금속이고, 노란 비소는 밀도가 1리터당 2킬로그램이다. 금속 비소는 잘 부스러지고, 쉽게 변색하며, 열을 받으면 녹는 대신 616도에서 승화한다. 산소와 반응해 흰색의 삼산화비소(As_2O_3)를 형성한다. 비소 화합물은 오랫동안 다양한 이름으로 불렸다.

속명	화학명	화학식
비소, 흰 비소, 트리세녹스	삼산화비소, 산화비소(III)	As_2O_3
계관석, 붉은 비소	사황화사비소	As_4S_4
셸레그린	삼산화비소산구리	$CuHAsO_3$
파울러 용액	삼산화비소산칼륨	KH_2AsO_3, K_2HAsO_3
(아)비소산	화합물로 인정되는 개체는 아니고 용액 속에서만 존재한다.	
웅황	삼황화이비소	As_2S_3
루이사이트	다이클로로(2-클로로바이닐)아르신	$ClCH=CHAsCl_2$

비소 해독제는 **킬레이트제**면 되는데 그중 **다이머카프롤**, 즉 **BAL**이 가장 낫다. 네 시간마다 150밀리그램씩 주사하면 다량의 비소에 노출된 사람도 보통 목숨을 구할 수 있다. **베르센산염**도 해독제로 기능한다.

수은은 원소 번호 80, 원자량 200.5, 화학 기호 Hg, 주기율표에서 12족에 속하는 원소다. 수은은 상온에서 액체로 존재하는 드문 금속이다. 어는점은 영하 39도고 끓는점은 357도다.

수은은 산과 반응하지 않는다. 수은 화합물은 오랫동안 다양한 이름으로 불렸다. 의약품으로 쓰였던 수은 화합물들을 나열한 표가 2장에 있다.

속명	화학명	화학식
감홍	염화수은(I)	Hg_2Cl_2
진사, 버밀리언	황화수은(II)	HgS
승홍	염화수은(II)	$HgCl_2$
붉은 침전물	산화수은(II), 붉은 형태	HgO
노란 침전물	산화수은(II), 노란 형태	HgO

수은 분석법을 쓰려면 수은을 이온 상태로 만들어야 한다. 그 뒤 반응 물질을 더해 주는데, 가령 다이페닐카바존을 섞으면 수은이 있을 때 푸른빛이 난다. 예전에는 아이오딘화칼륨 용액을 몇 방울 떨어뜨리는 방법을 썼다. 그러면 수은 이온이 밝은 노란색의 아이오딘화수은이 되어 침전하고, 아이오딘화칼륨을 더 많이 넣으면 침전했던 것이 다시 녹는다. 현대에는 **원자 흡광 분석법**이나 **유도 결합 플라스마 분석법**을 사용해 시료 속 수은의 양을 정확하게 측정한다. 하지만 수은의 양이 많을 때에는 불용성 황화수은을 침전시켜 무게를 다는 오래된 기법을 사용하는 편이 간편하다.

2004년 제임스 듀런트가 이끈 런던 임페리얼 대학의 연구진이 수용액 속의 수은은 0.5피피엠이라는 낮은 농도까지 감지하는 새로운 시각적 시험법을 개발했다. 감지기는 이산화타이타늄 입자들에 루데늄 염료를 붙인 것으로, 이것이 수은 이온에 접촉하면 붉은색이었던 것이 주홍색으로 바뀐다. 예전 분석 기법들에서는 수은과 비슷한 구리나 카드뮴 이온들이 있으면 방해가 되고는 했는데, 이 기법은 그런 상황에서도 수은만 탐지해 낸다.

수은 해독제는 **킬레이트제**면 되는데 여러 킬레이트제 중에서도 BAL이 가장 낫다. 수은 화합물을 다량으로 섭취한 사람에게 BAL을 먹이면 수은 흡수를 막을 수 있지만, 3시간 내에 조치를 취해야 한다. 처음에는 BAL을 300밀리그램 주사하고 나중에는 6시간 간격으로 150밀리그램씩 주입하면 대개 목숨을 건진다. 신속하게 치료했다면 환자는 48시간 만에 수은을 다 배출할 수 있다. 인체가 수은을 흡수할 시간이 있었던 경우에는 제거 속도가 느리고, 수은 중독 증상들이 오래 드러날 수 있다.

신장의 손상이 너무 심하면 해독제로도 피해자의 목숨을 건질 수 없다. 그런 환자의 목숨을 구하려면 인공 신장을 쓰는 수밖에 없다. 그리고 저단백질 식단을 유지하는 것이다. 그러면 보통 목숨은 건질 수 있다. BAL이 등장하기 전에도 급성 수은 중독을 겪은 사람의 70퍼센트가량은 살아남았고, 현대의 치료법으로는 95퍼센트를 넘어선다. 치료를 시작하기까지 시간을 오래 끌었던 사람만 목숨이 위태롭다.

안티모니는 원소 번호 51번, 원자량 122, 화학 기호 Sb, 주기율표에서 15족에 속하는 원소다. 안티모니는 두 가지 형태로 존재한다. 금속 형태는 밝은 은색이고, 단단하고, 부서지기 쉬우며, 631도에서 녹고, 밀도는 1리터당 6.7킬로그램이다. 금속이 아닌 형태는 회색 가루다. 안티모니의 산화 상태는 안티모니(III)와 안티모니(V)의 두 가지인데, 안티모니(III)가 더 안정하다. 안티모니 화합물은 오랫동안 다양한 이름으로 불렸다.

속명, 옛날 이름, 의학명	화학명	화학식
안티모니 레굴루스	안티모니 원소	Sb
스티빈	수소화안티모니	SbH_3
타타르 구토제, 칼리 스티빌리 타르트라스, 브레히바인슈티엔	타타르산칼륨안티모니, 타타르아안티모니산칼륨염(III)	$K(SbO)C_4H_4O_6 \cdot 1/2H_2O$
황화안티모니, 스티미, 골든 설퍼렛, 케르메스 미네랄, 슈피에스글란츠, 스티브나이트	삼황화안티모니, 황화안티모니(III)	Sb_2S_3
산화 안티모니	산화안티모니(III)	Sb_2O_3
안티모니 버터	염화안티모니(III)	$SbCl_3$
염화안티모니, 알가로스 가루	산화염화안티모니	SbOCl

안티모니 분석법으로는 주로 마시 검출법(9장을 참고하라.)이 쓰였다. 하지만 비소 검출법과 무척 비슷했기 때문에 마시 검출법으로는 두 원소를 구분하기가 아주 어려웠다. 비소 분석법의 첫 단계는 우선 조사하려는 재료의 안티모니를 용액으로 녹이는 일이다. **분석 시료** 항목을 참고하라. 조직이 모두 녹으면 그 용액으로 다양한 검사를 할 수 있다. 안티모니의 산화 상태가 V이면 산화 상태 III으로 환원해야 하는데 아이오딘화칼륨 용액을 더하면 가능하다. (아이오딘 이온이 짙은 갈색의 아이오딘으로 전환된다. 아스코르브산을 더해주면 다시 무색의 아이오딘 이온이 된다.)

안티모니를 분석할 때는 안티모니를 스티빈 기체로 바꾸어 정체를 확인하고 양을 측정했다. 1960년대에는 마이크로그램 단위까지 감지할 수 있는 더 나은 분석법이 등장했다. 용액이 짙은 푸른색의 테트라아이오딘안티모니산칼륨 염으로 변하는 방법인데, 이 물질은 330 나노미터의 파장을 갖고 있어서 그 빛의 강도를 재면 안티모니의 양을 알 수 있다. 더 작은 양이라면 **원자 흡광 분석법**을 쓰면 된다. 요즘은 **유도 결합 플라스마 기법**을 써서 나노그램(ppb) 수준의 훨씬 작은 양까지 탐지할 수 있다. 환경이나 생물학 관련 연구에서 가끔 그런 작업이 필요하다. 때로는 범죄 수사에서도 사용된다. 안티모니가 첨가된 미량의 납의 출처를 밝히는 데 쓰인다.

안티모니 해독제는 킬레이트제다. 가장 많이 쓰이는 것은 **다이머카프롤**이라는 이름으로 불리는 BAL이다. 4일 동안 6시간마다 200밀리그램씩 BAL을 주입하고, 이후에는 매일 두 번씩 주입한다. 해독제를 당장 구하기 어려우면 진한 차를 많이 마시게 한다. 차의 탄닌 성분이 안티모니와 착화합물을 이루어서 안티모니의 흡수를 더디게 하기 때문이다. 기체인 스티빈 형태로 안티모니를 흡입했을 때는 지체 없이 수혈을 해 주어야 한다.

엑스선 형광 분광법(XRF)은 고에너지 복사선을 사용해서 원자 속 가장 안쪽 궤도에 있는 전자를 떼어내는 분석 기법이다. 그러면 바로 다음 궤도의 전자가 안쪽 궤도로 들어가면서 그 원소 특유의 엑스선을 방출한다. 6장에서 이야기했던 나폴레옹의 벽지의 경우에는 프로메튬(Pm147) 동위 원소를 복사선으로 써서 분석했다.

원자 흡광 분석법(AAS)은 **분석 시료**를 뜨거운 불꽃이나 레이저로 기화시킴으로써 그 속에 든 금속의 양을 알아내는 방법이다. 금속 원자들이 흡수하는 복사선을 관찰하면 금속의 종류는 물론이고 양도 계산할 수 있다. 빠르게 결과를 알 수 있는 기법이고, 나노그램 수준까지 양을 측정할 수 있다.

유기 수은과 **유기 납**은 탄소와 금속 원자 사이에 직접적인 화학 결합이 맺어진 화합물을 말한다. **유기**라는 용어는 탄소나 탄소 화합물들을 다루는 화학을 지칭하는 표현이다. 가장 단순한 유기는 메틸기(CH_3)다. 탄소가 이룰 수 있는 4개의 결합 중 3개가 수소와 맺어지고, 네 번째는 금속 원자와 맺어진다. 이런 식으로 H_3C-Hg 부분을 지닌 메틸수은 화합물들, H_3C-Pb 부분을 지닌 메틸납 화합물들이 만들어진다. 더 복잡한 유기는 탄소 요소들을 더 많이 갖춘 것들이다. 가령 탄소를 2개 지닌 에틸기(CH_2CH_3)가 테트라에틸납 $Pb(CH_2CH_3)_4$ 같은 화합물을 이룬다. 페닐기도 흔한 유기다. 페닐기는 벤젠에서 유도된 것으로서, 화학식은 C_6H_5이다. 탄소 6개가 고리를 이루고, 그 각각에 수소 원자가 하나씩 붙었으며, 하나 남은 탄소에 금속 원자가 결합하는 형태다.

유도 결합 플라스마(ICP) 분석법은 고주파수의 에너지로 아르곤 기체를 데운 뒤 분석하고자 하는 시료를 연무질의 형태로 그 속에 뿌리는 분석 기법이다. 주파수는 90메가헤르츠까지 올라가며, 출력이 10킬로와트나 되는 발전기들을 사용한다. 그 결과 아르곤 기체의 온도는 1만 도 가까이 올라가고, 그 안에서 모든 분자들은 개별 원자들로 쪼개지며 원자들 속의 전자들도 여기된다. 이 전자들이 정상 에너지 준위로 다시 떨어질 때 특정 파장의 빛을 내므로 그 빛의 세기를 측정하면 시료 속 원소의 양까지 측정할 수 있다. ICP를 발광 분석법(ICP-OES)이나 **질량 분석법**(ICP-MS)과 결합해 사용하면 미량의 원소량도 측정할 수 있다.

중성자 방사화 분석법(NAA)은 머리카락 한 가닥의 금속 원소 양까지 알아낼 수 있는 아주 민감한 기법이다. 단점은 원자로를 써야 한다는 것이다. 원자로에서 나오는 중성자들을 시료에 가하면 시료 속 원자들은 중성자들을 흡수해 수명이 짧은 동위 원소로 변하고, 그 동위 원소가 붕괴하면서 감마선 같은 특징적인 복사선을 내놓는다. 이 복사선을 확인하면 어떤 원자들이 들었는지 알 수 있다. 나노그램(1그램의 수십억 분의 1)이나 심지어 피코그램(1그램의 수조 분의 1) 단위까지 감지할 수 있을 정도로 민감하다.

질량 분석법(MS)은 분자들의 빔을 이온화해 분자를 작은 조각들로 깨뜨림으로써 분석하는 기법이다. 그 뒤 입자의 빔을 강력한 전자기장에 통과시키면 입자들은 질량과 전하에 따라 서로 다르게 흩어진다. 이 이온들을 검출하면 질량 대 전하 비로써 어떤 입자인지 확인할 수 있으므로 빔 속에 어떤 분자가 있는지 알 수 있다. 이 기법은 같은 원소의 동위 원소들을 구별하는 데 특히 유용하다. **유도 결합 플라스마 분석법**과 함께 쓸 때가 많다.

칼슘–EDTA 킬레이트제를 보라.

킬레이트제는 분자나 이온이 둘 이상의 원자들로 마치 게의 집게발처럼 금속 원자를 꽉 물어 결합한 화합물이다. ('킬레이트'라는 단어가 집게발을 뜻하는 그리스 어에서 왔다.) 인체에서 금속을 제거하는 용도로 쓰이는 의학적 킬레이트제로는 **BAL, 칼슘–EDTA**, 다이티존, 다이싸이오카브, DMPS 등이 있다. 이들은 킬레이트 능력을 발휘해 혈액 속 금속 원자들을 붙

들거나 효소에서 금속 원자들을 뽑아낸 뒤, 신장으로 보내 배출시킨다.

칼슘-EDTA는 **베르센산염**이라고도 하며, 에틸렌다이아민테트라아세트산(EDTA) 분자의 나트륨 염과 칼슘 염의 혼합물이다.

다이티존의 화학식은 $C_6H_5N=N.CS.NH.HNC_6H_5$(C_6H_5는 페닐기다.)다. 황 원자를 이용해 중금속과 킬레이트를 이루는 능력이 탁월하지만, 해독제로 쓰일 때 약간의 부작용을 일으킬 수도 있다.

다이싸이오카브는 다이에틸다이싸이오카바메이트나트륨, 즉 $Et_2N.CS.SNa$다. 역시 황 원자들이 있어서 중금속과 킬레이트를 잘 이룬다.

DMPS는 2,3-다이머카프토-1-프로페인술폰산의 약자다. 화학적으로 BAL과 비슷한데, 화학식은 $HSCH_2CH(SH)CH_2SO_3H$이다. DMPS의 나트륨 염도 해독제로 사용되는데 이름은 유니싸이올이다.

타타르산의 화학식은 $CO_2H.CH(OH)CH(OH)CO_2H$이다. 세 가지 형태로 존재하는데, 각기 메소-타타르산, d-타타르산, l-타타르산이라고 한다.

타타르 구토제는 타타르산안티모닐칼륨의 속명이다.

타타르산안티모닐칼륨의 화학식은 $K_2[Sb(O_2CCH(OH)CH(OH)CO_2)_2Sb]$이다. 안티모니 원자 2개가 타타르산 이온에 붙어 있다. 안티모니는 분자 내의 여러 산소들에 결합할 수 있다.

탈륨은 원소 번호 81, 원자량 204, 화학 기호 Tl, 주기율표에서 13족에 속하는 원소다. 탈륨은 부드럽고 은백색을 띠는 금속으로 녹는점은 304도고 밀도는 리터당 11.9킬로그램이다. 납보다 약간 무거운 셈이다. 탈륨은 반응성이 높고, 습한 공기에서 쉽게 변색하며, 산과 접촉하면 쉽게 부식한다. 탈륨의 산화 상태는 두 가지로 탈륨(I)와 탈륨(III)이다. 낮은 산화 상태의 이온(Tl^+)으로 존재할 때는 칼륨을 닮았다. 바닷물 속 탈륨은 높은 산화 상태고 암석이나 토양 속 탈륨은 낮은 산화 상태다. 탈륨 중독으로 의심되는 사람에게는 소변 검사를 하는데 다이싸이오카바존의 알코올 용액을 몇 방울 떨어뜨리면 소변에 탈륨이 든 경우 붉은 체리빛으로 변한다.

탈륨 해독제는 **프러시안블루**, 즉 $KFe^{III}[Fe^{II}(CN)_6]$이다. 프러시안블루 분자는 작은 3차원 울타리가 연결된 모양으로 생겼다. 울타리에는 하나씩 걸러서 칼륨 이온이 들어 있고, 이

칼륨 이온 대신 탈륨 이온이 들어가 더 안정한 $TlFe^{III}[Fe^{II}(CN)_6]$ 화합물을 이룸으로써 탈륨이 몸 밖으로 배출된다.

티메로살은 백신 같은 민감한 물질을 보호하는 항균제로 쓰이는 수은 화합물이다. 벤젠에서 유도된 물질로서 화학식은 $CH_3CH_2HgSC_6H_4CO_2Na$이다. 벤젠 고리에서 나란히 붙은 탄소 원자 2개에 각각 나트륨기(CO_2Na)와 수은기(CH_3CH_2HgS)가 붙었다. 수은 원자가 메틸기가 아니라 에틸기에 붙었으므로, 티메로살은 일반적인 메틸수은 화합물들과 달리 심각한 독성은 띠지 않는다.

프러시안블루는 페로사이안화철칼륨의 속명으로, 화학식은 $KFe^{III}[Fe^{II}(CN)_6]$이다. 수백 년 전부터 사람들은 프러시안블루를 알았고, 푸른색 염료로 사용했다.

해독제는 가장 흔하게 쓰이는 이름으로 소개했다. **BAL, 티메로살, 베르센산염** 등이다. 특정 독소에 작용하는 해독제는 **비소 해독제, 안티모니 해독제, 납 해독제, 수은 해독제, 탈륨 해독제**로 따로 기재했다.

핵자기 공명법(NMR)은 분자 속 원자들의 위치를 파악하는 기법으로, 강력한 자기장에 분자를 노출시켰을 때 원자들이 어떤 주파수를 흡수하는지 알아본다. 수소나 탄소 13 같은 원자들의 핵은 자기장에 노출되어 스핀 방향을 바꾼다. 그 에너지가 주변 전자들에 영향을 미치고, 다시 분자의 화학 결합에도 영향을 미친다.

참고 문헌

일반

Ball, P., *Bright Earth: the Invention of Colour*, Viking, London, 2001.

Bowen, H.J.M., *Environmental Chemistry of the Elements*, Academic Press, London, 1979.

Camps, F.E. (ed.), *Gradwohl's Legal Medicine*, 2nd edn, John Wright & Son Ltd., Bristol, 1968.

Cooper, P., *Poisoning by Drugs and Chemicals, Plants and Animals*, 3rd edn, Alchemist Publications, London, 1974.

Cox, P.A., *The Elements: Their Origin, Abundance and Distribution*, Oxford University Press, Oxford, 1989.

Drummond, J.C. and Wilbraham, A., *The Englishman's Food*, Pimlico, London, 1994.

Duffus, J.H. and Worth, H.G.J. (eds), *Fundamental Toxicology for Chemists*, The Royal Society of Chemistry, Cambridge, 1996.

Emsley, J., *The Elements*, 3rd edn, Oxford University Press, Oxford, 1995.

Emsley, J., *Nature's Building Blocks*, Oxford University Press, Oxford, 2001.

Evans, C., *The Casebook of Forensic Detection*, John Wiley & Sons Inc., New York, 1996.

Feldman, P.H., *Jack the Ripper: the Final Chapter*, Virgin Books, London, 2002.

Fergusson, J.E., *The Heavy Elements*, Pergamon, Oxford, 1990.

Finlay, V., *Colour*(『컬러 여행: 명화의 운명을 바꾼 컬러 이야기』), Hodder and Stoughton, London, 2002.

Glaister, J., *The Power of Poison*, Christopher Johnson, London, 1954.

Hunter, D., *Diseases of Occupations*, 5th edn, Hodder and Stoughton, London, 1976.

Jacobs, M.B., *The Analytical Chemistry of Industrial Poisons, Hazards, and Solvents*, 2nd edn, Interscience, New York, 1949.

Kaye, B.H., *Science and the Detective*, VCH, Weinheim, 1995.

Kelleher, M. and Kelleher, C.L., *Murder Most Rare: the Female Serial Killer*, Dell Publishing, New York, 1998.

Kind, S., *The Sceptical Witness*, Hodology Ltd, Forensic Science Society, Harrogate, 1999.

Lenihan, J., *The Crumbs of Creation*, Adam Hilger, Bristol, 1988.

Martindale: The Extra Pharmacopoeia, 27th edn, The Pharmaceutical Press, London, 1977.

McLaughlin, T., *The Coward's Weapon*, Robert Hale, London, 1980.

Mann, J., *Murder, Magic and Medicine*, revised edn, Oxford University Press, Oxford, 2000.

Montgomery Hyde, H., *Crime Has its Heroes*, Constable, London, 1976.

Ottoboni, M.A., *The Dose Makes the Poison*, 2nd edn, Van Nostrand Reinhold, New York, 1991.

Polson, C.J. and Tattersall, R.N., *Clinical Toxicology*, EUP, London, 1965.

Rentoul, E. and Smith, H., *Glaister's Medical Jurisprudence and Toxicology*, 13th edn, Churchill, Edinburgh, 1973.

Root-Bernstein, R. and Root-Bernstein, M., *Honey, Mud, Maggots, and Other Medical Marvels*, Macmillan, London, 1997.

Roscoe, H.E. and Schorlemmer, C., *Treatize on Chemistry*, Macmillan & Co., London, 1913.

Rowland, R., *Poisoner in the Dock*, Arco, London, 1960.

Simpson, K., (ed.), *Taylor's Principles and Practice of Medical Jurisprudence*, Vol. II, 12th

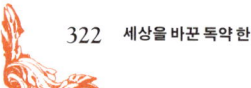

edn, Churchill, London, 1965.

Stevens, S.D. and Klarner, A., *Deadly Doses: a Writer's Guide to Poisons*, Writer's Digest Books, Cincinnati, Ohio, 1900.

Stolman, A. (ed.) and Stewart, C.P., 'The absorption, distribution, and excretion of poisons' in *Progress in Chemical Toxicology*, vol. 2, p. 141, 1965.

Stone, T. and Darlington, G., *Pills, Potions and Poisons*, Oxford University Press, Oxford, 2000.

Sunshine, I. (ed.), *Handbook of Analytical Toxicology*, Chemical Rubber Co., Cleveland, Ohio, 1969.

Thompson, C.J.S., *Poisons and Poisoners*, Harold Shaylor, London, 1931.

Thorwald, J., *Proof of Poison*, Thames & Hudson, London, 1966.

Timbrell, J., *Introduction to Toxicology*, Taylor & Francis, London, 1989.

Waldron, W.A., 'Health Standards for Heavy Metals', *Chemistry in Britain*, p. 354, 1975.

Weatherall, M., *In Search of a Cure*, Oxford University Press, Oxfords, 1990.

Wilson, C. and Pitman, P., *Encyclopaedia of Murder*, Arthur Barker, London, 1961.

Witthaus, R.A., *Manual of Toxicology*, William Wood, New York, 1911.

Wooton, A.C., *Chronicles of Pharmacy*, Milford House, Boston, 1910(republished 1971)

연금술

Clegg, B., *The First Scientist: a Life of Roger Bacon*, Constable, London, 2003.

Cobb, C., *Magick, Mayhem, and Mavericks*, Prometheus Books, Amherst NY, 2002.

Fara, P., *Newton: the Making of a Genius*, Picador, London, 2002.

Greenberg, A., *A Chemical Mystery Tour: Picturing Chemistry from Alchemy to Modern Molecular Science*, Wiley-Interscience, New York, 2000.

Greenberg, A., *The Art of Chemistry: Myths, Medicines and Materials*, Wiley-Interscience, New York, 2003.

Mackay, C., *Extraordinary Popular Delusions and the Madness of Crowds*(『대중의 미망과 광기』), Richards Bentley Publishers, London, 1841. (Reprinted by MetroBooks New York 2002.) (연금술사들을 다룬 장이 있다.)

Marshall, P., *The Philosopher's Stone: a Quest for the Secrets of Alchemy*, Macmillan,

London, 2001.

Morris, R., *The Last Sorcerers*, The Joseph Henry Press, Washington DC, 2003.

Multhauf, R.P., *The Origins of Chemistry*, Oldbourne, London, 1966.

Schwarcz, J., *The Genie in the Bottle*, W.H. Freeman, New York, 2002.

Szydlo, Z., *Water Which Does Not Wet Hands; the Alchemy of Michael Sendivogius*, Polish Academy of Sciences, Warsaw, 1994.

수은

Banic, C. et al., 'Vertical distribution of gaseous elemental mercury in Canada' in *Journal of Geophysical Research*, vol. 108, p. 4264, May 2003.

Barrett, S., 'The mercury amalgam scam: how anti-amalgamists swindle people' at http://www.quackwatch.org/01QuakeryRelatedTopics/mercury.html

Caley, E.R., 'Mercury and its compounds in ancient times' in *Chemical Education*, vol. 5, p. 419, 1928.

Cook, J., *Dr Simon Forman: a Most Notorious Physician*, Chatto & Windus, London, 2001.

Devereux, W.B., *Lives and Letters of the Devereux, Earls of Essex*, Volume II, John Murray, London, 1853.

Freemantle, M., 'Chemistry for water' in *Chemical & Engineering News*, 19 July 2004.

Goldwater, L.J., 'Mercury in the Environment' in *Scientific American*, p. 224, May 1971.

Goldwater, J. (ed.), *The Christmas Murders*, Allison & Busby, London, 1986.

Holmes, F., *The Sickly Stuarts*, Sutton Publishing, Stroud, Glos., 2003.

Irwin, M., *That Great Lucifer: a Portrait of Sir Walter Ralegh*, Chatto and Windus, London, 1960. (내용이 조금 부정확하다.)

McElwee, W., *The Wisest Fool in Christendom*, Faber & Faber, London, 1958.

McElwee, W., *The Murder of Sir Thomas Overbury*, Faber & Faber, London, 1952.

Mitra, S., *Mercury in the Ecosystem*, Trans Tech Publications, Switzerland, 1986.

Rimbault, E.F. (ed.), *The Miscellaneous Works in Prose and Verse of Sir Thomas Overbury, Kt.*, Reeves and Turner, London, 1890. (주석과 전기가 덧붙어 있다.)

Rowse, A.L., *Simon Forman*, Weidenfeld & Nicolson, London, 1974.

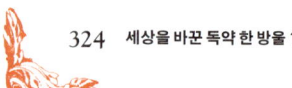

Rowse, A.L., *The Elizabethan Renaissance: the Life of the Society*, Macmillan, London, 1971.

Smith, W.E. and Smith, A.M., *Minamata*, Chatto & Windus, London, 1975.

Somerset, A., *Unnatural Murder: Poison at the Court of James I*, Weidenfeld & Nicolson, London, 1997.

White, B., *Cast of Ravens: the Strange Case of Sir Thomas Overbury*, John Murray, London, 1965.

비소

Beales, M., *The Hay Poisoner: Herbert Rowse Armstrong*, Robert Hale, London, 1997.

Bentley, R. and Chasteen, T.G., 'Microbial methylation of metalloids: arsenic, antimony, and bismuth' in *Microbiology and Molecular Biology Reviews*, vol. 66, p. 270, 2002.

Bentley, R. and Chasteen, T.G., 'Arsenic curiosa and humanity' in *Chemical Educator*, vol. 7, p. 51, 2002.

Christie, T.L., *Etched in Arsenic*, Harrap, London, 1969.

Gerber, S.M. and Saferstein, R. (eds), *More Chemistry and Crime*, American Chemical Society, Washington DC, 1997.

Gunther, R.T. (ed.), *The Greek Herbal of Dioscorides*, translated by John Goodyear, Oxford University Press, Oxford, 1934.

Heppenstall, R., *Reflections on the Newgate Calendar*, W.H. Allen, London, 1975.

Irving, H.B., *Trial of Mrs Maybrick*, Notable British Trials Series, William Hodge & Co., Edinburgh, 1930.

Islam, F.S. et al., 'Role of metal-reducing bacterial in arsenic release from Bengal delta sediments' in *Nature*, vol. 430, p. 68, 2004.

McConnell, V.A., *Arsenic Under the Elms*, Praeger, Westport, Connecticut, 1999.

Meharg, A., *Venemous Earth*, Macmillan, London, 2005.

Nriagu, J., *Arsenic in the Environment: Human Health and Ecosystems*, John Wiley & Sons Inc., New York, 1994.

Norman, N.C. (ed.), *Chemistry of Arsenic, Antimony and Bismuth*, Thomson Science, London, 1998.

Odel, R., *Exhumation of a Murder*, Harrap, London, 1975.

Przygoda, G., Feldmann, J., and Cullen, W.R., 'The arsenic eaters of Styria: a different picture of people who were chronically exposed to arsenic' in *Applied Organometallic Chemistry*, vol. 15, pp. 457-462, 2001.

Vallee, B.L., Ulmer, D.D. and Wacher, W.E.C., 'Arsenic Toxicology and Biochemistry' in *Archives of Industrial Health*, vol. 58, p. 132, 1960.

Whittington-Egan, R., *The Riddle of Birdhurst Rise*, Harrap, London, 1975.

안티모니

Adam, H.L., *The Trial of George Chapman*, Notable British Trials Series, William Hodge, Edinburgh and London, 1930.

McCormick, D., *The Identity of Jack the Ripper*, 2nd edn, revised, John Long, London, 1970.

Wilson, W., *A Casebook of Murder*, Leslie Frewin, London, 1969.

Farson, D., *Jack the Ripper*, Michael Joseph Ltd., London, 1972.

Jones, E. and Lloyd, J., *The Ripper File*, Arthur Barker, London, 1975.

McCallum, R.I., *Antimony in Medical History*, Pentland Press, Durham, England, 1999.

Roughead, W., *Trial of Dr Pritchard*, Notable British Trials Series, Edinburgh and London, 1925.

Shotyk W. et al., 'Anthropogenic impacts on the biochemistry and cycling of antimony', in A. Sigel, H., Sigel, and R.K.O. Sigel (eds), *Biogeochemistry, Availability, and Transport of Metals in the Environment*, vol. 44, p. 177, Marcel Dekker, New York, 2004.

Shotyk W. et al., 'Antimony in recent, ombrotrophic peat from Switzerland and Scotland', in *Global BioGeochemical Cycles*, vol. 18, Art. No. GB1017, January 2004.

Sylvia Countess of Limerick CBE, chairman, *Expert Group to Investigate Cot Death Theories: Toxic Gas Hypothesis*, Final Report May 1998, Department of Health, London.

납

Baker, G., 'An inquiry concerning the cause of endemial colic of Devonshire' in *Medical Transactions of the Royal College of Physicians*, p. 175, 1772.

Beattie, O. and Geiger, J., *Frozen in Time: Unlocking the Secrets of the Franklin Expedition*, E.P. Dutton, New York, 1988.

Beattie, O., Baadsgaard, H. and Krahn, P., 'Did solder kill Franklin's men?' in *Nature*, vol. 343, p. 319, 1990.

Boulakia, J.D.C., 'Lead in the Roman world', in *American Journal of Archaeology*, vol. 76, p. 139, 1972.

Chisholm Jr., J.J., 'Lead Poisoning' in *Scientific American*, p. 15, February 1971.

Dagg, J.H., Goldberg, A., Lochhead, A. and Smith, J.A., 'The relationship of lead poisoning to acute intermittent porphyria' in *Quarterly Journal of Medicine*, vol. 34, p. 163, 1965.

Gilfillan, S.C., 'Lead poisoning and the fall of Rome', *Journal of Occupational Medicine*, vol. 7, p. 53, 1965.

Griffin, T.B. and Knelson, J.H. (eds), *Lead*, Georg Thieme, Stuttgart, 1975.

Hammond, P.B., 'Lead poisoning; an old problem with new dimensions' in F.R. Blood (ed.), *Essays in Toxicology*, vol. 1, p. 115, Academic Press, New York, 1969.

Hernberg, S., 'Lead poisoning in a historical perspective', *American Journal of Industrial Medicine*, vol. 38, p. 244, 2000.

Macalpine, I. and Hunter, R., *George III and the Mad Business*, Alan Lane, London, 1969.

Martin, R., *Beethoven's Hair*(『베토벤의 머리카락』), Bloomsbury, London, 2001.

Nriagu, J.O., *Lead and Lead Poisoning in Antiquity*, Wiley & Sons Ltd., New York, 1983.

Patterson, C.C., 'Lead in the environment' in *Connecticut Medicine*, vol. 35, p. 347, 1971.

Waldron, H.A. and Stofen, D., *Sub-clinical Lead Poisoning*, Academic Press, London, 1974.

Warren, C., *Brush with Death: a Social History of Lead Poisoning*, The Johns Hopkins University Press, Baltimore, Maryland, 2000.

Weiss, D., Shotyk, W., and Kempf, O., 'Archives of atmospheric lead pollution' in *Naturwissenschaften*, vol. 86, p. 262, 1999.

가연 휘발유의 이모저모를 토론한 웹사이트로 미국 조지아 주 케네소 주립 대학이 만

든 다음 페이지가 있다. http://www.ChemCases.com/tel

탈륨

Cavanagh, J.B., 'What have we learnt from Graham Frederick Young? Reflections on the mechanism of thallium neurotoxicity' in *Neuropathology and Applied Neurobiology*, vol. 17, p. 3, 1991.

Christie, A., *The Pale Horse*(『창백한 말』), Collins, London, 1952.

Deeson, E., 'Commonsense and Sir William Crookes' in *New Scientist*, p. 922, 1974.

Holden, A., *The St. Albans Poisoner: the Life and Crimes of Graham Young*, Hodder & Stoughton, London, 1974.

Lee, A.G., *The Chemistry of Thallium*, Elsevier, Barking, Essex, 1971.

Marsh, N., *Final Curtain*, Collins, Toronto, 1948.

Matthews, T.G. and Dubowitz, V., 'Diagnostic mousetrap' in *British Journal of Hospital Medicine*, p. 607, June 1977.

Paul, P., *Murder Under the Microscope*, ch. 21, Macdonald, London, 1990.

Prick, J.J. G., Sillevis-Smitt, W.G., and Muller, L., *Thallium Poisoning*, Elsevier, Amsterdam, 1955.

Sunderman, F.W., 'Diethyldithiocarbamate therapy of thallotoxicosis' in *American Journal of Medical Science*, vol. 253, p. 209, 1967.

Van der Merwe, C.F., 'The treatment of thallium poisoning by Prussian blue' in *South African Medical Journal*, vol. 46, p. 960, 1972.

Young, W., *Obsessive Poisoner: Graham Young*, Robert Hale, London, 1973.

기타 독성 원소들

Asimov, I., 'Sucker Bait' in *The Martian Way*, Grafton Books, London, 1965.

Baldwin, D.R. and Marshall, W.J., 'Heavy metal poisoning and its laboratory investigation', *Annals of Clinical Biochemistry*, vol. 36, pp. 267-300, 1999.

Brown, S.S. and Kodama, Y. (eds), *Toxicology of Metals*, Ellis Horwood, Chichester, England, 1987.

Cooper, P., *Poisoning by Drugs and Chemicals, Plants and Animals*, 3rd edn, Alchemist Publications, London, 1974.

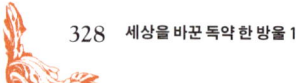

Hunter, D., *Diseases of Occupations*, 5th edn, Hodder and Stoughton, London, 1976.

Minichino, G., *The Beryllium Murder*, William Morrow & Company, New York, 2000.

Ottoboni, M.A., *The Dose Makes the Poison*, 2nd edn, Van Nostrand Reinhold, New York, 1991.

Simpson, K. (ed.), *Taylor's Principles and Practice of Medical Jurisprudence*, vol. II, 12th edn, Churchill, London, 1965.

Witthaus, R.A., *Manual of Toxicology*, William Wood, New York, 1911.

용어 설명

Bennett, H. (ed.), *Concise Chemical and Technical Dictionary*, 3rd edn, Edward Arnold, New York, 1974.

Budavari, S. (ed.), *The Merck Index*, 13th edn, Merck & Co. Inc., Rahway NJ, 2001.

Greenwood, N.N. and Earnshaw, A., *Chemistry of the Elements*, 2nd edn, Butterworth Heinemann, Oxford, 1997.

Hawley, G.G., *The Condensed Chemical Dictionary*, Van Nostrand Reinhold, New York, 1981.

Pearce, J. (ed.), *Gradner's Chemical Synonyms and Trade Names*, 9th edn, Gower Technical Press, Aldershot (UK), 1987.

Sharp, W.A. (ed.), *The Penguin Dictionary of Chemistry*, 3rd edn, Penguin, London, 2003.

찾아보기

가

가수 분해 효소 73
가터 훈작사 136
가톨릭 135
간 69, 73, 130, 162, 263
갈레노스 88
감홍 73~74, 81, 83, 85
갑상선 174
게베르 25~27
게브하르트 판사 242
게토 266
겔러, 유리 38
겔렌 205
겨자 가스 189, 203
격자 202
결핵 175
경험주의자 86
계관석 141~142, 160, 175, 185, 194~195, 227
고다드, 윌리엄 169
고다드, 조너선 48
고대 54, 56, 58
고드프리, 암브로스 36
고양이 119, 121, 142, 237, 284, 309
고어 295~296, 298~309
고지오 병 208~209
고지오, 바르톨로메오 206~207
고트라, 알베르 268
고혈압 218
곰팡이 99, 109, 207, 209
공작석 195

과민성 대장 증후군 257
과테말라 109
과학 혁명 39
관장제 47
광부 92, 95, 97
괴혈병 84
교수형 82
교황 30, 86, 152
구리 35, 51, 53, 71, 100, 102, 118, 185, 201~202, 227, 246, 256
구마모토 의대 118
국제 나폴레옹 협회 211
궤양 69
규슈 116
그라츠 172~173
그래머 스쿨 133
그레이 가루 123
그레이트슬레이브 호수 219
그로만 판사 242
그리스 55, 82
그리스 어 200, 231
그리스 화약 55, 188
그린란드 64
그린피스 103
그멜린, 레오폴트 199
근육 73
글라저, 크리스토퍼 234, 242
글래디스 295
글래스고 대학교 50
글로스터셔 133
글루코스 170~171
글리세린 171

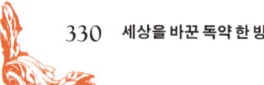

금 24, 27~35, 41, 52, 54, 56, 95~96, 100
금광 67, 219
금괴 29
금속 39~40, 56, 58, 76
금속 비소 186, 194
금속 수은 74, 85
금속성 125
금속의 늑대 56
금의 황화물 54
급성 수은 중독 50
급성 전골수성 백혈병 185
기독교 33, 53
기름 57
기미코, 다나베 221

나

나선균 86
나이로비 67
나이트로글리세린 299
나일 강 24
나탈 105
나트라스, 조지프 251, 253
나트론 25, 231
나트륨-수은 아말감 106
나폴레옹 보나파르트 87, 209~217
나폴리 옐로 55, 58
나프타 188
나프날렌 103
남극 65
남대서양 210
남북 전쟁 130
남아메리카 96
남아프리카공화국 105
납 31, 43~44, 55, 57, 118, 185, 186, 201, 205, 217, 226
납축전지 205
내과 의사 45
내몽골 219
네덜란드 153, 195, 236

네로 231~232
네부카드네자르 2세 55
네스토리우스 25
네오 살바르산 181
네제루스 34
넥타 27
노구치, 준 116
노르웨이 피플 에이드 192
노바수롤 74
노샘프턴 백작 135, 151
노스로널리지 166
노스포트 273
노트르담 가톨릭 대학 190~191
노픽 214, 279
뇌 48~51, 74, 91, 108, 113, 118~119, 122, 131
뇌졸중 49
누라르 남작 234
뉘른베르크 102
뉴런드, 줄리어스 아서 190~191
뉴멕시코 83, 225
뉴알마덴 96
뉴욕 130, 273
뉴욕 대학교 184
뉴욕 상소 법원 132
뉴질랜드 167
뉴캐슬 대학교 214, 252
뉴턴, 아이작 31, 40~45
뉴햄프셔 107
느부갓네살 2세 55
니가타 현 120
니커보커 클럽 131, 132
니켈 226

다

다게레오타입 103
다게르, 루이 102~103
다나, 에드워드 262
다발 경화증 69

다윈, 찰스 177
다이메틸수은 106~107
다이아몬드 142
다이오드 187
다이페닐아민클로로아르산 189
다카 222
다킬라 34
다트머스 대학 107
단백질 42, 107
닭 161
당뇨 175, 183, 218
당밀 171
대만 219
대변 61
대장균 226
댄버리 떨림 99
더럼 251, 259, 302
더럼 교도소 254
더블린록 병원 305
던바 240
던넘 272
데모크리토스 24, 52
데본 합병 광업 회사 203~204, 262
덴마크 30, 64, 112, 115
도금사 91, 101
도브레, 마들렌 234
독가스 191
독살 125, 130, 143, 162, 163, 213, 228, 231~233, 240, 246, 265, 269
독성 58
독일 37, 65, 68, 77, 82, 97, 102, 179, 181, 189, 191, 195, 199, 203, 207, 266
동로마 제국 188
돼지 80
드 드로고 247
드 로벨 153
디, 존 30
디에츠 267
디오스코리데스 160
디프테리아 130
딘 암살단 266

라

라 부아쟁 237~238
라 쇼세 236
라 칸타렐라 232
라 퐁, 카롤리 드 193
라구네라 219
라놀린 85
라늘라 하우스 33, 35
라드 85
라마치니, 베르나르디노 92
라벤더 177
라보 247
라스푸틴 131
라이나 192
라이징, 클라라 274
라이트, 일라이자 170
라이프니츠, 고트프리트 42
라이프치히 179
라인시, 에가르 휴고 245, 256
라제스 26
라지 알 가르 194
라틴 어 26, 53, 136, 194
《란셋》 200
랑글리에, 에밀 257~258
래틀스네이크 94
랭카셔 308
러셀, 찰스 302~303, 306
러시아 39, 87, 94, 100, 131, 188
런던 35, 89, 97, 134~138, 142, 198, 201, 217, 244, 254, 277~282
런던 고등 법원 224
런던 과학 박물관 217
런던 의사 협회 160
런던 주교 153
런던 화학 플라스틱 사 105, 106
런던탑 133, 143~147, 153, 155
레굴루스 41
레니한, 존 50
레이요 247
레이저 187

레포라 167
렌 213
렘노스 섬 82
로, 허드슨 216
로마 37~38, 55, 82, 88, 94, 158, 209, 231
로마 가톨릭 47, 233, 240
로모노소프, 미하일 바실리예비치 40
로브슨, 메리 앤 250
로빈슨 252
로스먼, 토비 184
로스코 173
로어무어슬리 250
로이드, 조너선 222
로잘리 249~250
로즈메리 기름 28
로진 160
로체스터 자작 136
로크, 존 41~43
로크타이야드 54
로클랜드 258, 260
록사르손 165
롤리, 월터 137
롱우드하우스 211, 214~217
루됭 267~268
루브르 박물관 54
루스, 클레어 부스 209
루앙 286
루이 14세 45, 238
루이사이트 189~192
루이스, 윈포드 191
루이지애나 113
루푸스 메탈로룸 56
뤼슬립 270
류머티즘 89, 175
리간드 119
리놀륨 160
리덕타제 66
리드코트, 존 148, 151, 153~154
리버스데일 280
리버풀 279~282
리브, 윌리엄 144, 150, 153, 155

리비히, 유스투스 폰 101, 195
리스본 79
리에주 236
리즈 102, 126
리즈 대학교 208
리코텔, 이반 212
리투아니아 266
리플리, 조지 28
린드버그, 스티브 66

마

마, 레나 166
마게이트 105
마그누스, 알베르투스 27, 52, 157
마르샹 213~214
마르츠, 로저 211
마리몬트, 마커스 269~270, 272
마리몬트, 메리 헬렌 270
마셜 레굴루스 56
마셜, 피터 58
마시 검출법 246
마시, 제임스 230, 244
마예른 88, 136, 144
마이어호퍼 175
만능약 28
만주전 191
말라리아 49, 175
매독 51, 58, 61, 86, 87, 89, 92, 106, 123, 132, 180
매들린 258
매케이, 찰스 155
맥나마라 박사 305
맥아 171
맥엘위, 윌리엄 155
맥주 170~171, 218
맨체스터 170~171, 2180301
맨체스터 대학교 222
머리카락 41~44, 50~51, 86~87, 108, 112~113, 160, 162, 211, 212~217, 269, 272

머턴 251
먹이 사슬 114
메르, 얀 로엘로프 판 데어 226
코튼, 메리 앤 251~252, 254
메이든헤드 270
메이브릭, 글래디스 300
메이브러, 마이클 277, 282, 294, 296, 299~301
메이브릭, 에드윈 277, 288, 290, 292, 296, 301
메이브릭, 제임스 275, 277, 279~309
메이브릭, 플로런스 175, 230, 275~309
메이오, 존 31
메치니코프, 일리야 182
메탄 66
메틸기 106, 108, 114, 200
메틸수은 66, 72, 73, 108, 114~117, 119~121, 123
메틸화 165
멕러폴린, 테렌스 155
멕시코 83, 96, 219
모렐, 프랑수아 115~116
모리스, 윌리엄 201~205, 258
모브레이, 윌리엄 251~252
모빌 279
모스크바 141, 210
모자 제조공 91, 99~100
모피 100
목화다래바구미 167
몰리뇌, 롤랜드 바넘 130~132
몰리뇌, 에드워드 레슬리 130
몽부아쟁, 카트린 드예 237
몽테스팡 부인 238
몽틀룽, 콩트 샤를 트리스탄 드 216
무수물 103
무어 인 232
무어파크 255
미거, 리처드 67
미국 48, 62, 65~68, 70, 84, 94, 99, 104~105, 107, 111~113, 130, 186, 191, 207, 209, 219, 221, 224, 262, 270, 273, 308

미국 고등 법원 272
미국 식품 의약청 120, 185
미국 질병 통제 예방 센터 83, 111, 114
미국 치과 의사 협회 68
미국 환경 보호국 62, 112, 165, 176, 183
미나마타 118, 120, 122
미나마타 만 116, 118, 121
미나마타 병 117, 121
미나마타 질병 연구반 118
미들랜즈 176
미들타운 259, 262
미들템플 134
미야자키 대학교 221
미약 238

바

바그다드 53
바나듐 103
바나시스 아니 34
바넷, 헨리 130, 132
바덴 82
바빌론 55
바셀린 85
바스티유 감옥 234
바이어, 아돌프 103
바이에른 바이로이트 241
박테리아 64, 66~67, 84, 116, 207, 223, 226
발라르센 181
발레리아 231
발렌티누스, 바실리우스 57, 158
방광암 183, 218~219
방글라데시 194, 219~224
방부제 108
방사성 동위 원소 73
배닉, 케시 65
배틀크리스 하우스 280~285, 289, 292, 294, 301, 304
백선 72
백신 112

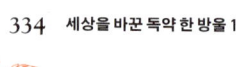

백악 123
백일천하 210
뱅거 305
뱅크스, 이사벨라 254
버넷, 윌리엄 79~80
버밀리언 38, 44, 272
버밍엄 101
버섯 167
버지니아 279
버턴온더힐 133
번스, 로버트 87
법의학 244, 246, 259, 261, 268
베나르, 마리 269
베네딕토스 57
베라크루스 96
베로, 조르주 268
베르나르, 마리 267~268
베르트하임, 알프레트 180
베를린 179, 199
베를린 대학교 32
베리 레발렌타 아라비카 289
베이스워터 254
베이즈 천 160
베이컨, 로저 27, 53
베이컨, 프랜시스 154~155
베이트먼, 메리 126, 128~129
베트남 223
벡비, 제임스 177
벤젠 고리 109
벨, 조지프 70
벽지 194~195, 198~207, 213~215, 217, 254
변비 61, 123
보너, 찰스 172
보들, 조지 244
보들, 존 244
보르자, 로드리고 232
보르자, 루크레치아 232
보르자, 체사레 232
보리, 조지프 프란시스코 30
보스턴 대학교 111
보일, 로버트 30~35, 41

본머스 279
본초강목 52
볼로뉴 240
볼버, 모리스 235
뵈르네 240
부검 51, 217
부에나비스타 전투 273
부활절 285
북극 65
불 26, 44
불, 토머스 147
불용성 64
붉은 아이오딘화수은 연고 85
브라운 39
브라헤, 튀코 87
브란덴부르크 75
브란트, 헤니히 35
브래드퍼 169, 270
브랭빌리에, 앙투안 고블랭 드 234, 236
브런즈윅 105
브로디, 벤저민 콜린스 256
브로모셸처 용액 132
브로민화수은 66
브롬리 50
브롬화칼륨 288
브룬커 경 34
브르타뉴 247
브리그스 281, 294, 301
브리들링턴 28
브리어리, 앨프리드 280~282, 291~292, 295, 307~308
브리타니쿠스 232
블라이스 126, 128
블랙 70
블랜디, 메리 238~240
블랜디, 프랜시스 238
블루필 85, 123
블리싱겐 153
비고, 조반니 데 86
비누 89
비다르, 테오필 248~249

비미, 머리 69~70
비버 100
비색 분석 265
비소 36, 44, 51~53, 87, 118, 141, 145, 147, 157~309
비소산납 218, 227
비소산칼슘 167
비소화갈륨 187
비소화나트륨 233, 285
비소화알루미늄 염 225
비소화인듐 187
비소화칼륨 233
비소화크로뮴구리 186
비스바덴 181
비시 온천수 176
BAL 119, 191
비엔 267
비올레티, 제임스 305~306
비잔틴 제국 55, 188
비장 162
비타민 B 114, 119
비트루비우스 38
빅록 260
빅토리아 시대 81, 137, 175, 189, 194, 198, 205~206, 258, 285, 294
빅토리아 여왕 177, 276
빈 29
빈그린 195
빈혈 183, 206
빌뇌브 237
빌니우스 266
빌리어스, 조지 152
빙하 51
뼈 73, 162

사

사금 97
사니아 120
사라쟁, 로잘리 248

사르카르, 비부드헨드라 225
사르코스파에라 코로나리아 167
사마귀 160
사모스 섬 82
사우스다코타 272
사우스켄트 309
사우스크로프트 광산 203
사이안 130
사이안 중독 131
사이안화수소 131
사이안화수은 85, 129~132
사이안화칼륨 131~132
사하 220
사하치로, 하타 180
사향뒤쥐 100
산 페드로 데 이타카마 218
산다라체 160
산성 131, 237
산소 94
산타클라라 96
산토끼 100
산화 66, 164
산화납 55
산화비소 228, 286
산화비소산구리 195
산화수 39
산화수은 66, 86
산화아연 171
산화알루미늄 224
산화염화안티모니 54
산화황화유리 57
살바르산 181~182
살인 227
살인자 164
살충제 125, 203, 254
삼산화비소 52, 142, 164, 169, 171~178, 183~185, 204~206, 219, 227, 228, 231~235, 237, 239, 246, 264, 272, 284, 287
삼산화비소구리 186
삼산화비소산 170

삼산화비소산구리 195
삼산화비소산칼륨 177
삼산화산구리 202
삼산화이비소 171
삼염화비소 190
삼염화안티모니 58
삼황화안티모니 56
상어 62
상트페테르부르크 39, 100, 181
샘슨, 버나드 272
생어, 찰스 207
생트크루아, 고댕 드 234, 236
샤리테 병원 179
서던일리노이 의대 272
서덜랜드 251
서리 255
서머싯, 앤 155
서벵골 219~221
서부 전선 189
서퍽 경 135, 148
석뇌유 188
석탄 65
선원 78
설사제 26, 47, 83
설탕 123, 169
성 니콜라스의 만나 233
성 이삭 성당 100
성냥 55
성병 175
세계 보건 기구 115, 221, 225
세글리엔 247
세레산 109
세인트루이스 207
세인트바솔로뮤 병원 106
세인트앤드루스 대학교 264
세인트제임스 33
세인트클레어 호 120
세인트헬레나 섬 87, 210~211, 214~216
센디보기우스, 미카엘 30
센트럴 파크 131
셀레늄 71, 118

셀레늄화수은 71
셰일 95
셸레, 카를 195, 205
셸레그린 195, 198~203, 207~208, 214
소금 24, 172
소나르가온 225
소노마 94
소변 61, 77, 92, 163, 164, 174
소약 86
소태나무 285
손톱 162
송진 160
쇼, 조지 버나드 258
쇼를렘머 173
쇼크 163
쇼틱, 윌리엄 64
숀레벤, 안나 241
수단 191
수면병 182
수산화나트륨 99, 104
수산화칼륨 142
수성 37
수소화비소 187, 200
수아넷, 스티븐 185
수용성 73, 81
수은 24~32, 56, 61~156, 217, 203
수은 금속 66
수은 염 74, 84
수은 이온 114, 125
수은 화합물 88
슈바인푸르트 195
슈바인푸르트그린 195
슈타이어마르크 172
슈탈락 266
슈톡, 알프레트 77
슈트라스부르크 179
슈트렐렌 178
슐레지엔 179
슐리만, 하인리히 37
스니브, 로버트 214
스메더스트, 토머스 254~255

스미스, 매들린 175, 257
스미스, 해밀턴 50
스완고, 마이클 272
스웨덴 30, 32, 212
스위스 30
스컬소프 272
스코틀랜드 87, 135, 166, 177, 238~239, 257
스코틀랜드 자갈 세척 가루 239
스콧, 조지프 170
스태나드, 메리 258~260, 263
스태퍼드 병원 176
스톡포트 99
스트린드베리, 아우구스트 32
스티드먼 생치 가루 84
스티리아 172, 175
스티리아 변호법 174, 258
스티브나이트 53
스티븐스, 피츠제임스 276~277, 302~304, 307
스티븐슨 304
스티비움 53
스틸 50
스파고 43
스페니모어 252
스페인파리 142
스프링필드 272
슬로베니아 94
슬로퍼 106
슬론 케터링 메모리얼 암센터 185
승홍 26, 73, 82, 86, 125, 142, 147
시나, 이븐 27
시라누이 해 116, 122
시멘트 67
시몬, 기 237
시베리아 39
시스테인 108
시칠리아 233
시카고 213
시플리 169
식품 의약청 114
신교도 47, 88

신장 73~74, 130, 162~163
심계항진 126
심기증 279
심장 162, 237
심장병 183
싱가포르 176
CIA 209

아

아그리콜라, 게오르기우스 30
아그리피나 231~232
아데노신삼인산 73
아들레이드 32
아랍 어 25, 194
아르스페나민 181
아르신 200, 205~206, 245
아르헨티나 89, 219
아리스토텔레스 52
아마존 강 96
아말감 32, 61, 68~71, 95, 97, 100~102
아메리카 96
아미노산 73, 86, 108
아비소산구리 25
아서 H 110
아세노베타인 168
아세니콘 160
아세타르손 181
아세트산구리 195
아세트알데히드 101, 116, 121
아세틸렌 190
아스티놀 181
아시리아 231
아시아 67
아연 205
아우룸 포타빌레 28
아이오딘 174
아이오딘화 수은 89
아이오딘화메틸 106
아이오딘화은 102

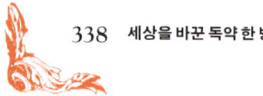

아일랜드 198
아잠, 주라 샤가 모하메드 270
아쿠아 레지나 27
아쿠아 토파나 233
아쿠아 포르티스 141
아쿠에타 디 나폴리 233
아퀴나스, 토머스 27
아톡실 179
아프리카 53, 89, 181
안나 242~243
안테모니온 53
안티 모노스 53
안티모니 35~36, 41, 44, 54~57, 211, 225
안티모니 레굴루스 54, 56
안티모니 버터 54, 56
안티모니-구리-수은 합금 34
안티모니산납 55
안티모니의 왕 56
알 라지, 아부 바크르 무하마드 이븐 자카리야 26
알가로스의 가루 54
알레르기 69
알렉산데르 6세 232
알렘브로스 염 88
알루미나 224
알루미늄 39
알마덴 94, 96, 104
알츠하이머 69
알케미 25
알코올 26, 57, 72
알폰시, 스텔라 235
알프스 산맥 51, 172
암 69, 183, 219
암모니아 101
암스테르담 141
암스트롱, 허버트 264
앙리 4세 88
앙통마르시 216
애덤스, 스티븐 277
애덤스, 캐서린 131
애디슨, 존 303

애딩턴, 앤서니 240
애리조나 83
애벗, 조지 141
애선스 67
애시비, 존 183
앨라배마 279
앨버타 69
앱, 앨리스 280, 285, 294
약제사 89, 123, 150, 176, 237, 259, 284, 305
양 69~70, 80
에그버스 280
에드윈 메이브릭 294
에든버러 왕립 의사 협회 177
에르푸르트 57
에를리히 60 181
에를리히, 파울 178~182
에머슨 브로모셀처 탄산수 131
에메랄드그린 195, 201, 207
에메를링, 오토 207
에스파냐 25, 27, 38, 58, 94, 232
에식스 백작 135, 139, 151
에틸수은 108
FBI 211, 213
에핑포레스트 201
엘 누에보 콘스탄테 호 96
엘리 릴리 제약 회사 112
엘리자베스 1세 84, 135
엘바 섬 210
엘웨스, 저버스 143, 147, 150, 154
연금술 24~25, 28~33, 35, 39, 42, 50, 53, 58
연금술사 26~29, 31, 36, 40, 54, 56, 194
염료 103
염산 28
염소 가스 189
염소 기체 104
염소산칼륨 256
염소-알칼리 104
염화나트륨 99
염화메틸수은 106
염화수은 26, 39, 66, 72, 81, 83, 89, 98, 125, 129, 142

염화수은 아마이드 88
염화안티모니 54
염화알루미늄 190
염화에틸수은 109
영국 28~29, 33, 40, 68, 69, 78~79, 87, 89, 99, 101, 102, 105, 110, 112, 133, 135, 155, 166, 168, 176~177, 189, 202~203, 206, 210, 214, 222, 223, 250, 262, 264, 270
영국 식품 표준청 167
영국 지질학 조사단 223
영국 체셔 주 183
영국 치과 협회 70
영약 57~58
영어 37
예가도, 엘렌느 247~250, 254
예수회 가루 47
예일 의대 261
엘로나이프 219
오귀스트 268
오들링, 윌리엄 106
오버베리, 토머스 133~152, 155
오사카 고등 법원 122
오스만투르크 188
오스트레일리아 32
오스트리아 31, 172, 175
오줌 36
오크리지 국립 연구소 66
오포누스, 페트루스 52
오피먼트 194
오하이오 191, 272
오하이오 주립 대학교 272
옥수수 99, 109
옥스퍼드 대학교 202
옥스퍼드 성 240
옥스퍼드 퀸스칼리지 134
옥스퍼드셔 238
옥타비아 231
올리브 기름 29, 85
올벗, 토머스 102
옴 26
와이오타푸 167

와카니 84
왕립 연구소 106
왕립 위원회 171
왕립 학회 34~35, 45
왕수 27~28, 54
외과 의사 92
요크셔 28, 102, 126, 128, 169, 270
우드, 데이비드 140
우앙카벨리카 96
우울증 69, 74
우유 123
울리치 244
울리히 106
울바시 43
웅황 52, 158, 160, 175, 184~185, 194~195, 227, 231
워델, 조지 258
워런, 마틴 217~218
워렌, 레이먼드 185
워싱턴 대학교 207
워킹 교도소 308
워털루 전투 210, 216
원유 55
원자 방출 분석 265
원자 흡광 분석 265
원자로 269
월섬스토 202
웨드, 조지 252
웨스턴, 리처드 143~145, 149~151, 153
웨스트민스터 궁 45
웨스트민스터 홀 154
웨스트오클랜드 253
웨이더, 벤 211~214, 216
웨일스 50, 305
웨터햄, 캐런 107
웰컴 트러스트 재단 217
위 61, 72, 81, 162
위럴 287
위리오, 프랑수아 248
위성홍열 251
위스키 89

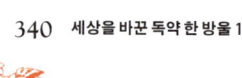

340 세상을 바꾼 독약 한 방울 1

위킨스, 존 41
원우드, 랠프 153
윌리엄스, 토머스 45
윌크스, 새뮤얼 257
유기 수은 116
유니레버 103, 104
유니세프 220
유대 24, 178
유도체 200
유럽 24~27, 35, 71, 86, 193, 195, 266, 279
유럽 연합 97, 104
유리 57, 203
유비철석 185, 201
유산 122
유언장 283
유엔 세계 식량 계획 192
유엔 아동 기금 220, 224
유엔 환경 계획 67
유탁액 75
율리우스 2세 86
은 28, 70~71, 100
은판 102
은판 사진 103
음극 98
의사 73~74, 82, 92, 95, 110, 138, 178
이뇨제 74
이드리자 94~95
EDTA 119
이라크 54, 109, 191
이라크 이란 전쟁 191
이반 4세 87
이베르손, 율리우스 181
이사벨라 255, 256, 257
이산화황 37, 94, 171
이스라엘 266
이슬람 25, 53
이염화수은 58
이집트 24, 37, 54, 58, 266
이탈리아 28~29, 51, 58, 92, 206, 209, 234
인 35~36
인노켄티우스 8세 28

인도 24~27, 37, 58, 103~104, 158, 176, 194, 219, 220, 222
인도 화약 189
인디고 103
인디애나 190
인민 해방군 191
인산에틸수은 110
인쇄 56
일리노이 272
일본 116, 165, 191, 221
임페리얼 칼리지 97
잉글랜드 83, 201, 203

자

자외선 66
자폐증 111~112
작센 203
장 75, 130
장티푸스 137, 163
재채기 가스 189
잭더리퍼 275
전기 분해 99
전립선암 183
점성술사 138
정맥 76
정신 병원 132
젖니 가루 83
제1차 세계 대전 189, 191, 206, 264
제2차 세계 대전 191
제닝스, 존 50
제닝스, 필립 50
제라늄 190
제임스 2세 42
제임스 1세 88, 133, 136
제임스 6세 135
젤라틴 208
조시모스 24~25
조지 3세 217~218
조지아 105

조지아 대학교 67
존스, 데이비드 214
존스, 셜리 214
존스턴 173
존슨 43
존슨, 새뮤얼 261~262
좌파 201~202
주석 70~71, 100~102, 201, 203
주조물 56
죽음의 이슬 190
중국 24, 37, 58, 87, 94, 104, 158, 175, 185, 191
중독 44~48, 74, 91, 100, 105, 107, 122, 124, 130, 145, 163~164, 168, 169, 186, 194, 211, 219~220, 228
중동 24, 188, 194
중력 40
중세 27, 53~54
중추 신경계 73
중화 203
쥐 72~73
증류 29
지문 123
직, 허셸 111
진드기 26
진사 37~38, 84, 87, 92, 95
진정제 87
질산 28, 41
질산수은 용액 85
질산은 101
질산칼륨 55, 189
질소 비료 118, 120
질소 비료 주식회사 122
짐바브웨 273
집토끼 100

차

찰스 2세 45~51, 78
참치 62

채닝 용액 85
챈들러, 플로런스 279
천식 175
천연가스 209
철 203, 283
철학자의 돌 28~31, 34, 56, 58
청금 142
청동기 시대 201
청바지 103
체셔 99
체스버러, 블랑쉬 130, 132
체임벌린 강장제 84
체코 58
체코슬로바키아 266
초서 157
초석 55, 189
초콜릿 264, 287
촉매 103
추기경 232
추디, 폰 172
추밀원 144
추밀원 145
충치 71
츠반치거 241
치과 의사 71, 91, 178
치사량 73, 82, 161~162, 228
치프리아니, 프란체스키 216~217
칠레 218
침샘 61

카

카, 로버트 133, 136, 139~144, 146, 148~155
카나리아 80
카디스 79, 96
카마이클 의학 학교 199
카스, 루카스 273
카스텔 산탄젤로 30
카야 192
카제니브, 자크 171

카추아 225
카코딜 200
카터, 윌리엄 293, 297, 304
카틀랜드, 바버라 49
칸다케르, 나딤 224~225
칼데아 문명 54~55
칼리굴라 황제 52
칼즈배드 130
캐나다 64, 69, 89, 109, 120, 211, 219
캐번디시 스퀘어 281
캐번디시 연구소 77
캐서린 애덤스 131
캔자스 272
캔자스 대학교 48
캔터베리 대주교 141, 146
캘거리 109
캘거리 대학교 69
캘리포니아 83, 94, 96, 130, 209
캘커타 220
커, 로버트 135
커먼월 201
케냐 67
케라티 42
케인스, 존 메이너드 41
케임브리지 40, 77
켄나, 아비 27
켄터키 273
켈리, 에드워드 30
코네티컷 99, 258, 309
코니시, 해리 131~132
코다이카탈 103
코도반 219
코들링 나방 186
코뿔소 175~176
코울 54
코카인 297, 299
코크 154
코크스 171
코튼, 메리 앤 250, 302
코튼, 에드워드 253
코튼, 찰스 에드워드 254

코튼, 프레더릭 252
콘스탄티노플 55, 188
콘스탄티누스 53
콘월 166
콘월, 조지 256
콜럼버스 272
콜로라도감자잎벌레 167
콜로라도스프링스 69
콜타르 98
쿠르나 37
쿠트노우 가루 130
쿠퍼, 조지 235
퀸 47, 283
퀴리, 졸리오 269
퀵실버 37
퀸스메리 대학 217
크나프 173
크라프트, 다니엘 35~다니엘 36
크랜스톤, 윌리엄 헨리 238~240
크레오소트 98
크레틴 병 174
크로뮴 226
크로스, 카린 214~215
크론 병 257
크리스티나 30
클라비스 41
클라우디우스 231~232
클로로바이닐다이클로로아르신 203
클로제, 조르주 피에르 데 33
클린턴 224
키뵤 117~119, 121
키안 기법 98
키안, 존 하워드 98
킨타리스 142
킬레이트 222
킹스 드롭스 48

타

타다오, 다케우치 119

타우젠트, 프란츠 31
타워힐 150
타이타늄 103
타일러 약국 259
타타르 오일 237
타타르산 131
타타르산안티모닐칼륨 212
탄산구리 195
탄산나트륨 25
탄산수소칼륨 177
탄소 106
탄화수소 188
탈륨 118
태아 69
태양계 40
터너, 앤 138~139, 142~147, 153~154
터피스 88~89
테니스 엘보 쇼크 90
테라 시길레타 82
테러 192
테레빈유 160
테오프라스토스 37
테일러, 스웨인 255~256
테일러, 신시아 270~273
텍사스 83
템스 강 112, 138
토끼 180
토르 화학 105
토마토 110
토머스 윌슨의 오한, 발열용 무미 용액 176
토주석 212
토주석 218
토탄 64
토파나 233
톰프슨, 존 305
틸데, 요한 58
트라이메틸아르신 208~209, 213
트라이엄프 호 78~80
트랜지스터 187
트레비소의 베르나르도 29
트레포네마 팔리둠 86

트리니티 칼리지 40, 43
트리세녹스 185
트리파노소마 179
트리파르사미드 181~182
티록신 174
티메로살 111~112
티볼 175
팅크 25

파

파라셀수스 30, 84, 86, 95
파리 141, 286
파리 경찰 과학 수사대 212, 234, 237, 240
파리 끈끈이 285~286, 288, 295, 305, 309
파운즈 43
파울러 용액 178
파울러, 토머스 176~177
파키스탄 109, 176
판 슈비텐 남작 89
판 슈비텐 용액 81
판사 154, 242
팔레르모 233
패러데이, 마이클 49, 76, 79
패로 제도 64, 115
패리스그린 186, 195
팰린저, 프레더릭 208
펌프 우물 220, 222
페닐기 109
페닐다이클로로아르신 189
페닐비소산 165
페닐수은 109
페루 96
페르시아 25
페리고, 레베카 126, 128
페리고, 윌리엄 126, 128~129
페인트 194, 195, 207
페트릴로, 파울 235
페트릴로, 헤르만 235
페퍼민트 169

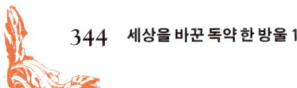

펠트 100
편집증 44
폐 49, 72, 162
폐암 183, 190, 218
포고나투스 188
포도주 167, 175, 177, 232~233, 248
포리스트오브딘 208
포먼, 사이언 138, 154
포슈브부드, 스텐 212
포츠머스 백작 43
포트레번위스 272
폰 로크 남작 279
폴란드 179
푸드레 드 석세시옹 234
풀러 288, 304
풀민산수은 98
퓌르트 102
프라이베르크 179
프라하 58, 87
프락시스 42
프란츠 요제프 31
프랑스 28, 58, 58, 78, 88, 137, 167, 171, 176, 210, 213, 216, 225, 234, 237, 240, 266, 267~268
프랑크푸르트 암마인 179
프랭클랜드, 에드워드 106
프랭클린 154
프러시아 279
프레데리크 3세 30
프레이저 199~200
프린스턴 대학교 115
프테리스 비타타 166
플라멜, 니콜라스 28
플라스크 35
플랑드르 240
플랑크톤 114
플래내건 284
플럼스테드 244
플로리다 274
플로리다 대학교 166
플리니우스 38, 52

플리머스 80
플리머스 안약 282
피부병 26, 85
피부암 183, 218
피쇼, 장 213
피임약 89
피카딜리 279
피프스 호 79
피프스, 새뮤얼 42~43, 46
핀란드 219
필라델피아 48
핑크 병 81~84

하

하노이 223
하다커 170
하마츠, 요제프 266
하와이 115
하워드 가 135, 152
하워드, 에드워드 98
하워드, 토머스 135
하워드, 프랜시스 135, 138~140, 145~146, 151~155
하워드, 헨리 135, 148, 152
하이델베르크 대학교 64
하이얀, 아부 무사 자비르 이븐 26
하지메, 호소카와 118
한센 주니어, 크리스티안 105
함부르크 35
합금 70
합성 인디고 염료 103
해독제 82, 87
해열제 212
핵무기 104
핵자기 공명법 107
향유 58
허긴스, 핼 69~70
허버드 84
허브볼 175

허친슨, 조너선 183
험프리스 287, 288, 293, 297, 304
헝가리 172
헤모글로빈 205
헤이그 30
헤이든, 허버트 258~264
헨넌 251
헨리 4세 29
헨리 8세 87
헨리 왕자 135, 137~138
헨리온템스 238
헬몬트, 얀 밥티스타 판 30
헬베티우스, 요한 30~31
혈뇌장벽 50
혈액 92
형광등 98
형사 91, 123~124
호르몬 174, 183
호치키스, 데이비드 263
호퍼 282
홀든 272
홀런드, 레이먼드 71
홈스, 에이미 113
홈스, 프레더릭 48, 51
화성의 왕 56
화이트 스타 선박 회사 279
화이트라이온 주점 150
화학 27, 31~36, 45, 77, 164
화학자 228, 243
화합물 73
활산 171
활자 57
황 24, 26, 38, 64, 73, 86, 94
황달 206
황비동석 185
황산 103, 108, 116, 170~171, 205
황산수은 88
황산칼슘 169
황새치 62
황철광 170~171
황화 금속 183

황화납 195
황화비소 142, 158, 160, 189, 195, 244
황화비소철 201
황화수은 38, 64, 76, 92, 176
황화안티모니 53, 55, 58, 282
회반죽 208
효소 73~74
후세인, 사담 191
혹, 로버트 42
훈스턴 경 85
휘발성 76
휘안석 54, 56
휴스 176
흰개미 186
히긴스 284
히드라지룸 38
히트리히파이틀 172
히포크라테스 175

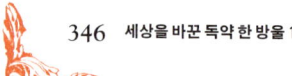

옮긴이 — 김명남

카이스트 화학과를 졸업하고 서울 대학교 환경 대학원에서 환경 정책을 공부했다. 인터넷 서점 알라딘 편집팀장을 지냈고 전문 번역가로 활동하고 있다. 제55회 한국출판문화상 번역 부문을 수상했다. 옮긴 책으로 『지구의 속삭임』, 『암흑 물질과 공룡』, 『우리 본성의 선한 천사』, 『가지』, 『정신병을 만드는 사람들』, 『갈릴레오』, 『인체 완전판』(공역), 『현실, 그 가슴 뛰는 마법』, 『여덟 마리 새끼 돼지』, 『시크릿 하우스』, 『이보디보』, 『불편한 진실』, 『특이점이 온다』, 『한 권으로 읽는 브리태니커』, 『버자이너 문화사』, 『남자들은 자꾸 나를 가르치려 든다』 등이 있다.

세상을 바꾼 독약 한 방울 1

1판 1쇄 펴냄 2010년 8월 30일
1판 9쇄 펴냄 2021년 2월 12일

지은이 존 엠슬리
옮긴이 김명남
펴낸이 박상준
펴낸곳 (주)사이언스북스

출판등록 1997. 3. 24.(제16-1444호)
(06027) 서울특별시 강남구 도산대로1길 62
대표전화 515-2000, 팩시밀리 515-2007
편집부 517-4263, 팩시밀리 514-2329
www.sciencebooks.co.kr

한국어판 ⓒ (주)사이언스북스, 2010. Printed in Seoul, Korea.

ISBN 978-89-8371-241-7 04400
ISBN 978-89-8371-240-0 (전2권)